“十二五”精英培训规划丛书
编委会名单

“十二五”精英培训规划丛书

计算机组装与维护实践技术

主　编：黄海军

副主编：芦芝萍　张　杰　赵小荣

封建新　李余库

主　审：吴访升

電子工業出版社

Publishing House of Electronics Industry

北京·BEIJING

内容简介

本书重点介绍了计算机组装与维护技术，主要内容包括计算机基础知识，计算机各硬件的功能、特点及选购等，计算机硬件的安装，BIOS 基本设置，计算机操作系统的安装与维护，系统自动更新测试与管理，网络的安装与维护，计算机日常故障的排除，计算机病毒的基础知识与防治等。

本书内容全面、丰富、通俗易懂、过程详细，并且提供了大量的实用图片，适合计算机组装、营销、维护人员和计算机用户，也可以作为大中专院校、计算机培训班、再就业工程、知识更新工程培训的教材和教学参考书。

图书在版编目（CIP）数据

计算机组装与维护实践技术/黄海军主编. —北京：电子工业出版社，2012.2
（“十二五”精英培训规划丛书）
ISBN 978-7-121-15475-1

Ⅰ. ①计… Ⅱ. ①黄… Ⅲ. ①电子计算机－组装 ②计算机维护 Ⅳ. ①TP30

中国版本图书馆 CIP 数据核字（2011）第 259187 号

责任编辑：王敬栋（wangjd@ phei. com. cn）
印　　刷：三河市双峰印刷装订有限公司
装　　订：三河市双峰印刷装订有限公司
出版发行：电子工业出版社
　　　　　北京市海淀区万寿路 173 信箱　邮编　100036
开　　本：787×1092　1/16　印张：13.75　字数：352 千字
印　　次：2013 年 2 月第 2 次印刷
印　　数：2 000 册　　定价：29.80 元

凡所购买电子工业出版社的图书，如有缺损问题，请向购买书店调换。若书店售缺，请与本社发行部联系，联系及邮购电话：（010）88254888。

质量投诉请发邮件至 zlts@ phei. com. cn，盗版侵权举报请发邮件至 dbqq@ phei. com. cn。

服务热线：（010）88258888。

序　言

近年来，日新月异的信息技术和电子技术蓬勃发展，各类信息技术和电子设备加快了人们日常生活和办公的步伐，使得信息技术和电子设备应用的深度、广度和专业化程度不断提高。

我国的电子产品消费总量已经进入世界大国的行列。但是，与国际先进水平相比，在产业结构、核心技术、管理水平、综合效益、普及程度等方面，还存在较大差距，缺乏创新能力与核心竞争力，“大”而不强。我们要做大做强，加快信息技术和电子设备行业的发展，关键在于培养和使用好人才资源。国务院关于加强职业培训促进就业的意见明确指出，加强职业培训、大力发展各种形式的人才培养计划，人才资源已成为最重要的战略资源，人才在综合国力竞争中越来越具有决定性意义。基于相关政策，通过与江苏省常州市残疾人联合会一起对残疾人高科技就业方面做的大胆尝试，形成了系列技术指导和培训方案，提升了残疾人就业层次。

由高校教师和业界等各方面专家依据信息技术和电子设备技术人才的素质和能力的需求，充分吸取国内外技术人才培训的要求和培训课程优点的基础上，我们精心编写了“十二五”精英培训规划丛书。该套丛书注重提升信息技术和电子设备人才分析问题和解决问题的能力，对各层次信息技术和电子设备人才的培训工作具有现实的指导意义。

在此，我谨向参与本系列图书规划、组织、编写的同志们致以诚挚的感谢，并希望该系列丛书在信息技术和电子设备人才培养工作中发挥巨大的作用。

常州市残疾人联合会 理事长 陶培林

前　言

计算机已广泛应用于学习、生活和工作等各领域，计算机组装与维护已经成为行业技术服务的热点。在充分调研长江三角洲地区的现代服务业，以及IT技术就业现状的基础上，对相关IT岗位进行研究，开发了系列IT就业人才培训项目，形成了系列技术指导和技术培训教材，包括计算机组装与维护实践技术、笔记本电脑维修实践教程、液晶显示器维修实践技术等。

本书通俗易懂，较为全面地阐述了计算机基本结构，非常适合计算机维护维修人员、业余爱好者和职业技术院校师生作为参考。本书在编写时，力求以实用为主，使读者能迅速、灵活掌握计算机组装与维护技能，使其能由感性认识升华到理性认识，从而达到理论与实践的融会贯通。

全书共10章，主要内容包括计算机硬件结构，配件选购、组装，维修工具的使用，无线网络组建与配置，系统优化，常见故障维护等。

本书具有如下特点。

(1) 选题新颖，策划周全——为IT高技术培训量身打造。本书注重理论知识与实践操作的紧密结合，尤其突出技能实训操作。图书作者长期工作在一线，深谙行业和学员需求，以及学员的接受能力。全书在内容选择、结构安排上符合学员认知规律，实现了“老师易教，学员易学”的目的。

(2) 内容丰富，循序渐进——全面提升“知识”与“能力”。内容丰富，信息量大，为满足学习目标，由浅入深安排内容，化解各种高深知识，使学员快速掌握技术。方便教师根据实际安排课时，组织教学，使课堂讲解更富条理。

本书由江苏技术师范学院黄海军主编，参加编写的还有张杰、赵小荣、芦芝萍、封建新、汪克峰、李余库、刘桂松、曹祥、王国安、崔国义、吕艳梅、张校铭、王淑华等。

本书由江苏技术师范学院吴访升教授任主审。吴访升教授对本书进行了仔细审阅，并提出了许多宝贵意见，在此谨致衷心感谢。

由于作者水平有限，书中不足之处在所难免，恳请读者批评指正。

编　者

目录

第 1 章　初识计算机

1.1　计算机系统的组成

一般人们所说的计算机，是指家用和办公室用的微型计算机，又称电脑，也叫微机，外观及内部结构如图 1-1 所示。

图 1-1　计算机外观及内部结构

计算机属于智能机器，它可以根据事先编制的程序执行相关操作和任务，并且能够存储各种数据信息。完整的计算机系统由硬件系统和软件系统两大部分组成，如图 1-2 所示。硬件是计算机系统的物质基础，是看得见摸得着的部分；而软件是计算机硬件系统的指挥者和操作者，包括各种程序、数据、文档等信息。硬件系统和软件系统组合在一起构成了计算机系统，两者相辅相成，缺一不可。

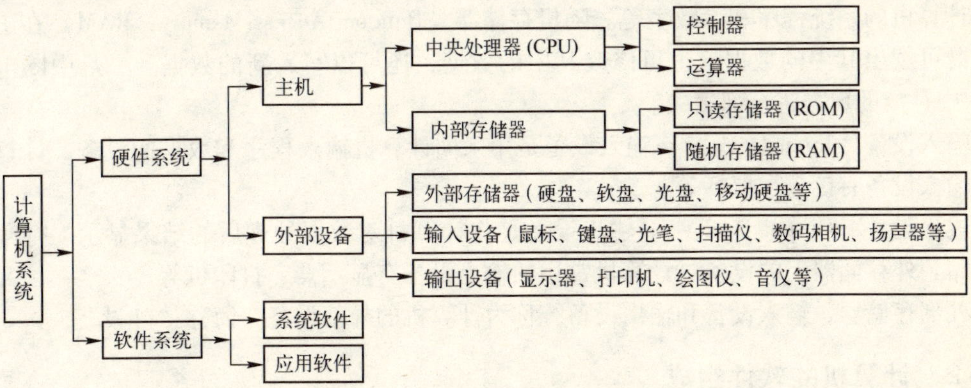

图 1-2　计算机系统的组成

1.1.1　计算机的硬件结构

计算机的硬件系统包括主机和外部设备（键盘、鼠标、显示器、音箱、摄像头等）。尽管近几十年来计算机技术不断发展，出现了功能各异、种类繁多的计算机，但就基本结构和工作原理来说，都采用美籍匈牙利数学家冯·诺依曼提出的“存储程序式计算机”结构思想，即一台完整的计算机系统由运算器、控制器、存储器、输入设备和输出设备五大部分组成，如图 1-3 所示。

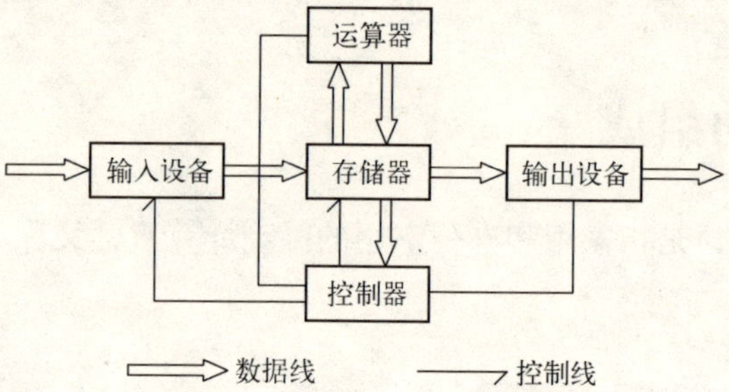

图 1-3 计算机硬件系统

(1) 运算器 (Arithmetic Logical Unit，ALU)。运算器是对数据进行算术运算、逻辑运算及其他操作的功能部件。

(2) 控制器 (Control Unit，CU)。控制器是计算机系统的指挥中心，负责从存储器读取指令，对指令进行分析，并根据指令的要求，有序地、有目的地向各个部件发出控制信号，使计算机的各部件协调一致地工作。

在目前的个人计算机中，运算器和控制器被集成到一个芯片中，称为中央处理器 (Central Processing Unit，CPU)。CPU 是计算机系统的核心部件。

(3) 存储器 (Memory)。存储器是用来存储程序和数据的部件。

内部存储器又称为主存储器。根据性能和特点的不同，内存又分为只读存储器和随机存储器两类。只读存储器 (Read Only Memory，ROM) 在工作过程中只能读出其中的数据，不能写入新的数据。即使中断电源，ROM 中的数据也不会丢失。因此，ROM 一般用来存放固定的控制计算机的系统程序和参数表等。随机存储器 (Random Access Memory，RAM) 在工作过程中既可读出其中的数据，也可修改其中的数据，还可以写入新的数据。一旦中断电源，RAM 中存放的数据将全部丢失。

(4) 输入设备 (Input Device)。输入设备是用来向计算机输入程序和数据的设备。计算机常用的输入设备有键盘、鼠标等。

(5) 输出设备 (Output Device)。输出设备是将计算机对数据处理后的结果显示、打印出来或存储到外存储器上的设备。计算机常用的输出设备有显示器、打印机等。

(6) 外部存储器、输入设备和输出设备统称为计算机的外部设备，简称“外设”。

1.1.2 计算机的软件组成

计算机的软件系统是计算机系统的灵魂，没有软件，计算机只是一个摆设，不能做任何工作。

软件分为系统软件和应用软件两大类。系统软件是用来管理计算机资源、扩展计算机功能、提高计算机工作效率和方便用户使用的软件，也是计算机正常运转不可缺少的，如操作系统、故障诊断程序、语言处理程序等；应用软件是指为用户解决某些实际问题而编制的程序和有关资料，有通用软件（如文字处理软件）和专用软件（如财务管理系统）之分。

1.2　计算机分类

随着计算机的发展，大致可以把计算机分为巨型机、小巨型机、大型主机、小型机、工作站、个人计算机等6类。本书主要介绍个人计算机的组装与维护。

1. 巨型机

巨型机也称为超级计算机，它占地面积大、价格昂贵、运算速度快、功能强大，主要应用于高科技的运算。目前巨型机的发展已成为衡量一个国家经济实力和科学技术水平的标志。

2. 小巨型机

小巨型机也称为桌上超级计算机，它的价格约为巨型机的十分之一，运算速度也低于巨型机，但功能强大，主要应用于一些计算量较大的科研机构。

3. 大型主机

大型主机就是通常说的大、中型机，其运算速度约为每秒几千万次，主要应用于国家科研机构，较大规模的院校、企业等。

4. 小型机

小型机的结构简单、运算速度约为每秒几百万次，价格相对大型主机较便宜，主要应用于广大中小型企业。

5. 工作站

工作站是介于小型机和个人计算机之间的一种性能较高的微型机，主要应用于图形图像处理、计算机辅助设计等方面。

6. 个人计算机

个人计算机也称为PC，统称为微机，其体积小、价格低、功能齐全、应用范围广。个人计算机可分为台式和便携式两种，便携式即笔记本电脑。

1.3　计算机的用途

1. 数值计算

计算机广泛地应用于科学和工程技术方面的计算，这是计算机应用的一个基本方面，也是我们比较熟悉的，如人造卫星轨迹计算、导弹发射的各项参数的计算、房屋抗震强度的计算等。

2. 数据处理

用计算机对数据及时地加以记录、整理和计算，加工成人们所要求的形式，称为数据处理。数据处理与数值计算相比较，它的主要特点是原始数据多，处理量大，时间性强，但计算公式并不复杂。

在计算机应用普及的今天，计算机已经不再只是进行科学计算的工具，而是更多地应用在数据处理方面。例如，对工厂的生产管理、计划调度、统计报表、质量分析和控制等；在财务部门，用计算机对帐目登记、分类、汇总、统计、制表等。

3. 自动控制

自动控制也是计算机应用的一个重要方面。在生产过程中，采用计算机进行自动控制，可以大大提高产品的数量和质量，提高劳动生产率，改善人们的工作条件，降低原材料的消耗，节约生产成本等。

4. 辅助设计

计算机辅助设计（Computer Aided Design，简称 CAD）是借助计算机进行设计的一项实用技术，采用计算机辅助设计过程实现自动化或半自动化，不仅可以大大缩短设计周期，加速产品的更新换代，降低生产成本，节省人力、物力，而且对保证产品质量有着重要的作用。

5. 辅助教学

计算机辅助教学的第一个大型系统是在 60 年代由美国伊里诺大学开发的 PLATO。现在世界上发展的各方教学软件已无法准确统计。CAI 的专用软件称为课件，是 CAD 的一大分支，它可按不同教学方式方法及不同领域内容进行分类。

6. 人工智能

计算机有记忆能力，又擅长进行逻辑推理运算，因此计算机可以模仿人的思维。计算机具有一定的学习和推理功能，能够自己积累知识，并且独立解决问题，这就是计算机的人工智能。例如，计算机可以对计算机高级语言进行编译和解释；不同国家语言之间的机器翻译；在很多场合下，装上计算机的机器人可以代替人们进行繁重的、危险的体力劳动和部分简单重复的脑力劳动。

7. 娱乐活动

人们可以在多媒体计算机上看电视、看 VCD、听音乐、玩游戏、在网上和朋友聊天等。

第 2 章　计算机常用硬件及选购

计算机主机是整个计算机的中心，主机主要包括机箱、CPU、主板、内存、硬盘、光驱、软驱、显卡、声卡、网卡、电源、数据线等。其中，主板是计算机各个硬件设备连接的平台，计算机的各个设备与主板直接或间接相连，如图 2-1 所示。

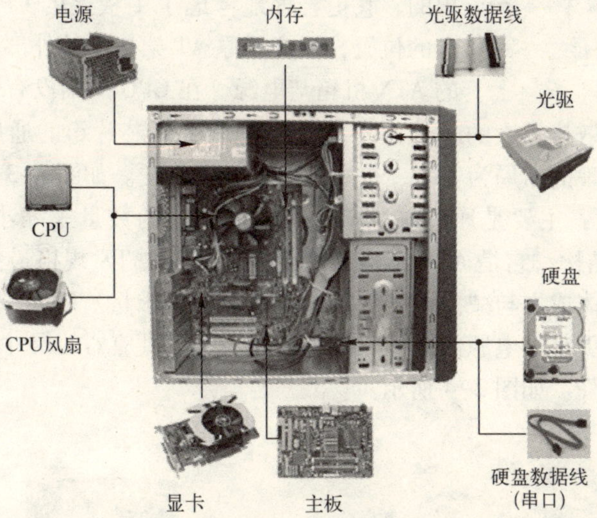

图 2-1　主机内部的结构

2.1　主板

主板，也称之为主机板（Mainboard）、系统板（Systemboard）或母板（Motherboard），安装在机箱内部，是计算机最基本的也是最重要的部件之一。主板多为矩形电路板，其上安装了组成计算机的主要电路系统，一般有 BIOS 芯片、I/O 控制芯片、键盘和面板控制开关接口、指示灯插接件、扩展插槽、主板及插卡的直流电源供电接插件等。

主板的特点之一就是采用了开放式结构，每块主板上有 6～8 个扩展插槽，供计算机外部设备的控制卡（适配器）插接。我们可以通过更换这些插卡，对计算机的相应子系统进行局部升级，使厂家和用户在配置机型方面有更大的灵活性。可以说，主板的类型和档次决定着整个计算机系统的类型和档次，主板的性能影响着整个计算机系统的性能。

2.1.1　主板的类型

主板的分类方式有好多种，如按使用的 CPU 分类、接芯片组分类、按功能分类和按印制电路板的工艺分类等。按照主板上各种元器件的布局与排列方式和在不同机箱上的配套模式，可将主板分为AT主板、ATX主板和Micro－ATX主板。

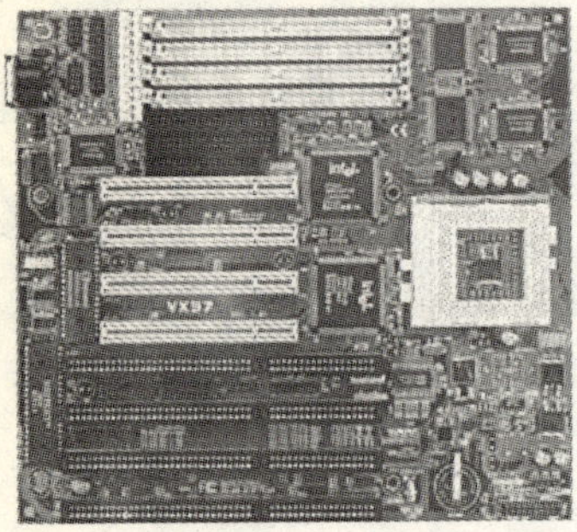

图2-2 AT主板

AT主板：AT主板是IBM公司提出的主板规范，它采用AT电源。AT主板上连接外部设备的接口只有键盘接口、串口和并口，部分AT主板也支持USB接口。除键盘接口外，串口、并口等外部设备接口都通过连线附加在机箱后面板上，大量的线缆导致计算机内部结构复杂，视线混乱，布局不合理。如图2-2所示。

ATX（ATeXetetnal）主板：ATX规范是由Intel公司提出的，它更合理地考虑了主板上的CPU、内存及各种长短卡的位置，改变了原AT架构中的外部设备接口，配合新型的ATX机箱与电源。在CPU周围没有其他板卡，CPU风扇可以同时吹到主板上散热较大的芯片，改善了CPU和主板芯片组的通风情况，达到加强散热的目的。同时，合理的布局为安装、扩展硬件提供了方便。如图2-3所示。

Micro－ATX主板：主要是通过减少PCI和ISA插槽的数量来缩小主板尺寸的。Micro ATX也称Mini ATX结构，它是ATX结构的简化版。Micro ATX规格最主要目的是为了降低个人计算机系统的总体成本与减少计算机系统对电源的需求量。Micro ATX结构的主要特性是更小的主板尺寸、更小的电源供应器。减小主板与电源供应器的尺寸直接反映的就是对于计算机系统的成本下降。如图2-4所示。

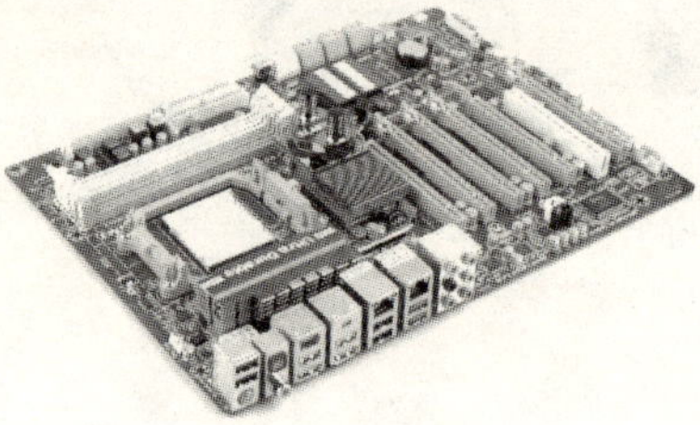

图2-3 ATX主板

图2-4 Micro－ATX主板

2.1.2 主板的组成与结构

如图2-5所示，在这块矩形电路板上有连接各部件的插槽、接口和交换各种信息的线路。主板的主要部件有主板芯片组、CPU接口、BIOS芯片、扩展插槽、电源插槽、内存插槽、SATA（硬盘、光驱）接口、软盘驱动器接口、串行口、并行口、PS/2接口和USB接口等。

1. CPU接口

CPU是通过接口与主板连接的。经过多年的发展，CPU采用的接口方式有引脚式、卡式、触点式、针脚式等。而当前的CPU接口都是针脚式接口，对应着主板上相应的插槽类型。早期的CPU接口有SlotA、Slotl、Slot2、SocketA、Socket7、Socket370、Socket423/478、Socket754、Socket939和Socket940等。当前主流的类型有（Socket）LGA775、LGA1366、LGA1156、LGA1155、Socket AMZ、Socket AM2＋、Socket AM3等。其中，LGA775、

LGA1366、LGA1156、LGA1155 适用于 Intel 系的 CPU；Socket AM2、Socket AM2 +、Socket AM3 适用于 AMD 系的 CPU。

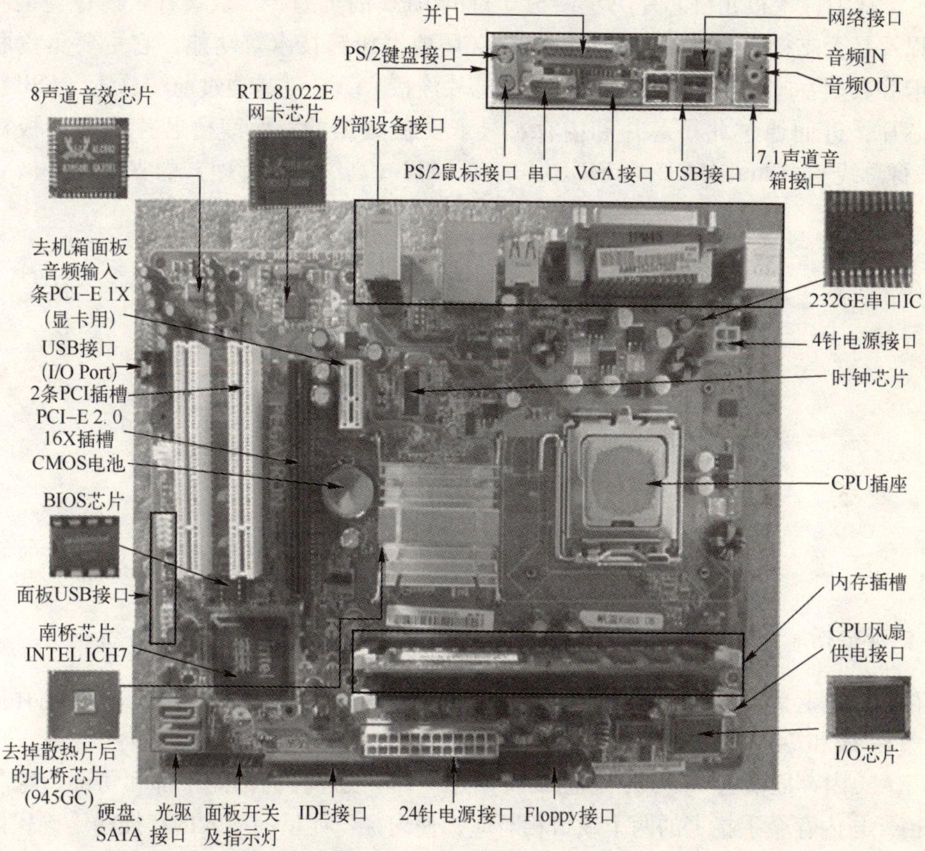

图 2-5　主板及主要接口

如图 2-6 所示为 Socket 1155 型接口；如图 2 - 7 所示为 Socket AM2 型接口。

图 2-6　Socket 1155 型接口

图 2-7　Socket AM2 型接口

2. 控制芯片组

主板控制芯片组的功能是协助 CPU 完成计算机各种功能，负责协调计算机各部件正常工作，负责管理内存、二级缓存、总线和各种 I/O 接口。由于主板所采用芯片组的类型直接影响计算机的整体性能，因此它决定着主板支持的 CPU 的类型。

目前，大多数主板控制芯片组采用的是北桥芯片与南桥芯片组成的南、北桥架构，如图 2-8 所示。其中，主板北桥芯片决定主板支持的 CPU 的类型、二级缓存、内存类型和最大容量，以及是否支持 AGP 高速图形接口和 ECC 数据纠错技术等功能，它主要负责联系内存、显卡等数据吞吐量最大的部件，和南桥芯片连接。CPU 就是通过前端总线（FSB）连接到北桥芯片，进而通过北桥芯片和内存、显卡交换数据的。而南桥芯片决定主板对 USB（通用串行总线）、UltraDMA33/66EIDE 传输和 ACPI（高级能源管理）的支持等。

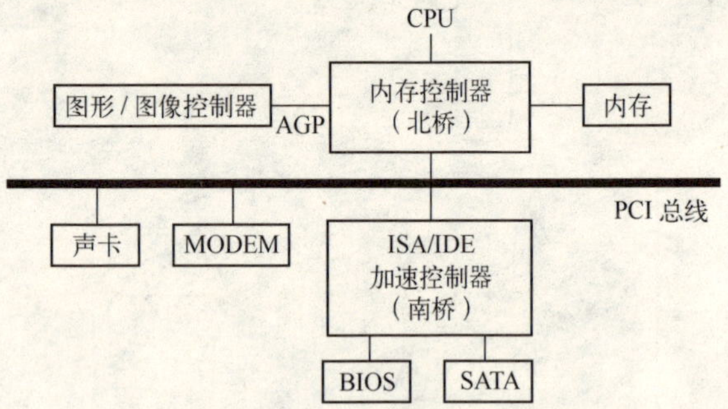

图 2-8　南、北桥芯片构成的主板整体架构

3. 内存插槽

内存插槽所起的作用是安装内存，提高内存空间。目前，市场上常见的主板内存插槽有 168 线、184 线和 240 线三种。

SD RAM 内存插槽为 168 线，如图 2-9 所示。168 线内存插槽的中部和角部边缘各有一凸出卡销，与内存金手指上的两个缺口相对应，使内存不能反向插入内存插槽，确保内存的正确安装。内存插槽两侧有两只定位销，用于内存安装就位后的卡位。内存插槽两侧的弹性就位卡在内存就位后会卡紧内存条。

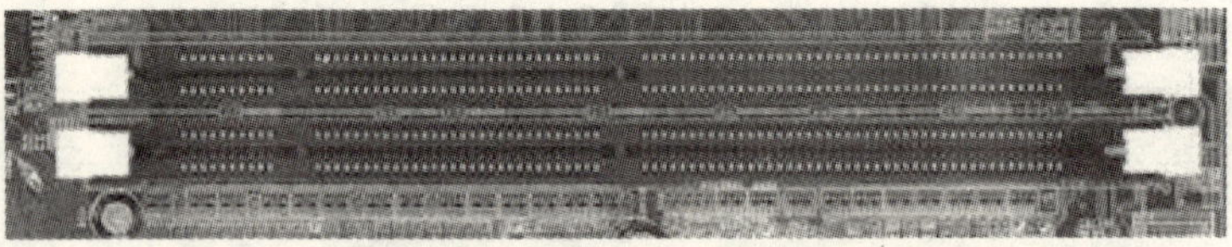

图 2-9　SD RAM 内存插槽

DDR SDRAM 内存的插槽在形状上与 SD RAM 插槽类似，但却是 184 线的，如图 2-10 所示。插槽的线数与内存的金手指一一对应。

图 2-10　DDR SDRAM 内存插槽

DDR II 和 DDR III 内存条的插槽是 240 线的，如图 2-11 所示。

图2-11　DDR Ⅱ和DDR Ⅲ内存插槽

4. 总线及其扩展槽

总线（Bus）是构成计算机系统的桥梁，是计算机各种功能部件之间进行数据传输的公共通道。计算机的各个部件是通过总线来相连的，外部设备则通过相应的接口电路与总线相连，最终形成了计算机硬件系统。

总线扩展槽（简称I/O扩展槽）是系统总线的延伸，可以插入任意的标准选件，如显卡、解压卡、MODEM和声卡等。通过I/O扩展槽，CPU可以对连接到该通道的所有I/O接口芯片和控制卡寻址访问，并进行读/写操作。

根据总线的类型不同，扩展插槽分为ISA、PCI、AGP和PCI-Express等多种，分别用于安装ISA卡、PCI卡、AGP卡和PCI-Express卡。其中，ISA已经基本被淘汰；AGP插槽仅用于安装AGP显卡；PCI插槽可用于安装显卡、声卡、网卡及内置MODEM等。

1）AGP总线及其插槽

AGP（Accelerated Graphics Port）即加速图形端口，是一种为了提高视频带宽而设计的总线规范，它是Intel推出的一种3D图形标准接口，能够提供4倍于PCI的效率，它的传输速率能够达到533Mbit/s。AGP在主内存与显卡之间提供了一条直接的通道，才能够使得3D图形数据可以越过PCI总线直接送入显示子系统，这样就能突破由于PCI总线形成的系统瓶颈，从而实现以相对的低价格来达到高性能3D图形的描绘功能。

AGP工作模式有AGP 1X、AGP 2X、AGP 4X、AGP 8X，对应的数据传输速率分别为266Mbit/s、533Mbit/s、1066Mbit/s和2.1Gbit/s。如图2-12所示为AGP插槽。

图2-12　AGP插槽

2）PCI-Express总线及其插槽

PCI-Express总线是Intel针对PCI总线的局限性于2001年提出的一种新型总线标准。它属于串行总线标准，与传统的PCI总线及更早期计算机总线的共享并行架构相比，PCI-Express最大的特点是在设备间采用点对点串行连接，并且不需要向整个总线请求带宽，同时利用串行的连接特点，成倍地提高数据传输速度。

根据总线位宽的不同，PCI-Express接口也有所区别，包括X1、X4、X8及X16（X2模式用于内部接口而非插槽模式）。其中，X1的传输速度为250Mbit/s，而X16就是16倍于X1的速度，即4Gbit/s。其实，PCI-Exvress还可运行于全双工模式。PCI-Express图形接口拥有两条专用信道，每一条专用信道只作单向传输，所以其速度可以倍增至8Gbit/s。

PCI-Express插槽的长短也各不相同，如图2-13所示。其中，比较长的是PCI-Express X16，比较短的是PCI-Express X1。较短的PCI-Express卡可以插入较长的PCI-Express插槽中使用。也就是说，低位宽的PCI-Express卡能够插入高位宽的插槽中使用。

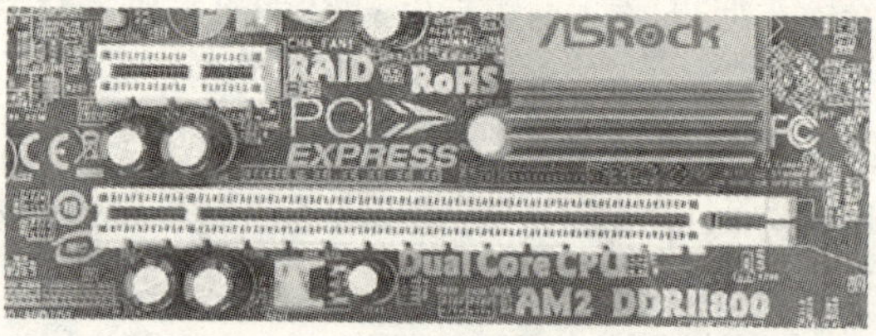

图2-13 PCI-Express插槽

3）PCI总线及其插槽

PCI的概念是有Intel公司在1991年下半年首先提出的，它是Peripheral Component Interconnect（外部设备部件互联标准）的缩写，是目前个人计算机中使用最为广泛的接口，也是主板带有最多数量的插槽类型。它是一种先进的、不依附于某个具体处理器的局部总线。从其组成结构上看，它是在CPU和外部设备之间插入的一级总线，由一个桥接电路实现对 这一层的管理，并实现上下接口之间数据的传送。管理器提供了信号缓冲，使其能够支持10种外部设备，并且能够在高时钟频率下保持高性能。

图2-14 PCI插槽

如图2-14所示为PCI插槽。

5. 硬盘接口

硬盘接口可分为IDE接口和SATA接口。在型号较老的主板上，多集成两个IDE接口，通常IDE接口都位于PCI插槽下方，从空间上则垂直于内存插槽（也有横着的）。而在新型主板上，IDE接口大多缩减，甚至没有，代之以SATA接口

图2-15 IDE接口

IDE接口的英文全称为“Integrated Drive Electronics”，即电子集成驱动器，主要用于连接硬盘和光驱，如图2-15所示。它采用16位数据并行传送方式，体积小，数据传输快。一个IDE接口可以连接两个外部设备。早期的IDE接口有两种传输模式：一个是PIO

(Programming I/O) 模式；另一个是 DMA (Direct Memory Access) 模式。DMA 模式占用系统资源少，执行效率好，提供了最大 33Mbit/s 的的数据传输率，以后又很快发展到了 ATA 66，ATA 100，以及迈拓提出的 ATA 133 标准，分别提供 66Mbit/s，100Mbit/s、133Mbit/s 的数据传输速率。

SATA 是 Serial ATA 的缩写，即串行 ATA。这是一种完全不同于并行 ATA 的新型硬盘接口类型，由于采用串行方式传输数据而得名。SATA 总线使用嵌入式时钟信号，具备了更强的纠错能力。与以往相比，其最大的区别在于能对传输指令（不仅仅是数据）进行检查，如果发现错误会自动矫正，这在很大程度上提高了数据传输的可靠性。串行接口具有结构简单、支持热插拔等优点，数据传输速率可达到 300Mbit/s。如图 2-16 所示。

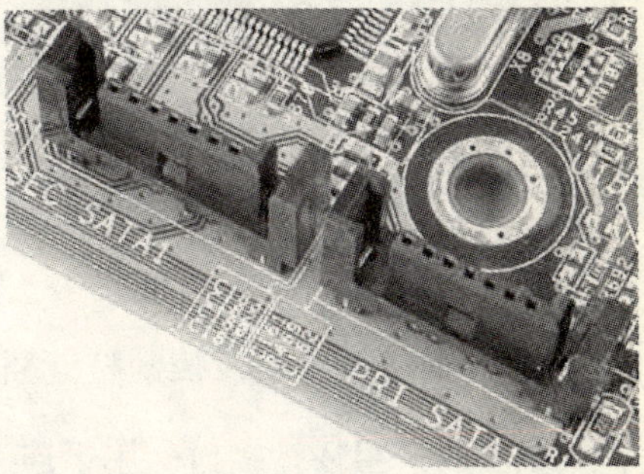

图 2-16　SATA 硬盘接口

6. 外部设备扩展接口

1) 并行接口

并行接口也称为“并行口”，是计算机与其他设备之间传送信息的一种标准接口。这种接口将 8 位数据同时进行传送，与串行口相比，其传送速度要快很多，但唯一的缺点是传送距离较短。

并行口使用 25 孔“D”形连接器，常用于连接打印机，如图 2-17 所示。

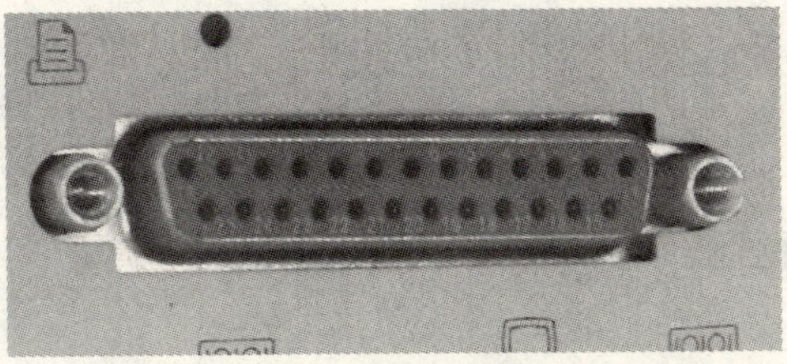

图 2-17　并行接口

2) 串行接口

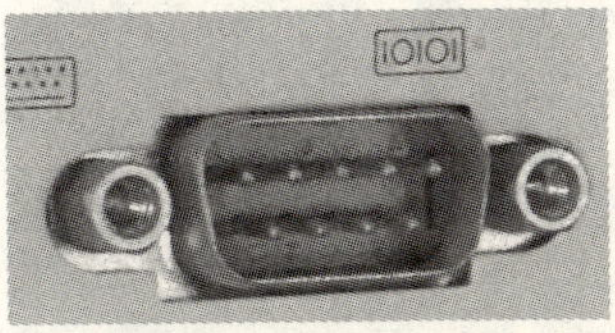

图 2-18　串行接口

串行接口（RS-232-C）简称串行口，也是计算机与其他设备之间传送信息的一种标准接口。串行口使用 9 针“D”形连接器，如图 2-18 所示。这种接口先将 8 位数据（一个字节）拆分成一位一位顺序相连的串行数据，之后进行传送。串行口传送数据的特征是传输速度较慢，适宜远距离传送，串行通信接口常用于连接鼠标和 MODEM。

3) USB 接口

通用串行总线 USB (Universal Serial Bus) 接口是 1994 年由 Intel、Compaq、IBM、Microsoft等多家公司联合推出的一种总线标准。其特点是支持设备的即插即用和热插拔采用级联方式，USB 接口最多可以连接 127 个外部设备，而两个外部设备间的距离（线缆长度）

图 2-19　USB 接口

最远可达 5 米。除了可以与键盘、鼠标及 MODEM 等常见外部设备连接外，还可以与 ISDN、电话系统、数字音响、打印机及扫描仪等低速外部设备连接。USB 接口如图 2-19 所示。从 1999 年 11 月 11 日发表了 USB V0.7 版本以来，USB 版本经历了多年的发展，到现在已经发展为 3.0 版本，其最大传输速率可以达到 5Gbit/s，已成功替代串口和并口，成为当今个人计算机和大量智能设备的必配接口之一。

7. 机箱面板指示灯及控制按键插针

主板上有一组插针接口，用于连接机箱面板的各指示灯及控制按键。各插针接口的含义如下：

- HDDLED：硬盘工作红色 LED 指示灯，红（+）、白（-）两线插头。
- RESETSW：复位键，绿、黑两线插头。
- SPEAKER：喇叭，黑、空、空、红四线插头（“空”表示五连接线）。
- KEYLOCK：键盘锁，绿、白两线插头。
- POWERLED：电源工作绿色 LED 指示灯，蓝（+）、空、黑（-）三线插头。

8. BIOS 芯片

BIOS（Basic Input/Output System，基本输入输出系统）的全称是 ROM-BIOS，是只读存储器基本输入/输出系统的简写，它实际是一组被固化到计算机中，为计算机提供最低级最直接的硬件控制的程序，它是连通软件程序和硬件设备之间的枢纽。通俗地说，BIOS 是硬件与软件程序之间的一个“转换器”或接口（虽然它本身也只是一个程序），负责解决硬件的即时要求，并按软件对硬件的操作要求具体执行。BIOS 在计算机系统中起着非常重要的作用。一块主板性能优越与否，很大程度上取决于主板上的 BIOS 管理功能是否先进。如图 2-20 所示为 BIOS 芯片。

图 2-20　BIOS 芯片

9. 时钟芯片

如果把计算机系统比喻成人体，CPU 就如同人的大脑，而时钟芯片就是人的心脏。如果心脏停止了跳动，人的生命也将终结。时钟芯片也一样，通过时钟芯片给主板上的芯片提供时钟，这些芯片才能够正常地工作，如果缺少时钟信号，主板将陷入瘫痪之中。如图 2-21 所示。

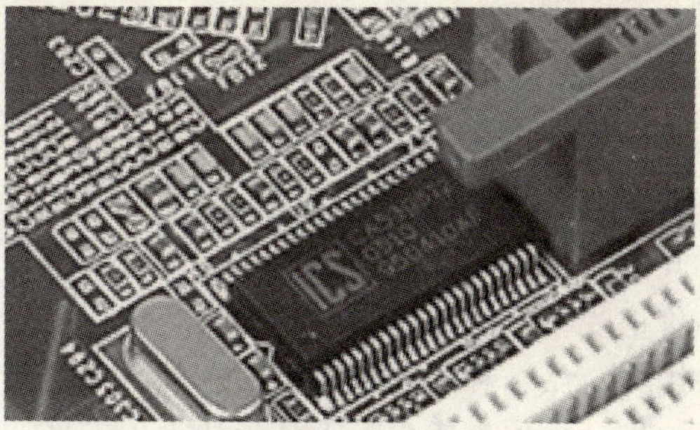

图 2-21　时钟芯片

10. I/O 芯片

I/O 是 Input/Output 的缩写，即输入与输出。I/O 芯片主要为用户提供一系列的输入/输出接口，如鼠标键盘接口、串口、并口、USB 接口等都统一由 I/O 芯片控制，如图 2-22 所示。部分 I/O 芯片还能提供系统温度检测功能，BIOS 中的系统温度最原始的来源就是这里。常见 I/O 芯片的型号有 Winbond 公司的 W83627HF、W83697HF、W83877FF、W83977HF 等，ITE 公司的 IT8702F、IT8705F、IT8711F、IT8712F 等。

图 2-22　I/O 芯片

11. 音效芯片

音效芯片是主板集成声卡时的一个声音处理芯片，它的形状方方正正，四周都有引脚，一般位于第一根 PCI 插槽附近，靠近主板边缘的位置，如图 2-23 所示。目前的音效芯片公司主要有 Realtek、VIA 和 CMI 公司等，常见的型号有 ALC650、ALC850、CMI7838、VIA1616，因为它们都支持 AC′97 规格，统一都可以被称为 AC′97 声卡。但不同的公司有不同的声卡驱动。集成声卡除了有两声道、四声道外，还有六声道和八声道。不过要到系统中设置才能正常使用。

12. 网卡芯片

网卡芯片是主板集成网络功能时用来处理网络数据的芯片。一般位于音频接口或 USB 接口附近，网卡芯片常见的型号有 RTL8100、RTL8101、RTL8201、VT6103 等。如图 2-24 所示为网卡芯片。

图 2-23　音效芯片

图 2-24　网卡芯片

2.1.3 主板的选购

要在众多的主板型号中，挑选一款适合的主板，确实有一定的难度。毕竟与显卡之类的出多少钱就可以大概换多少性能的产品不同，同芯片组的主板之间在常规性能上都相差不大。即使是不同芯片组之间的主板，其常规性能也没有多少差别。但是，不同主板之间的价格有时相差巨大。主板的价格受很多的因素影响，主板芯片组只是其中之一。当芯片组的成本相同或接近时，其他的用料、做工和附加的硬件、软件之间的差距就决定了主板之间的差距。品牌影响力也决定着主板的价格和质量。大品牌的主板设计、测试团队能够带来更好的主板性能。下面就从芯片组、版型、内存插槽、I/O 接口、整合主板 3D 性能等方面进行介绍。

1. 芯片组

芯片组是选择主板时第一个要素。不同的主板，芯片组之间所提供的支持是不同的。同时，价格也不同。不能片面地选择一款高端而自己完全用不上其高端功能的主板，也不能因为图便宜而选择一款并不适合需要的主板。

目前，市场上比较常见的 Intel 芯片组有 G41、P43、P45、P55、X58。除 G41 芯片组外，其他的都是非整合主板芯片组。此外，还有 G43 和 G45 两款整合芯片组。G45 主板可以支持全高清硬件解码，而 G41 和 G43 只能支持部分格式的高清硬件解码。P43/P45 芯片组是针对 LGA 775 封装系列处理器的非整合芯片组，P45 主板支持双显卡并具有更强的超频能力。P43 主板在将处理器外频超至 420MHz 左右时就会遇到外频墙，若再超频，则会造成无法开机，而 P45 不会，可以超到更高外频。对于大多数用户来说，一张显卡的性能已经足够使用，那么选择 P43 主板就可以了。平均来说，P43 主板要比 P45 主板便宜 100 元，选择 P43 也更省钱。

P55 和 X58 芯片组都是 Intel 最新的芯片组。其中，P55 支持 LGA 1156 封装处理器，相对定位低端一些，价格也较为便宜；X58 则支持 LGA 1366 的旗舰平台，不仅主板价格昂贵，其处理器也不便宜。P55 平台是设计用来取代目前还是主流的 P45 平台的，因此目前也有一些相对较为便宜的 P55 主板出现，不过处理器价格还比较贵，也是限制大家购买 P55 平台的一个重要因素。

AMD 平台的整合芯片组有 780G、785G、790GX，非整合芯片组有 770、790X、790FX。其中，780G 和 785G 定位相对较低，785G 正在逐渐取代 780G，785G 支持 DX10.1，支持 UVD2，相比之下比 780G 更强，不过总体价格也略贵；790GX 性能较强，并且支持双显卡，也有用户将 790GX 当作非整合主板来使用，效果也不错，毕竟 790GX 主板的选择比较多，价格也便宜。在非整合主板方面，770 是最低端的一款，价格便宜；790X 支持双显卡，价格略贵，同时可以选择的产品型号也不多；790FX 可以支持四张显卡，价格非常贵，一般只有顶级平台用户才会选择。如图 2-27 所示。

2. 主板版型

主板有大板和小板之分，不同版型的主板在 PCB 成本上有所不同，同时在扩展性能上也不同，最终将影响主板的售价及其扩展性能。

图 2-25 AMD 平台的整合芯片组

如图 2-26 所示是一款 mATX 版型的主板。此类版型设计通常用在中、低端主板上，可以在成本上控制得更低。同时，对于平台的常规性能，并没有多少影响。这样设计的主板就会相对比较便宜，不过由于扩展插槽较少，扩展性能会受到一定的影响。

ATX 大板可以提供更多的扩展插槽，如图 2-27 所示。除了扩展插槽之外，由于 ATX 大板提供了较为充足的空间，一些主板还提供双网卡芯片、1394 接口芯片等，这样的主板也就更贵了。对于大多数用户来说，一般不会用到这么多的扩展插槽，一款 mATX 版型的主板就已经足够使用。例如，微星推出的一款 mATX 版型的 X58 主板，是一线品牌 X58 主板中最便宜的。mATX 版型主板对于多数小机箱来说比较合适，有时大板是无法放进小机箱中去的。

图2-26 mATX 版型的主板

图 2-27 ATX 大板

3. 内存插槽

内存也是影响一个平台性能的重要硬件，每一代内存所采用的技术规格都不相同，插槽也不相同。这就意味着，主板上的内存插槽限制了这个平台所能够使用的内存规格。这不仅影响着平台的性能，也会造成不同的购买成本。

从内存插槽来划分，目前市场上有三类主板，一类是带 DDR II 内存插槽的；一类是带 DDR III 内存插槽的；最后一类就是同时提供了 DDR II 和 DDR III 内存插槽的。现在，DDR II 和 DDR III 内存的价格非常接近，不过 DDR III 内存的性能更好。同时提供了 DDR II 和 DDR III 两种内存插槽的主板有时也称为 Combo 主板，如图 2-28 所示。DDR III 主板多数都提供了 4 条 DDR III 内存插槽，可以提供良好的扩展性能。同时，DDR3 内存也可以为平台提供更好的性能，将来如果觉得内存容量不足，那么升级也是非常方便的。

4. I/O 接口

I/O 接口反映了一款主板的定位和所提供的功能。虽然对于多数用户来说，I/O 接口提供的双网卡、1394 接口等未必用得上，但是对于有需要的用户来说，这一点就显得较为重要了。USB 接口的数量有时也会影响到使用的感受。

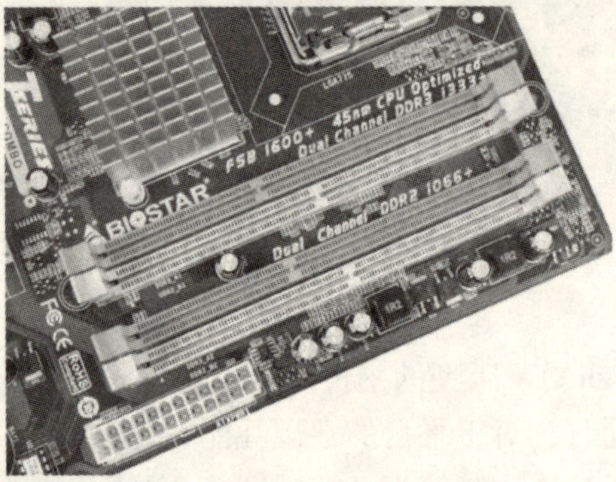

图 2-28　Combo 内存插槽

5. 整合主板的 3D 性能

整合主板是非常具有性价比的选择。因为在与非整合主板价格相差不大甚至是没有价格差距的情况下，用户可以获得一颗集成显示核心，对于那些不玩游戏或偶尔玩玩小游戏的用户来说，整合主板已经足够用了。在 Intel 平台，用户选择最多的就是 G41 主板，价格便宜，性能也够用，如图 2-29 所示。

如图 2-30 所示，780G 是 AMD 平台的一个主力产品。随着 785G 芯片组的上市，780G 已经开始被逐渐取代，785G 主板的价格要比 780G 主板贵一些。

图 2-29　Intel G41 芯片组

图 2-30　AMD 780G 芯片组

2.2　CPU

CPU 是中央处理单元（Central Processing Unit）的缩写，它可以简称为微处理器（Microprocessor）或中央处理器，不过经常被人们直接称为处理器（Processor）。不要因为这些简称而忽视它的作用，CPU 是计算机的核心，它的作用就像人的大脑一样，因为它负责处理、运算计算机内部的所有数据，而主板芯片组则更像是人的心脏，它控制着数据的交换。CPU 的种类决定了使用的操作系统和相应的软件。CPU 主要由运算器、控制器、寄存器组和内部总线等构成。再配上储存器、I/O 接口和系统总线组成完整的计算机。寄存器组用于在指令执行过后存放操作数和中间数据，由运算器完成指令所规定的运算及操作。CPU 实物如图 2-31 所示。

图 2-31　CPU 实物

2.2.1　CPU 的发展历程

按照一次性处理数据的字长标准，CPU 经历了 4 位、8 位、16 位、32 位和 64 位 5 个时代。

1. 早期 CPU 系列

早期 CPU 主要包括 Intel 4004、8080、8085、8086、8088、80286、80386 和 80486，现在这些产品早已被淘汰了。

20 世纪 90 年代，全面超越 486 的新一代 586 微处理器问世，并且正式命名为奔腾（Pentium）。奔腾含有 310 万个晶体管，时钟频率最初为 60MHz 和 66MHz 两种，后来提高到 200MHz。66MHz 的奔腾微处理器的性能比 33MHz 的 80486DX 提高了三倍多，而 100MHz 的奔腾则比 33MHz 的 80486DX 性能提高了 6 ~ 8 倍。但是与现在主流的 CPU 相比，这类产品显然慢如蜗牛，也已经被淘汰了。

2. 奔腾 Ⅱ 级 CPU

奔腾引起的轰动尚未结束，Intel 公司又推出了新一代微处理器，它就是含有 550 万个晶体管、时钟频率为 133MHz 的奔腾 6，其处理速度几乎是 100MHz 奔腾的两倍。奔腾 6 的一级缓存分为 8KB 的指令缓存和 8 KB 的数据缓存两种，还包括一个 256KB 的二级缓存芯片，两个芯片之间通过高速的内部通信总线互连。奔腾 6 具有一项称为“动态执行”的创新技术，这是奔腾在继超标量体系结构上实现突破之后的又一次飞跃。

到 1998 年秋，Intel 公司推出了奔腾 Ⅱ 至强处理器（奔腾 Ⅱ Xeon），它采用新的奔腾 6 微处理器结构，最低主频为 400MHz，内部带有 512KB 或 1MB 二级高速缓存，主要用于服务器和工作站。奔腾 Ⅱ 至强处理器使用的是 330 线的 Slot 2 接口，使二级缓存与 CPU 同步运行，系统性能有很大的提高。赛扬是 Intel 公司在 1998 年 4 月针对低端市场发布的处理器，它采用了奔腾 Ⅱ 的内核，去掉了奔腾 Ⅱ 处理器的二级缓存，从而降低了成本，但同时也使其整体性能锐减。Intel 公司也意识到了这一点，在随后推出的 300MHz 和 333MHz 的赛扬中集成了 128KB 二级高速缓存，这样虽然比奔腾 Ⅱ 512KB 的二级缓存小，但由于赛扬的 128KB 二级缓存是与 CPU 同频运行的，因此性能几乎和同主频的奔腾 Ⅱ 持平，有时甚至比奔腾 Ⅱ 还要好，而其价格只不过是同主频奔腾 Ⅱ 的一半，非常超值，在市场上也风行一时。

1999 年初，Intel 公司推出了 Socket370 赛扬，它仍然使用 Slot1 架构的赛扬内核，但采用了新的 PLGA 封装，从而降低了生产成本。

1997 年，AMD 公司推出 AMD - K6 处理器。1998 年，AMD 公司又推出了 K7 处理器。从此拉开了 Intel 公司与 AMD 公司竞争的序幕。

3. 奔腾Ⅲ级 CPU

1999 年 2 月 26 日，Intel 公司正式发布了奔腾Ⅲ处理器。奔腾Ⅲ的内核和奔腾Ⅱ大致相同，只是新增加了 70 条 SSE（Streaming SIMD Extensions，单指令多数据流扩展）指令集，使 CPU 的浮点运算能力得到增强，从而提高了 CPU 对浮点运算密集型应用程序的执行效率。常见的奔腾Ⅲ主频为 450MHz ~ 1GHz，采用 0. 25μm 制造工艺，具有 32KB 的一级高速缓存和 512KB 的二级高速缓存，核心电压为 2. 0V，仍然使用 Slot1 接口。

奔腾Ⅲ Coppermine（铜矿）处理器是 Intel 公司的主流产品之一。该产品采用 0. 18μm 工艺技术，虽然内部集成了 256KB 的全速 On - Die 二级缓存，内建了 2810 万个晶体管，但其尺寸却只有 $106mm^2$，工作电压为 1. 5V，支持 SSE 扩展指令集，采用 6 层金属处理技术。

1999 年，AMD 公司推出 AMD 速龙处理器，它是第一款支持 Microsoft Windows 计算的第七代处理器。

4. 奔腾Ⅳ级 CPU

奔腾Ⅳ是 Intel 公司于 2000 年秋推出的一款 X86 处理器，采用了全新的设计思路，包括等效于 400MHz 的前端总线（100MHz ×4）、SSE2 指令集、256KB 或 512KB 的二级缓存、全新的超流水线技术及 NetBurst 架构，最低频率为 1. 4GHz，并基于全新的 Socket 423 接口和 Socket 478 接口，搭配 i850/i845/i845D/i845E /i845G/i845GL/i865/i875/i915/i925 系统芯片组。Intel 陆续推出了 1. 4 ~ 3. 6GHz 的奔腾Ⅳ处理器，目前还有一部分个人计算机采用这种处理器。

2000 年 11 月下旬，Intel 公司发布了 Willamette 核心的奔腾Ⅳ处理器。2002 年 1 月 8 日，Intel 公司又正式发布了 Northwood 核心的奔腾Ⅳ处理器。前者采用 0. 18μm 工艺制造，后者采用 0. 13μm 工艺制造。其中，Socket423 接口的全部为 Willamette 核心；而 Socket 478 接口的则包括 Willamette 和 Northwood 两种核心。2004 年 2 月 2 日，Intel 公司推出了采用 0. 09μm 工艺生产的 Prescott 系列处理器。

5. 双核及多核 CPU

双核处理器是指在一个处理器上集成两个运算核心，从而提高计算能力。“双核”的概念最早是由 IBM、HP、Sun 等支持 RISC 架构的高端服务器厂商提出的，这种处理器现在成为市场主流。

最近逐渐热起来的“双核”概念，主要是指基于 X86 开放架构的双核技术。在这方面，起领导地位的厂商主要有 AMD 和 Intel 两家。其中，两家的思路又有不同。AMD 从一开始设计时就考虑到了对多核心的支持。所有组件都直接连接到 CPU，消除系统架构方面的挑战和瓶颈。两个处理器核心直接连接到同一个内核上，核心之间以芯片速度通信，进一步降低了处理器之间的延迟。而 Intel 采用多个核心共享前端总线的方式。专家认为，AMD 的架构更容易实现双核以至多核，Intel 的架构会遇到多个内核争用总线资源的瓶颈问题。

四核由两个双核组成，每个双核是共享 4MB 的 L2 缓存的。

从理论上去看，在两者均未达到满载的时候，成绩应该相差不大。而双方都同时达到满载时，四核的成绩应该比双核好上一倍。物理四核相对于物理双核提升的幅度最大值为80%左右，超线程四核相对于物理双核提升的最大幅度为40%左右，两者的提升幅度相差约为一倍。

6. CPU 融合 GPU 的新一代 CPU

2011 年 1 月 18 日，Intel 公司发布了第二代智能酷睿处理器产品，即 Sandy Bridge。Sandy Bridge 的重大意义在于 CPU 和 GPU 的融合。从 Clarkdale 到 Sandy Bridge，最大的改变就是 CPU 的 Core 核心和显示核心都将采用 32nm 的工艺制造，而 Core 核心和显示核心也都将封装在一颗 Die 中，这是第一颗 CPU + GPU 完全融合的产品，如图 2-32 所示。此前的 Clarkdale 还是将 CPU 和 GPU 分别封装的。AVX 指令集第一次被加入，视频处理能力有效增强。

2011 在 6 月，AMD 公司发布了 A 系列的 APU。APU 同样是一种全新理念的产品。APU 的英文全称是“Accelerated Processing Units”，意为加速处理器。APU 采用的是新的 32nm 制造工艺，这意味着 APU 将有着更低的功耗和更为紧密的融合。CPU 与 GPU 之间使用不同类型指令集和体系架构的计算单元组成系统的计算方式，使得内部的独显核心带来比以往都更强的加速性能。如图 2-33 所示。

图 2-32　封装 GPU 的新型 CPU 实物图

图 2-33　APU 实物图

2.2.2　CPU 的性能参数

1. 主频

主频也叫时钟频率，其单位是 MHz 或 GHz，表示 CPU 的运算、处理数据的速率。CPU 的主频 = 外频 × 倍频系数。

CPU 的主频与 CPU 实际运算能力没有直接关系，主频表示在 CPU 内数字脉冲信号振荡的速度。在 Intel 的处理器产品中，也可以看到这样的例子：1GHz Itanium 芯片能够表现得差不多跟 2.66GHz 至强（Xeon）/Opteron 一样快，或者 1.5GHz Itanium 2 大约跟 4GHz Xeon/Opteron 一样快。CPU 的运算速度还要看 CPU 的流水线、总线等各方面的性能指标。

但主频和实际的运算速率是有关的。只能说主频仅仅是 CPU 性能表现的一个方面，而不能代表 CPU 的整体性能。

2. 外频

CPU 的基准频率叫外频，单位是 MHz。CPU 的外频决定着整块主板的运行速度。通俗地说，在台式机中，所说的超频，是超 CPU 的外频（一般情况下，CPU 的倍频都是被锁住的）。但对于服务器 CPU 来讲，超频是绝对不允许的。前面说到 CPU 决定着主板的运行速度，两者是同步运行的，若把服务器 CPU 超频了，改变了外频，会产生异步运行（台式机很多主板都支持异步运行），这样会造成整个服务器系统的不稳定。

3. CPU 的位和字长

位：在数字电路和计算机技术中采用二进制，代码只有“0”和“1”。无论是“0”还是“1”，在 CPU 中都是 一“位”。

字长：计算机技术中对 CPU 在单位时间内（同一时间）能一次处理的二进制数的位数叫字长。所以，能处理字长为 8 位数据的 CPU 通常就叫 8 位的 CPU。同理，32 位的 CPU 就能在单位时间内处理字长为 32 位的二进制数据。字节和字长的区别：由于常用的英文字符用 8 位二进制就可以表示，所以通常就将 8 位称为一字节。字长的长度是不固定的，对于不同的 CPU，字长的长度也不一样。8 位的 CPU 一次只能处理一字节，而 32 位的 CPU 一次就能处理 4 字节。同理，字长为 64 位的 CPU 一次可以处理 8 字节。

4. 前端总线（FSB）频率

前端总线（FSB）频率是直接影响 CPU 与内存直接数据交换速度。其计算公式是数据带宽 =（前端总线频率 × 数据位宽）/8。数据传输最大带宽取决于所有同时传输的数据的宽度和传输频率。例如，支持 64 位的至强 Nocona 的前端总线频率是 800MHz，按照公式，它的数据传输最大带宽是 6. 4GB/s。

外频与前端总线（FSB）频率的区别：前端总线的速度指的是数据传输的速度，外频是 CPU 与主板之间同步运行的速度。也就是说，100MHz 外频特指数字脉冲信号在每秒钟振荡一亿次；而 100MHz 前端总线频率指的是每秒钟 CPU 可接受的数据传输量，100MHz × 64bit ÷ 8bit/Byte = 800MB/s。

“HyperTransport” 构架的出现，让这种实际意义上的前端总线（FSB）频率发生了变化。IA-32 架构必须有三大重要的构件：内存控制器 Hub（MCH）、I/O 控制器 Hub 和 PCI Hub。Intel 很典型的芯片组，如 Intel 7501、Intel7505 芯片组，是为双至强处理器量身定做的，它们所包含的 MCH 为 CPU 提供了 533MHz 的前端总线频率，配合 DDR 内存，前端总线带宽可达到 4. 3GB/s。

5. 倍频系数

倍频系数是指 CPU 主频与外频之间的相对比例关系。在相同的外频下，倍频越高，CPU 的频率也越高。但实际上，在相同外频的前提下，倍频高的 CPU 本身意义并不大。这是因为 CPU 与系统之间数据传输速度是有限的，一味追求高倍频而得到高主频的 CPU 就会出现明显的“瓶颈”效应——CPU 从系统得到数据的极限速度不能满足 CPU 运算的速度。

6. 缓存

在计算机系统中，硬件运行速度的快慢基本由缓存决定，缓存的容量越大，相应的硬件运行速度也就越快。缓存的应用几乎遍及所有的硬件，如CPU、硬盘、刻录机等，甚至软件也有缓存。什么是缓存？简单来说缓存就是数据交换的缓冲区（称作Cache）。当某一硬件要读取数据时，会首先从缓存中查找需要的数据，若找到了，则直接执行；如果找不到，则从内存中找。由于缓存的运行速度比内存快得多，因此缓存的作用就是帮助硬件更快地运行。

缓存可以分为一级缓存、二级缓存和三级缓存。一级缓存即L1，是CPU第一层高速缓存，分为数据缓存和指令缓存。内置的L1高速缓存的容量和结构对CPU的性能影响较大，一般服务器CPU的L1缓存的容量通常在32～256KB。二级缓存即L2，是CPU的第二层高速缓存，分内部和外部两种芯片。内部的芯片二级缓存运行速度与主频相同，而外部的二级缓存则只有主频的一半。L2高速缓存容量也会影响CPU的性能，原则是越大越好。三级缓存即L3，分为两种，早期的是外置的，现在的都是内置的。L3缓存的应用可以进一步降低内存延迟，同时提升大数据量计算时处理器的性能。降低内存延迟和提升大数据量计算能力对游戏都很有帮助。而在服务器领域增加L3缓存在性能方面仍然有显著地提升。

7. CPU扩展指令集

CPU扩展指令集指的是CPU增加的多媒体或3D处理指令，这些扩展指令可以提高CPU处理多媒体和3D图形的能力。著名的有MMX（多媒体扩展指令）、SSE（因特网数据流单指令扩展）和3DNow！指令集。

CPU依靠指令来计算和控制系统，每款CPU在设计时就规定了一系列与其硬件电路相配合的指令系统。指令的强弱也是CPU的重要指标，指令集是提高微处理器效率的最有效工具之一。指令集可分为复杂指令集和精简指令集两部分。而从具体运用看，如Intel的MMX（Multi Media Extensions）、SSE、SSE2（Streaming-Single instruction multiple data-Extensions 2）、SSE3和AMD的3DNow！等都是CPU的扩展指令集，分别增强了CPU的多媒体、图形图象和Internet等的处理能力。

（1）MMX是第六代CPU芯片的重要特点。MMX技术是在CPU中加入了特地为视频信号（Video Signal）、音频信号（Audio Signal）和图像处理（Graphical Manipulation）而设计的57条指令。因此，MMX CPU极大地提高了计算机的多媒体（如立体声、视频、三维动画等）处理功能。

（2）SSE包括70条指令，其中包含单指令多数据浮点计算，以及额外的SIMD整数和高速缓存控制指令。它具有更高分辨率的图像浏览和处理能力、更高精度和更快响应速度。

（3）SSE2添加了对64位双精度浮点数的支持，以及对整型数据的支持。也就是说，这个指令集中所有的MMX指令都是多余的了，同时也避免了占用浮点数寄存器。同时，SSE2指令集还增加了对CPU缓存的控制指令。AMD对它的扩展增加了8个XMM寄存器，但是需要切换到64位模式（AMD64）才可以使用这些寄存器。

（4）SSE3是Intel在奔腾Ⅳ的Prescott版本中引入的指令集，这个指令集扩展的指令包含寄存器的局部位之间的运算，如高位和低位之间的加减运算，浮点数到整数的转换，以及对超线程技术的支持。

（5）3DNow！是由AMD开发的一套SIMD多媒体指令集，支持单精度浮点数的矢量运算，用于增强 X86 架构的计算机在三维图像处理上的性能。3DNow！指令的执行环境与 MMX 一样，都是将 8 个 X87 寄存器 ST0 ~ ST7 的低 64 位重命名为 MMX 寄存器 MM0 ~ MM7，并采用平坦模式进行操作（指令可以任意访问这 8 个寄存器中的任何一个，而不必使用堆栈）。

8. 超级流水线与超级标量

超级流水线又叫做深度流水线，它是提高 CPU 速度通常采取的一种技术。CPU 处理指令是通过时钟来驱动的，每个时钟完成一级流水线操作。每个周期所做的操作越少，那么需要的时间就越短，时间越短，频率就可以提得越高。超级流水线技术是通过细化流水，提高主频，使得机器在一个周期内完成一个甚至多个操作，其实质是用时间换取空间。超级流水处理器是相对于基准处理器而言的，一般 CPU 的流水线是基本的指令预取、译码、执行和写回结果四级。超级流水线是指某型 CPU 内部的流水线超过通常的 5 ~ 6 步以上，如奔腾 pro 的流水线就长达 14 步。将流水线设计的步（级）数越多，其完成一条指令的速度越快，因此才能适应工作主频更高的 CPU。

超级标量是指 CPU 内一般能有多条流水线，这些流水线能够并行处理。在单流水线结构中，指令虽然能够重叠执行，但仍然是顺序的，每个周期只能发射或收回一条指令。超级标量结构的 CPU 支持指令级并行，每个周期可以发射多条指令（2 ~ 4 条居多）。这样，可以使得 CPU 的 IPC（Instruction Per Clock）> 1，从而提高 CPU 处理速度。超级标量的实质是通过内置多条流水线来同时执行多个处理器，以空间换取时间。

超级标量机能同时对若干条指令进行译码，将可以并行执行的指令送往不同的执行部件，在程序运行期间，由硬件（通常是状态记录部件和调度部件）来完成指令调度。超级标量机主要借助硬件资源重复（如有两套译码器和 ALU 等）来实现空间的并行操作。

9. 封装形式

封装对 CPU 和其他 LSI 集成电路都起着重要的作用。CPU 封装是采用特定的材料将 CPU 芯片或 CPU 模块固化在其中以防损坏的保护措施。其封装形式取决于 CPU 安装形式和器件集成设计。从大的分类来看，通常采用 Socket 接口进行安装的 CPU，使用 PGA（栅格阵列）方式封装；而采用 Slot x 接口安装的 CPU，则全部采用 SEC（单边接插盒）的形式封装。现在还有 PLGA（Plastic Land Grid Array）、OLGA（Organic Land Grid Array）等封装技术。由于市场竞争日益激烈，目前 CPU 封装技术的发展方向以节约成本为主。

10. 多线程

多线程不是为了提高运行效率，而是为了提高资源使用效率来提高系统的效率。在一个程序中，这些独立运行的片断叫作“线程”（Thread），利用它编程的概念就叫作“多线程处理”。多线程处理一个常见的例子就是用户界面。利用线程，用户可按下一个按钮，之后程序会立即作出响应，而不是让用户等待程序完成了当前任务以后才开始响应。从程序设计语言的角度看，多线程操作最有价值的特性之一就是程序员不必关心到底使用了多少个处理器。

11. 多核心

多核心，也叫多微处理器核心，是将两个或更多的独立处理器封装在一起的方案，通常在一个集成电路（IC）中。双核心设备只有两个独立的微处理器。一般来说，多核心微处理器允许一个计算设备在不需要将多核心包括在独立物理封装时执行某些形式的线程级并行处理（Thread-Level Parallelism，TLP），这种形式的 TLP 通常被认为是芯片级别的多处理。

12. SMP

SMP 是 Symmetric Multi Processing 的简称，意为对称多处理系统，内有许多紧耦合多处理器。这种系统的最大特点就是共享所有资源。与之相对立的标准是 MPP（Massively Parallel Processing），意为大规模并行处理系统，这样的系统是由许多松耦合处理单元组成的。每个单元内的 CPU 都有自己私有的资源，如总线、内存、硬盘等。在每个单元内都有操作系统和管理数据库的实例复本。这种结构最大的特点在于不共享资源。

要组建 SMP 系统，对所选的 CPU 有很高的要求。首先，CPU 内部必须内置 APIC（Advanced Programmable Interrupt Controllers）单元。Intel 多处理规范的核心就是高级可编程中断控制器（Advanced Programmable Interrupt Controllers，APICs）的使用。还要求采用相同的产品型号、同样类型的 CPU 核心和完全相同的运行频率，并尽可能保持相同的产品序列编号。因为两个生产批次的 CPU 作为双处理器运行时，有可能会发生一颗 CPU 负担过高，而另一颗负担很少的情况，不能发挥最大性能，更糟糕的是可能导致死机。

13. NUMA 技术

NUMA 即非一致访问分布共享存储技术，它是由若干通过高速专用网络连接起来的独立节点构成的系统，各个节点可以是单个的 CPU 或 SMP 系统。在 NUMA 中，缓存的一致性有多种解决方案，需要操作系统和特殊软件的支持。

14. 乱序执行技术

乱序执行（Out-of-order Execution）技术是指 CPU 采用了允许将多条指令不按程序规定的顺序分开发送给各相应电路单元处理的技术。当然，在各单元不按规定顺序执行完指令后还必须由相应电路再将运算结果重新按原来程序指定的指令顺序排列后，才能返回程序。

15. CPU 内部的内存控制器

内存控制器（Memory Controller）是计算机系统内部控制内存并通过内存控制器使内存与 CPU 之间交换数据的重要组成部分。内存控制器决定了计算机系统所能使用的最大内存容量、内存类型和速度、内存颗粒数据深度和数据宽度等重要参数。也就是说，它决定了计算机系统的内存性能，从而也对计算机系统的整体性能产生较大影响。

优点：一是与传统的内存控制器方案相比，显然具有更低的数据延迟，这有助于提高计算机系统的整体性能，传统计算机系统的 CPU 要和内存进行数据交换，需要经过“CPU→北桥→内存→北桥→CPU”5 个步骤，而 AMD 的 K8 系列 CPU（包括 Socket 754/939/940 等接口的各种处理器）内部则整合了内存控制器，CPU 与内存之间的数据交换过程就简化为

"CPU→内存→CPU" 3 个步骤，省略了两个步骤；二是 CPU 内部集成内存控制器可以使内存控制器同频于 CPU 工作，而北桥的内存控制器一般就要大大低于 CPU 工作频率，系统延时就更加少；三是 CPU 内部集成内存控制器，内存数据不再经过北桥，有效地降低了北桥的工作压力，为北桥减轻负担。

2.2.3 主流品牌 CPU

1. Intel 桌面系列 CPU

（1）表 2-1 列出了 Celeron 系列 CPU 的性能参数。

表 2-1 Celeron 系列 CPU 的性能参数

CPU 型号	核心架构	核心代号	制造工艺（nm）	核心/线程	主频	总线类型/频率（MHZ）	二级缓存	虚拟化	TDP
Celeron D 347	Netburst	Cedar Mill	65	1C/1T	3.06GHz	FSB 533	512KB	不支持	86W
Celeron D 352	Netburst	Cedar Mill	65	1C/1T	3.2GHz	FSB 533	512KB	不支持	86W
Celeron D 356	Netburst	Cedar Mill	65	1C/1T	3.33GHz	FSB 533	512KB	不支持	86W
Celeron D 360	Netburst	Cedar Mill	65	1C/1T	3.46GHz	FSB 533	512KB	不支持	65W
Celeron D 365	Netburst	Cedar Mill	65	1C/1T	3.6GHz	FSB 533	512KB	不支持	65W
Celeron 420	Core	Conroe - L	65	1C/1T	1.6GHz	FSB 800	512KB	不支持	35W
Celeron 430	Core	Conroe - L	65	1C/1T	1.8GHz	FSB 800	512KB	不支持	35W
Celeron 440	Core	Conroe - L	65	1C/1T	2GHz	FSB 800	512KB	不支持	35W
Celeron 450	Core	Conroe - L	65	1C/1T	2.2GHz	FSB 800	512KB	不支持	35W
Celeron E1200	Netburst	Allendale	65	2C/2T	1.6GHz	FSB 800	512KB	不支持	65W
Celeron E1400	Netburst	Allendale	65	2C/2T	2GHz	FSB 800	512KB	不支持	65W
Celeron E1500	Netburst	Allendale	65	2C/2T	2.2GHz	FSB 800	512KB	不支持	65W
Celeron E1600	Netburst	Allendale	65	2C/2T	2.4GHz	FSB 800	512KB	不支持	65W
Celeron E3200	Core	Wolfdale	45	2C/2T	2.4GHz	FSB 800	1MB	不支持	65W
Celeron E3300	Core	Wolfdale	45	2C/2T	2.5GHz	FSB 800	1MB	不支持	65W
Celeron E3400	Core	Wolfdale	45	2C/2T	2.6GHz	FSB 800	1MB	不支持	65W
Celeron G1101	Westmere	Clarkdale	32	2C/2T	2.26GHz	DMI 2500	2MB	VT - X	73W

（2）表 2-2 列出了 Pentium 系列 CPU 性能参数。

表 2-2 Pentium 系列 CPU 性能参数

型号	核心架构	核心代号	制造工艺（nm）	核心/线程	主频	总线类型/频率	二级缓存	虚拟化	TDP
Pentium 4 631	Netburst	Cedar Mill	65	1C/2T	3GHz	FSB 800MHz	2MB	不支持	86W
Pentium 4 641	Netburst	Cedar Mill	65	1C/2T	3.2GHz	FSB 800MHz	2MB	不支持	86W
Pentium 4 651	Netburst	Cedar Mill	65	1C/2T	3.4GHz	FSB 800MHz	2MB	不支持	86W

续表

型号	核心架构	核心代号	制造工艺（nm）	核心/线程	主频	总线类型/频率	二级缓存	虚拟化	TDP
Pentium 4 661	Netburst	Cedar Mill	65	1C/2T	3.6GHz	FSB 800MHz	2MB	不支持	86W
Pentium D 915	Netburst	Presler	65	2C/2T	2.8GHz	FSB 800MHz	4MB	不支持	95W
Pentium D 920	Netburst	Presler	65	2C/2T	2.8GHz	FSB 800MHz	4MB	VT - X	95W
Pentium D 925	Netburst	Presler	65	2C/2T	3GHz	FSB 800MHz	4MB	不支持	95W
Pentium D 930	Netburst	Presler	65	2C/2T	3GHz	FSB 800MHz	4MB	VT - X	95W
Pentium D 935	Netburst	Presler	65	2C/2T	3.2GHz	FSB 800MHz	4MB	不支持	95W
Pentium D 940	Netburst	Presler	65	2C/2T	3.2GHz	FSB 800MHz	4MB	VT - X	95W
Pentium D 945	Netburst	Presler	65	2C/2T	3.4GHz	FSB 800MHz	4MB	不支持	95W
Pentium D 950	Netburst	Presler	65	2C/2T	3.4GHz	FSB 800MHz	4MB	VT - X	95W
Pentium D 955	Netburst	Presler	65	2C/4T	3.46GHz	FSB 800MHz	4MB	VT - X	95W
Pentium D 960	Netburst	Presler	65	2C/2T	3.6GHz	FSB 800MHz	4MB	VT - X	95W
Pentium D 965	Netburst	Presler	65	2C/4T	3.73GHz	FSB 800MHz	4MB	VT - X	95W
Pentium E2140	Core	Allendale	65	2C/2T	1.6GHz	FSB 800MHz	1MB	不支持	65W
Pentium E2160	Core	Allendale	65	2C/2T	1.8GHz	FSB 800MHz	1MB	不支持	65W
Pentium E2180	Core	Allendale	65	2C/2T	2GHz	FSB 800MHz	1MB	不支持	65W
Pentium E2200	Core	Allendale	65	2C/2T	2.2GHz	FSB 800MHz	1MB	不支持	65W
Pentium E2220	Core	Allendale	65	2C/2T	2.4GHz	FSB 800MHz	1MB	不支持	65W
Pentium E2210	Core	Allendale	45	2C/2T	2.2GHz	FSB 800MHz	1MB	不支持	65W
Pentium E5200	Core	Wolfdale	45	2C/2T	2.5GHz	FSB 800MHz	2MB	不支持	65W
Pentium E5300	Core	Wolfdale	45	2C/2T	2.6GHz	FSB 800MHz	2MB	VT - X	65W
Pentium E5400	Core	Wolfdale	45	2C/2T	2.7GHz	FSB 800MHz	2MB	VT - X	65W
Pentium E5500	Core	Wolfdale	45	2C/2T	2.8GHz	FSB 800MHz	2MB	VT - X	65W
Pentium E6300	Core	Wolfdale	45	2C/2T	2.8GHz	FSB 1066MHz	2MB	VT - X	65W
Pentium E6500	Core	Wolfdale	45	2C/2T	2.93GHz	FSB 1066MHz	2MB	VT - X	65W
☆Pentium E6500K	Core	Wolfdale	45	2C/2T	2.93GHz	FSB 1066MHz	2MB	VT - X	65W
Pentium E6600	Core	Wolfdale	45	2C/2T	3.06GHz	FSB 1066MHz	2MB	VT - X	65W
Pentium E6700	Core	Wolfdale	45	2C/2T	3.2GHz	FSB 1066MHz	2MB	VT - X	65W
Pentium G6950	Westmere	Clarkdale	32	2C/2T	2.8GHz	DMI 2500MHz	3MB	VT - X	73W

（3）表 2-3 列出了 Core 2 双核系列 CPU 的性能参数。

表 2-3　Core 2 双核系列 CPU 的性能参数

型号	核心架构	核心代号	制造工艺（nm）	核心/线程	主频	总线类型/频率	二级缓存	虚拟化	TDP
Core 2 Duo E4300	Core	Conroe	65	2C/2T	1.8GHz	FSB 800MHz	2MB	不支持	65W
Core 2 Duo E4400	Core	Conroe	65	2C/2T	2GHz	FSB 800MHz	2MB	不支持	65W
Core 2 Duo E4500	Core	Conroe	65	2C/2T	2.2GHz	FSB 800MHz	2MB	不支持	65W

续表

型号	核心架构	核心代号	制造工艺（nm）	核心/线程	主频	总线类型/频率	二级缓存	虚拟化	TDP
Core 2 Duo E4600	Core	Conroe	65	2C/2T	2.4GHz	FSB 800MHz	2MB	不支持	65W
Core 2 Duo E4700	Core	Conroe	65	2C/2T	2.6GHz	FSB 800MHz	2MB	不支持	65W
Core 2 Duo E6300	Core	Conroe	65	2C/2T	1.86GHz	FSB 1066MHz	4MB	VT-X	65W
Core 2 Duo E6320	Core	Conroe	65	2C/2T	1.86GHz	FSB 1066MHz	2MB	VT-X	65W
Core 2 Duo E6400	Core	Conroe	65	2C/2T	2.13GHz	FSB 1066MHz	2MB	VT-X	65W
Core 2 Duo E6420	Core	Conroe	65	2C/2T	2.13GHz	FSB 1066MHz	4MB	VT-X	65W
Core 2 Duo E6540	Core	Conroe	65	2C/2T	2.33GHz	FSB 1333MHz	4MB	VT-X	65W
Core 2 Duo E6550	Core	Conroe	65	2C/2T	2.33GHz	FSB 1333MHz	4MB	VT-X	65W
Core 2 Duo E6600	Core	Conroe	65	2C/2T	2.4GHz	FSB 1066MHz	4MB	VT-X	65W
Core 2 Duo E6700	Core	Conroe	65	2C/2T	2.66GHz	FSB 1066MHz	4MB	VT-X	65W
Core 2 Duo E6750	Core	Conroe	65	2C/2T	2.66GHz	FSB 1333MHz	4MB	VT-X	65W
Core 2 Duo E6850	Core	Conroe	65	2C/2T	3GHz	FSB 1333MHz	4MB	VT-X	65W
Core 2 Duo E7200	Core	Wolfdale	45	2C/2T	2.53GHz	FSB 1066MHz	3MB	不支持	65W
Core 2 Duo E7300	Core	Wolfdale	45	2C/2T	2.66GHz	FSB 1066MHz	3MB	不支持	65W
Core 2 Duo E7400	Core	Wolfdale	45	2C/2T	2.8GHz	FSB 1066MHz	3MB	VT-X	65W
Core 2 Duo E7500	Core	Wolfdale	45	2C/2T	2.93GHz	FSB 1066MHz	3MB	VT-X	65W
Core 2 Duo E7600	Core	Wolfdale	45	2C/2T	3.06GHz	FSB 1066MHz	3MB	VT-X	65W
Core 2 Duo E8190	Core	Wolfdale	45	2C/2T	2.66GHz	FSB 1333MHz	6MB	不支持	65W
Core 2 Duo E8200	Core	Wolfdale	45	2C/2T	2.66GHz	FSB 1333MHz	6MB	VT-X	65W
Core 2 Duo E8300	Core	Wolfdale	45	2C/2T	2.83GHz	FSB 1333MHz	6MB	VT-X VT-d	65W
Core 2 Duo E8400	Core	Wolfdale	45	2C/2T	3GHz	FSB 1333MHz	6MB	VT-X VT-d	65W
Core 2 Duo E8500	Core	Wolfdale	45	2C/2T	3.16GHz	FSB 1333MHz	6MB	VT-X VT-d	65W
Core 2 Duo E8600	Core	Wolfdale	45	2C/2T	3.33GHz	FSB 1333MHz	6MB	VT-X VT-d	65W

（4）表2-4列出了Core 2四核系列CPU的性能参数。

表2-4 Core 2四核系列CPU的性能参数

型号	核心架构	核心代号	制造工艺（nm）	核心/线程	主频	总线类型/频率	二级缓存	虚拟化	TDP
Core 2 Quad Q6600	Core	Kentsfield	65	4C/4T	2.4GHz	FSB 1066MHz	8MB	VT-X	105W
Core 2 Quad Q6700	Core	Kentsfield	65	4C/4T	2.66GHz	FSB 1066MHz	8MB	VT-X	105W
Core 2 Quad Q8200	Core	Yorkfield	45	4C/4T	2.33GHz	FSB 1333MHZ	4MB	不支持	95W
Core 2 Quad Q8200S	Core	Yorkfield	45	4C/4T	2.33GHz	FSB 1333MHZ	4MB	不支持	65W
Core 2 Quad Q8300	Core	Yorkfield	45	4C/4T	2.5GHz	FSB 1333MHZ	4MB	VT-X	95W
Core 2 Quad Q8400	Core	Yorkfield	45	4C/4T	2.66GHz	FSB 1333MHZ	4MB	VT-X	95W

续表

型号	核心架构	核心代号	制造工艺(nm)	核心/线程	主频	总线类型/频率	二级缓存	虚拟化	TDP
Core 2 Quad Q8400S	Core	Yorkfield	45	4C/4T	2. 66GHz	FSB 1333MHZ	4MB	VT - X	65W
Core 2 Quad Q9300	Core	Yorkfield	45	4C/4T	2. 5GHz	FSB 1333MHz	6MB	VT - X VT - d	95W
Core 2 Quad Q9400	Core	Yorkfield	45	4C/4T	2. 66GHz	FSB 1333MHz	6MB	VT - X VT - d	95W
Core 2 Quad Q9400S	Core	Yorkfield	45	4C/4T	2. 66GHz	FSB 1333MHz	6MB	VT - X VT - d	95W
Core 2 Quad Q9450	Core	Yorkfield	45	4C/4T	2. 5GHz	FSB 1333MHz	12MB	VT - X VT - d	95W
Core 2 Quad Q9500	Core	Yorkfield	45	4C/4T	2. 83GHz	FSB 1333MHz	6MB	VT - X	95W
Core 2 Quad Q9505	Core	Yorkfield	45	4C/4T	2. 83GHz	FSB 1333MHz	6MB	VT - X VT - d	95W
Core 2 Quad Q9505S	Core	Yorkfield	45	4C/4T	2. 5GHz	FSB 1333MHz	6MB	VT - X VT - d	65W
Core 2 Quad Q9550	Core	Yorkfield	45	4C/4T	2. 5GHz	FSB 1333MHz	12MB	VT - X VT - d	95W
Core 2 Quad Q9550S	Core	Yorkfield	45	4C/4T	2. 5GHz	FSB 1333MHz	12MB	VT - X VT - d	95W
Core 2 Quad Q9650	Core	Yorkfield	45	4C/4T	3GHz	FSB 1333MHz	12MB	VT - X VT - d	95W

（5）表 2–5 列出了 Core 2 至尊系列 CPU 的性能参数。

表 2–5　Core 2 至尊系列 CPU 的性能参数

型号	核心架构	核心代号	制造工艺(nm)	核心/线程	主频	总线类型/频率	二级缓存	虚拟化	TDP
Core 2 Extreme X6800	Core	Conroe	65	2C/2T	2. 93GHz	FSB 1066MHz	4MB	VT - x	130W
Core 2 Extreme QX6700	Core	Kentsfield	65	4C/4T	2. 66GHz	FSB 1066MHz	8MB	VT - x	75W
Core 2 Extreme QX6800	Core	Kentsfield	65	4C/4T	2. 93GHz	FSB 1066MHz	8MB	VT - x	130W
Core 2 Extreme QX6850	Core	Kentsfield	65	4C/4T	3GHz	FSB 1333MHz	8MB	VT - x	130W
Core 2 Extreme QX9650	Core	Yorkfield	45	4C/4T	3GHz	FSB 1333MHz	12MB	VT - x	130W
☆Core 2 Extreme QX9770	Core	Yorkfield	45	4C/4T	3. 2GHz	FSB 1600MHz	12MB	VT - x	136W
Core 2 Extreme QX9775	Core	Yorkfield	45	4C/4T	3. 2GHz	FSB 1600MHz	12MB	VT - x	150W

（6）表 2–6 列出了 Core i3 系列 CPU 的性能参数。

表 2–6　Core i3 系列 CPU 的性能参数

型　号	核心架构/代号	制造工艺(nm)	核心/线程	主频	总线类型/频率	三级缓存	GPU 频率	内存支持	TDP
Core i3 - 530	WestmerClarkdale	32	2C/4T	2. 93GHz	DMI 2500MHz	4MB	733MHz	DDR3 - 1066/1333	73W
Core i3 - 540	WestmerClarkdale	32	2C/4T	3. 06GHz	DMI 2500MHz	4MB	733MHz	DDR3 - 1066/1333	73W
Core i3 - 550	WestmerClarkdale	32	2C/4T	3. 2GHz	DMI 2500MHz	4MB	733MHz	DDR3 - 1066/1333	73W

(7) 表2-7 列出了 Core i5 系列 CPU 的性能参数。

表2-7 Core i5 系列 CPU 的性能参数

型号	核心架构/代号	制造工艺(nm)	核心/线程	主频/睿频	总线类型/频率	三级缓存	GPU 频率	内存支持	TDP
Core i5 - 650	WestmerClarkdale	32	2C/4T	3.2GHz 3.46GHz	DMI 2500MHz	4MB	733MHz	DDR3 - 1066/1333	73W
☆Core i5 - 655K	WestmerClarkdale	32	2C/4T	3.2GHz 3.46GHz	DMI 2500MHz	4MB	733MHz	DDR3 - 1066/1333	73W
Core i5 - 660	WestmerClarkdale	32	2C/4T	3.33GHz 3.6GHz	DMI 2500MHz	4MB	733MHz	DDR3 - 1066/1333	73W
Core i5 - 661	WestmerClarkdale	32	2C/4T	3.33GHz 3.6GHz	DMI 2500MHz	4MB	900MHz	DDR3 - 1066/1333	87W
Core i5 - 670	WestmerClarkdale	32	2C/4T	3.46GHz 3.73GHz	DMI 2500MHz	4MB	733MHz	DDR3 - 1066/1333	73W
Core i5 - 680	WestmerClarkdale	32	2C/4T	3.6GHz 3.86GHz	DMI 2500MHz	4MB	733MHz	DDR3 - 1066/1333	73W
Core i5 - 750	NehaleLynnfield	45	4C/4T	2.66GHz 3.2GHz	DMI 2500MHz	8MB	无	DDR3 - 1066/1333	95W
Core i5 - 750S	NehaleLynnfield	45	4C/4T	2.4GHz 3.2GHz	DMI 2500MHz	8MB	无	DDR3 - 1066/1333	82W
Core i5 - 760	NehaleLynnfield	45	4C/4T	2.8GHz 3.33GHz	DMI 2500MHz	8MB	无	DDR3 - 1066/1333	95W

(8) 表2-8 列出了 Core i7 系列 CPU 的性能参数。

表2-8 Core i7 系列 CPU 的性能参数

型号	核心架构/代号	制造工艺(nm)	核心/线程	主频/睿频	总线类型/频率	三级缓存	内存支持	TDP
Core i7 - 860	NehalemLynnfield	45	4C/8T	2.8GHz 3.46GHz	DMI 2500MHz	8MB	DDR3 - 1066/1333	95W
Core i7 - 860S	NehalemLynnfield	45	4C/8T	2.53GHz 3.46GHz	DMI 2500MHz	8MB	DDR3 - 1066/1333	82W
Core i7 - 870	NehalemLynnfield	45	4C/8T	2.93GHz 3.6GHz	DMI 2500MHz	8MB	DDR3 - 1066/1333	95W
Core i7 - 870S	NehalemLynnfield	45	4C/8T	2.66GHz 3.6GHz	DMI 2500MHz	8MB	DDR3 - 1066/1333	82W
☆Core i7 - 875K	NehalemLynnfield	45	4C/8T	2.93GHz 3.6GHz	DMI 2500MHz	8MB	DDR3 - 1066/1333	95W
Core i7 - 880	NehalemLynnfield	45	4C/8T	3.06GHz 3.73GHz	DMI 2500MHz	8MB	DDR3 - 1066/1333	95W
Core i7 - 920	NehalemBloomfield	45	4C/8T	2.66GHz 2.93GHz	QPI 4800MHz	8MB	DDR3 - 800/1066	130W
Core i7 - 930	NehalemBloomfield	45	4C/8T	2.8GHz 3.06GHz	QPI 4800MHz	8MB	DDR3 - 800/1066	130W
Core i7 - 940	NehalemBloomfield	45	4C/8T	2.93GHz 3.2GHz	QPI 4800MHz	8MB	DDR3 - 800/1066	130W
Core i7 - 950	NehalemBloomfield	45	4C/8T	3.06GHz 3.33GHz	QPI 4800MHz	8MB	DDR3 - 800/1066	130W

续表

型　号	核心架构/代号	制造工艺（nm）	核心/线程	主频/睿频	总线类型/频率	三级缓存	内存支持	TDP
Core i7 -960	NehalemBloomfield	45	4C/8T	3. 2GHz 3. 46GHz	QPI 4800MHz	8MB	DDR3 -800/1066	130W
Core i7 -970	WestmereGulftowm	32	6C/12T	3. 2GHz 3. 46GHz	QPI 4800MHz	12MB	DDR3 -800/1066	130W

（9）表 2-9 列出了 Core i7 至尊系列 CPU 的性能参数。

表 2-9　Core i7 至尊系列 CPU 的性能参数

型号	核心架构/代号	制造工艺（nm）	核心/线程	主频/睿频	总线类型/频率	三级缓存	内存支持	TDP
☆Core i7 -965 EE	NehalemBloomfield	45	4C/8T	3. 2GHz 3. 46GHz	QPI 6400MHz	8MB	DDR3 -800/1066	130W
☆Core i7 -975 EE	NehalemBloomfield	45	4C/8T	3. 33GHz 3. 6GHz	QPI 6400MHz	8MB	DDR3 -800/1066	130W
☆Core i7 -990X EE	WestmereGulftown	32	6C/12T	3. 33GHz 3. 6GHz	QPI 6400MHz	12MB	DDR3 -1066	130W

2. AMD 桌面系列

（1）表 2-10 列出了 Sempron 系列 CPU 的性能参数。

表 2-10　Sempron 系列 CPU 的性能参数

型　号	架构/代号	制造工艺（nm）	核心/线程	主频	总线类型/频率	二级缓存	内存支持	TDP
Sempron LE -1100	K8Sparta	65	1C/1T	1. 9GHz	HT 1600MHz	256KB	DDR2 -800	45W
Sempron LE -1150	K8Sparta	65	1C/1T	1. 9GHz	HT 1600MHz	256KB	DDR2 -800	45W
Sempron LE -1200	K8Sparta	65	1C/1T	2GHz	HT 1600MHz	256KB	DDR2 -800	45W
Sempron LE -1250	K8Sparta	65	1C/1T	2. 1GHz	HT 1600MHz	256KB	DDR2 -800	45W
Sempron 140	K10Sargas	45	1C/1T	2. 7GHz	HT 4000MHz	1MB	DDR2 -800	45W

（2）表 2-11 列出了 Athlon 系列 CPU 的性能参数。

表 2-11　Athlon 系列 CPU 的性能参数

型　号	架构/代号	制造工艺（nm）	核心/线程	主频	总线类型/频率	二级缓存	内存支持	TDP
Athlon LE -1640	K8Orleans	65	1C/1T	2. 6GHz	HT 2000MHz	1MB	DDR2 -800	45W
Athlon LE -1650	K8Orleans	65	1C/1T	2. 7GHz	HT 2000MHz	1MB	DDR2 -800	45W
Athlon LE -1660	K8Orleans	65	1C/1T	2. 8GHz	HT 2000MHz	1MB	DDR2 -800	45W
Athlon 3500 +	K8Orleans	65	1C/1T	2. 2GHz	HT 2000MHz	512KB	DDR2 -800	45W
Athlon 3800 +	K8Orleans	65	1C/1T	2. 4GHz	HT 2000MHz	512KB	DDR2 -800	45W
Athlon X2 3600 +	K8Brisbane	65	2C/2T	1. 9GHz	HT 2000MHz	1MB	DDR2 -800	65W
Athlon X2 4000 +	K8Brisbane	65	2C/2T	2. 1GHz	HT 2000MHz	1MB	DDR2 -800	65W

续表

型　号	架构/代号	制造工艺(nm)	核心/线程	主频	总线类型/频率	二级缓存	内存支持	TDP
Athlon X2 4200 +	K8Windsor	65	2C/2T	2.2GHz	HT 2000MHz	1MB	DDR2 - 800	65W
Athlon X2 4400 +	K8Brisbane	65	2C/2T	2.3GHz	HT 2000MHz	1MB	DDR2 - 800	65W
Athlon X2 4600 +	K8Brisbane	65	2C/2T	2.4GHz	HT 2000MHz	1MB	DDR2 - 800	65W
Athlon X2 4800 +	K8Brisbane	65	2C/2T	2.5GHz	HT 2000MHz	1MB	DDR2 - 800	65W
☆Athlon X2 5000 + BE	K8Brisbane	65	2C/2T	2.6GHz	HT 2000MHz	1MB	DDR2 - 800	65W
Athlon X2 5200 +	K8Brisbane	65	2C/2T	2.7GHz	HT 2000MHz	1MB	DDR2 - 800	65W
☆Athlon X2 5400 + BE	K8Brisbane	65	2C/2T	2.8GHz	HT 2000MHz	1MB	DDR2 - 800	65W
Athlon X2 5600 +	K8Brisbane	65	2C/2T	2.9GHz	HT 2000MHz	1MB	DDR2 - 800	65W
Athlon X2 6000 +	K8Brisbane	65	2C/2T	3.1GHz	HT 2000MHz	2MB	DDR2 - 800	89W
Athlon X2 BE - 2300	K8Brisbane	65	2C/2T	1.9GHz	HT 2000MHz	1MB	DDR2 - 800	45W
Athlon X2 BE - 2350	K8Brisbane	65	2C/2T	2.1GHz	HT 2000MHz	1MB	DDR2 - 800	45W
Athlon X2 BE - 2400	K8Brisbane	65	2C/2T	2.3GHz	HT 2000MHz	1MB	DDR2 - 800	45W
Athlon X2 5050e	K8Brisbane	65	2C/2T	2.6GHz	HT 2000MHz	512KB	DDR2 - 800	45W
Athlon X2 7450	K10Kuma	65	2C/2T	2.4GHz	HT 3600MHz	1MB	DDR2 - 1066	95W
Athlon X2 7550	K10Kuma	65	2C/2T	2.5GHz	HT 3600MHz	1MB	DDR2 - 1066	95W
Athlon X2 7750 BE	K10Kuma	65	2C/2T	2.7GHz	HT 3600MHz	1MB	DDR2 - 1066	95W
Athlon X2 7850 BE	K10Kuma	65	2C/2T	2.8GHz	HT 3600MHz	1MB	DDR2 - 1066	95W
Athlon X2 5000	K10 未知	45	2C/2T	2.2GHz	HT 3200MHz	1MB	DDR2 - 1066	65W

（3）表 2-12 列出了 Phenom X3 系列 CPU 的性能参数。

表 2-12　Phenom X3 系列 CPU 的性能参数

型号	架构/代号	制造工艺(nm)	核心/线程	主频	总线类型/频率	三级缓存	内存支持	TDP
Phenom X3 8250e	K10Toliman	65	3C/3T	1.9GHz	HT 3600MHz	2MB	DDR2 - 1066	65W
Phenom X3 8450e	K10Toliman	65	3C/3T	2.1GHz	HT 3600MHz	2MB	DDR2 - 1066	65W
Phenom X3 8450	K10Toliman	65	3C/3T	2.1GHz	HT 3600MHz	2MB	DDR2 - 1066	95W
Phenom X3 8650	K10Toliman	65	3C/3T	2.3GHz	HT 3600MHz	2MB	DDR2 - 1066	95W
Phenom X3 8750	K10Toliman	65	3C/3T	2.4GHz	HT 3600MHz	2MB	DDR2 - 1066	95W
☆Phenom X3 8850 BE	K10Toliman	65	3C/3T	2.5GHz	HT 3600MHz	2MB	DDR2 - 1066	95W

（4）表 2-13 列出了 Phenom X4 系列 CPU 的性能参数。

表 2-13　Phenom X4 系列 CPU 的性能参数

型　号	架构/代号	制造工艺(nm)	核心/线程	主频	总线类型/频率	三级缓存	内存支持	TDP
Phenom X4 9150e	K10Agena	65	4C/4T	1.8GHz	HT 3200MHz	2MB	DDR2 - 1066	65W
Phenom X4 9350e	K10Agena	65	4C/4T	2GHz	HT 3600MHz	2MB	DDR2 - 1066	65W

续表

型　号	架构/代号	制造工艺(nm)	核心/线程	主频	总线类型/频率	三级缓存	内存支持	TDP
Phenom X4 9450e	K10Agena	65	4C/4T	2.1GHz	HT 3600MHz	2MB	DDR2-1066	65W
Phenom X4 9550	K10Agena	65	4C/4T	2.2GHz	HT 3600MHz	2MB	DDR2-1066	95W
Phenom X4 9650	K10Agena	65	4C/4T	2.3GHz	HT 3600MHz	2MB	DDR2-1066	95W
Phenom X4 9750	K10Agena	65	4C/4T	2.4GHz	HT 3600MHz	2MB	DDR2-1066	125W95W
☆Phenom X4 9850 BE	K10Agena	65	4C/4T	2.5GHz	HT 4000MHz	2MB	DDR2-1066	125W95W
Phenom X4 9950 BE	K10Agena	65	4C/4T	2.6GHz	HT 4000MHz	2MB	DDR2-1066	140W125W

（5）表2-14列出了Athlon Ⅱ X2系列CPU的性能参数。

表2-14　Athlon Ⅱ X2系列CPU的性能参数

型　号	架构/代号	制造工艺(nm)	核心/线程	主频	总线类型/频率	二级缓存	内 存 支 持	TDP
Athlon Ⅱ X2 215	K10Regor	45	2C/2T	2.7GHz	HT 4000MHz	1MB	DDR2-1066DDR3-1333	65W
Athlon Ⅱ X2 250u	K10Regor	45	2C/2T	1.6GHz	HT 4000MHz	1MB	DDR2-1066DDR3-1333	25W
Athlon Ⅱ X2 260u	K10Regor	45	2C/2T	1.8GHz	HT 4000MHz	1MB	DDR2-1066DDR3-1333	25W
Athlon Ⅱ X2 235e	K10Regor	45	2C/2T	2.7GHz	HT 4000MHz	2MB	DDR2-1066DDR3-1333	45W
Athlon Ⅱ X2 240e	K10Regor	45	2C/2T	2.8GHz	HT 4000MHz	2MB	DDR2-1066DDR3-1333	45W
Athlon Ⅱ X2 245e	K10Regor	45	2C/2T	2.9GHz	HT 4000MHz	2MB	DDR2-1066DDR3-1333	45W
Athlon Ⅱ X2 240	K10Regor	45	2C/2T	2.8GHz	HT 4000MHz	2MB	DDR2-1066DDR3-1333	65W
Athlon Ⅱ X2 245	K10Regor	45	2C/2T	2.9GHz	HT 4000MHz	2MB	DDR2-1066DDR3-1333	65W
Athlon Ⅱ X2 250	K10Regor	45	2C/2T	3GHz	HT 4000MHz	2MB	DDR2-1066DDR3-1333	65W
Athlon Ⅱ X2 255	K10Regor	45	2C/2T	3.1GHz	HT 4000MHz	2MB	DDR2-1066DDR3-1333	65W
Athlon Ⅱ X2 260	K10Regor	45	2C/2T	3.2GHz	HT 4000MHz	2MB	DDR2-1066DDR3-1333	65W

（6）表2-15列出了Athlon Ⅱ X3系列CPU的性能参数。

表2-15　Athlon Ⅱ X3系列CPU的性能参数

型　号	架构/代号	制造工艺(nm)	核心/线程	主频	总线类型/频率	二级缓存	内存支持	TDP
Athlon Ⅱ X3 400e	K10Rana	45	3C/3T	2.2GHz	HT 4000MHz	1.5MB	DDR2-1066DDR3-1333	45W
Athlon Ⅱ X3 405e	K10Rana	45	3C/3T	2.3GHz	HT 4000MHz	1.5MB	DDR2-1066DDR3-1333	45W
Athlon Ⅱ X3 415e	K10Rana	45	3C/3T	2.5GHz	HT 4000MHz	1.5MB	DDR2-1066DDR3-1333	45W
Athlon Ⅱ X3 425	K10Rana	45	3C/3T	2.7GHz	HT 4000MHz	1.5MB	DDR2-1066DDR3-1333	95W
Athlon Ⅱ X3 435	K10Rana	45	3C/3T	2.9GHz	HT 4000MHz	1.5MB	DDR2-1066DDR3-1333	95W
Athlon Ⅱ X3 440	K10Rana	45	3C/3T	3GHz	HT 4000MHz	1.5MB	DDR2-1066DDR3-1333	95W
Athlon Ⅱ X3 445	K10Rana	45	3C/3T	3.1GHz	HT 4000MHz	1.5MB	DDR2-1066DDR3-1333	95W

（7）表2-16列出了Athlon Ⅱ X4系列CPU的性能参数。

表 2-16 Athlon Ⅱ X4 系列 CPU 的性能参数

型号	架构/代号	制造工艺（nm）	核心/线程	主频	总线类型/频率	二级缓存	内存支持	TDP
Athlon Ⅱ X4 600e	K10Propus	45	4C/4T	2.2GHz	HT 4000MHz	2MB	DDR2-1066DDR3-1333	45W
Athlon Ⅱ X4 605e	K10Propus	45	4C/4T	2.3GHz	HT 4000MHz	2MB	DDR2-1066DDR3-1333	45W
Athlon Ⅱ X4 610e	K10Propus	45	4C/4T	2.4GHz	HT 4000MHz	2MB	DDR2-1066DDR3-1333	45W
Athlon Ⅱ X4 620	K10Propus	45	4C/4T	2.6GHz	HT 4000MHz	2MB	DDR2-1066DDR3-1333	95W
Athlon Ⅱ X4 630	K10Propus	45	4C/4T	2.8GHz	HT 4000MHz	2MB	DDR2-1066DDR3-1333	95W
Athlon Ⅱ X4 635	K10Propus	45	4C/4T	2.9GHz	HT 4000MHz	2MB	DDR2-1066DDR3-1333	95W
Athlon Ⅱ X4 640	K10Propus	45	4C/4T	3GHz	HT 4000MHz	2MB	DDR2-1066DDR3-1333	95W

（8）表 2-17 列出了 Phenom Ⅱ X2 系列 CPU 的性能参数。

表 2-17 Phenom Ⅱ X2 系列 CPU 的性能参数

型号	架构/代号	制造工艺（nm）	核心/线程	主频	总线类型/频率	三级缓存	内存支持	TDP
Phenom Ⅱ X2 545	K10Callisto	45	2C/2T	3GHz	HT 4000MHz	6MB	DDR2-1066DDR3-1333	80W
☆Phenom Ⅱ X2 550 BE	K10Callisto	45	2C/2T	3.1GHz	HT 4000MHz	6MB	DDR2-1066DDR3-1333	80W
☆Phenom Ⅱ X2 555 BE	K10Callisto	45	2C/2T	3.2GHz	HT 4000MHz	6MB	DDR2-1066DDR3-1333	80W

（9）表 2-18 列出了 Phenom Ⅱ X3 系列 CPU 的性能参数。

表 2-18 Phenom Ⅱ X3 系列 CPU 的性能参数

型号	架构/代号	制造工艺（nm）	核心/线程	主频	总线类型/频率	三级缓存	内存支持	TDP
Phenom Ⅱ X3 700e	K10Heka	45	3C/3T	2.4GHz	HT 4000MHz	6MB	DDR2-1066DDR3-1333	65W
Phenom Ⅱ X3 705e	K10Heka	45	3C/3T	2.5GHz	HT 4000MHz	6MB	DDR2-1066DDR3-1333	65W
Phenom Ⅱ X3 710	K10Heka	45	3C/3T	2.6GHz	HT 4000MHz	6MB	DDR2-1066DDR3-1333	95W
☆Phenom Ⅱ X3 720 BE	K10Heka	45	3C/3T	2.8GHz	HT 4000MHz	6MB	DDR2-1066DDR3-1333	95W

（10）表 2-19 列出了 Phenom Ⅱ X4 系列 CPU 的性能参数。

表 2-19 Phenom Ⅱ X4 系列 CPU 的性能参数

型号	架构/代号	制造工艺（nm）	核心/线程	主频	总线类型/频率	三级缓存	内存支持	TDP
Phenom Ⅱ X4 805	K10Deneb	45	4C/4T	2.5GHz	HT 4000MHz	4MB	DDR2-1066DDR3-1333	95W
Phenom Ⅱ X4 810	K10Deneb	45	4C/4T	2.6GHz	HT 4000MHz	4MB	DDR2-1066DDR3-1333	95W
Phenom Ⅱ X4 820	K10Deneb	45	4C/4T	2.8GHz	HT 4000MHz	4MB	DDR2-1066DDR3-1333	95W
Phenom Ⅱ X4 900e	K10Deneb	45	4C/4T	2.4GHz	HT 4000MHz	6MB	DDR2-1066DDR3-1333	65W
Phenom Ⅱ X4 905e	K10Deneb	45	4C/4T	2.5GHz	HT 4000MHz	6MB	DDR2-1066DDR3-1333	65W
Phenom Ⅱ X4 910e	K10Deneb	45	4C/4T	2.6GHz	HT 4000MHz	6MB	DDR2-1066DDR3-1333	65W
☆Phenom Ⅱ X4 920	K10Deneb	45	4C/4T	2.8GHz	HT 3600MHz	6MB	DDR2-1066	125W

续表

型号	架构/代号	制造工艺(nm)	核心/线程	主频	总线类型/频率	三级缓存	内存支持	TDP
Phenom Ⅱ X4 925	K10Deneb	45	4C/4T	2.8GHz	HT 4000MHz	6MB	DDR2-1066DDR3-1333	95W
☆Phenom Ⅱ X4 940 BE	K10Deneb	45	4C/4T	3GHz	HT 3600MHz	6MB	DDR2-1066	125W
Phenom Ⅱ X4 945	K10Deneb	45	4C/4T	3GHz	HT 4000MHz	6MB	DDR2-1066DDR3-1333	125W95W
☆Phenom Ⅱ X4 955 BE	K10Deneb	45	4C/4T	3.2GHz	HT 4000MHz	6MB	DDR2-1066DDR3-1333	125W
☆Phenom Ⅱ X4 965 BE	K10Deneb	45	4C/4T	3.4GHz	HT 4000MHz	6MB	DDR2-1066DDR3-1333	140W125W
Phenom Ⅱ X4 940T	K10.5Zomsa	45	4C/4T	3GHz	HT 4000MHz	6MB	DDR2-1066DDR3-1333	95W
☆Phenom Ⅱ X4 960T BE	K10.5Zomsa	45	4C/4T	3.3GHz	HT 4000MHz	6MB	DDR2-1066DDR3-1333	95W

(11) 表2-20 列出了 Phenom Ⅱ X6 系列 CPU 的性能参数.

表2-20　Phenom Ⅱ X6 系列 CPU 的性能参数

型号	架构/代号	制造工艺(nm)	核心/线程	主频/加速频率	总线类型/频率	三级缓存	内存支持	TDP
Phenom Ⅱ X6 1035T	K10.5Thuban	45	6C/6T	2.6GHz 3.1GHz	HT 4000MHz	6MB	DDR2-1066DDR3-1333	95W
Phenom Ⅱ X6 1045T	K10.5Thuban	45	6C/6T	2.7GHz 3.2GHz	HT 4000MHz	6MB	DDR2-1066DDR3-1333	95W
Phenom Ⅱ X6 1055T	K10.5Thuban	45	6C/6T	2.8GHz 3.3GHz	HT 4000MHz	6MB	DDR2-1066DDR3-1333	95W125W
Phenom Ⅱ X6 1075T	K10.5Thuban	45	6C/6T	3GHz 3.5GHz	HT 4000MHz	6MB	DDR2-1066DDR3-1333	125W
☆Phenom Ⅱ X6 1090T BE	K10.5Thuban	45	6C/6T	3.2GHz 3.6GHz	HT 4000MHz	6MB	DDR2-1066DDR3-1333	125W

2.3　内存

内存是计算机中重要的部件之一，它是与 CPU 进行沟通的桥梁。计算机中的所有程序都是在内存中运行的，因此内存的性能对计算机的影响非常大。内存（Memory）也被称为内存储器，用于暂时存放 CPU 中的运算数据，以及与硬盘等外存储器交换的数据。只要计算机在运行中，CPU 就会把需要运算的数据调到内存中进行运算，当运算完成后，CPU 再将结果传送出来，内存的运行也决定了计算机的稳定运行。内存由内存芯片、电路板、金手指等部分组成。

2.3.1　内存的种类

RAM 是 Random Access Memory 的缩写，即“随机存取存储器”，存储的内容可以通过指令随机读写访问。RAM 中存取的数据在断电后会丢失，因而只能在开机运行时存储数据。RAM 又可分为静态存储器 SRAM、动态存储器 DRAM 和磁性内存 MRAM。

(1) SRAM：以双稳态电路形式存储数据，这种电路可等效为一个开关，对应两个状态

1 和 0。由于开关的转换由电路控制，因此只要电路不动，状态就保持现状。因此，SRAM 又称为静态 RAM。由于 SRAM 集成度低、体积大、造价高，从成本和体积方面考虑，内存不宜全部采用 SRAM，但由于晶体管的开关速度很快，因此 SRAM 的读/写速度也很快，通常用其作为缓存。

（2）DRAM：动态 RAM，DRAM 的基本存储单元仅由一只 MOS 管和一只电容构成，信息存储于电容中，具有结构简单、集成度高、功耗低、体积小、生产成本低、便于大容量制造的特点，在计算机主存储器中得到大量应用。

目前，常见的 DRAM 内存根据制造工艺、性能参数等各方面的差异，又可分为 SDRAM、DDR SDRAM、DDR Ⅱ、DDR Ⅲ等，如表 2-21 所示。

表 2-21 常见内存种类

类　型	说　明
SDRAM	 同步动态随机内存，采用同步技术，工作频率与系统的外频相同，从而使性能有很大的提高，曾经是使用最广泛的一种内存
DDR SDRAM	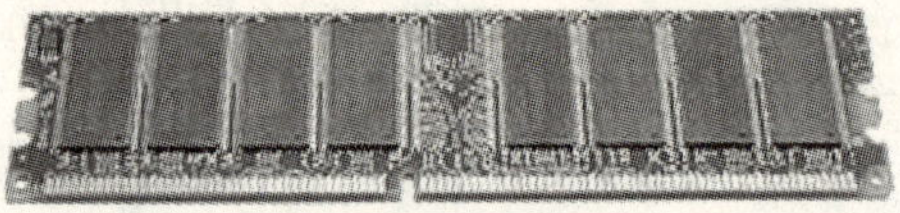 DOUBLE DATA RATE，是 SDRAM 的更新产品。DDR 的核心建立在 SDRAM 基础之上，但在速率、容量上比 SDRAM 都有一定的提高。DDR 本质上没有提高时钟频率，但它可以在时钟脉冲的上升沿和下降沿同时传输数据，因此其速度是标准 SDRAM 的两倍
DDR Ⅱ	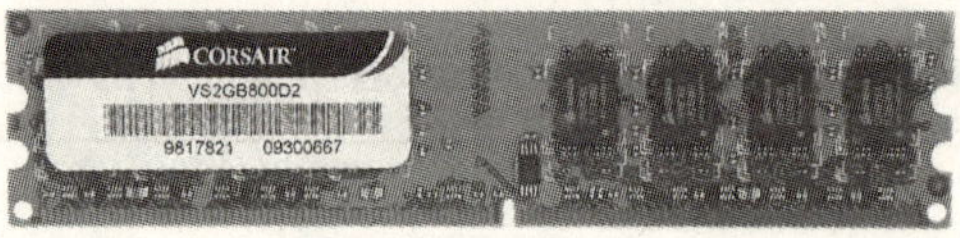 DDR Ⅱ基于 4 倍 QDR 技术，每个时钟周期能进行 4 次数据传输。这样，即使实际工作频率不高，也能获得较高的数据传输速度，而且 QDR 技术在提高带宽时不会增加信号干扰
DDR Ⅲ	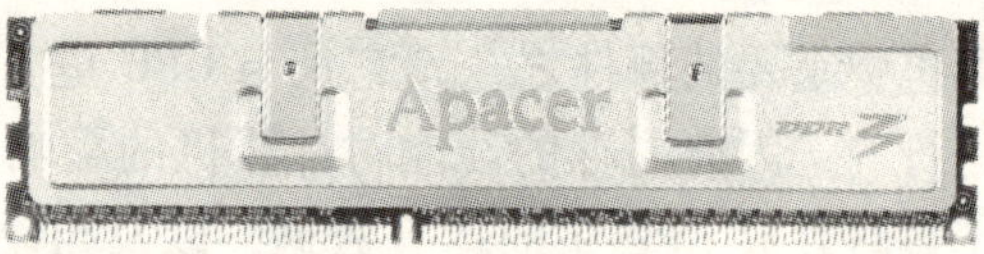 DDR Ⅲ比 DDR Ⅱ有更低的工作电压，从 DDR Ⅱ的 1.8V 降落到 1.5V，性能更好更省电；DDR Ⅱ的 4bit 预读升级为 8bit 预读。DDR Ⅲ的频率目前最高能够达到 2000MHz

2.3.2 内存的主要性能指标

1. 容量

内存容量有多种规格，168 线的 SDRAM 内存容量多为 32MB、64MB 和 128MB，DDR 内存的容量则有 128MB、256MB 和 512MB 等。目前市面上主流的 DDR Ⅱ和 DDR Ⅲ内存容量为 1GB、2GB、4GB。

2. 工作电压

内存正常工作所需要的电压值就是内存的工作电压。不同类型的内存，电压也不同，但各自均有相应的规格，超出其规格，容易造成损坏。SDRAM内存的工作电压为3.3±0.3V；DDR内存的工作电压为2.5±0.2V；DDR Ⅱ内存的工作电压一般为1.8V左右；DDR Ⅲ内存的工作电压一般为1.5V左右，上下浮动不超过0.2V。略微提高内存电压，有利于内存超频，但是发热量会大大增加，因此有损坏硬件的风险。需要特别注意的是，一块有两种内存插槽的主板，应正确设置主板上的电压跳线，以保证设置正确。

3. 内存主频

内存主频和CPU主频一样，习惯上被用来表示内存的速率，它代表着该内存所能达到的最高工作频率。内存主频是以MHz为单位来计量的。内存主频越高，在一定程度上代表着内存所能达到的速率越快。内存主频决定着该内存最高能在什么样的频率正常工作。目前较为主流的内存频率是800MHz的DDR Ⅱ内存和为1333MHz的DDR Ⅲ内存。

DDR内存和DDR Ⅱ、DDR Ⅲ内存的频率可以用工作频率和等效频率两种方式表示。工作频率是内存颗粒实际的工作频率。由于DDR内存可以在脉冲的上升沿和下降沿都传输数据，因此传输数据的等效频率是工作频率的两倍。而DDR Ⅱ内存每个时钟能够以四倍于工作频率的速率读/写数据，因此传输数据的等效频率是工作频率的四倍。例如，DDR 200/266/333/400的工作频率分别是100/133/166/200MHz，而等效频率分别是200/266/333/400MHz；DDR Ⅱ 400/533/667/800的工作频率分别是100/133/166/200MHz，而等效频率分别是400/533/667/800MHz。DDR Ⅲ内存每个时钟能够以八倍于工作频率的速率读/写数据，因此传输数据的等效频率是工作频率的八倍，工作频率最大可达2133 MHz。

4. 数据宽度和带宽

内存的数据宽度是指内存同时传输数据的位数，以bit为单位；内存的带宽是指内存的数据传输速率。

5. 内存的线数

内存的线数是指内存与主板接插时接触点的数量，这些接触点就是“金手指”。目前，常用的有168线、184线和240线等，它们的内存数据宽度均为64bit。

6. CAS

CAS等待时间定义为从有效读命令（在时钟上升沿发出）到命令输出可以提供数据的时间。这个值一般是2或3个时钟周期，CAS决定了内存的性能和内存系统的工作速率。在同等工作频率下，CAS等待时间为2的芯片比CAS等待时间为3的芯片速率更快，性能更好。

7. 封装技术

内存封装技术是将内存芯片包裹起来，以避免芯片与外界接触，防止外界对芯片的损害的技术。不同的封装技术在制造工序和工艺方面有很大的差异，封装后对内存芯片自身性能的发挥也起到至关重要的作用。

1）DIP 封装

早期内存芯片封装基本都采用 DIP（Dual In-line Package，双列直插式封装）封装，此封装形式适合 PCB（印制电路板）穿孔安装，布线和操作较为方便。但是，DIP 封装形式封装效率低，其芯片面积和封装面积之比为 1∶1.86，封装产品的面积较大，较大的封装面积对内存频率、传输速率、电气性能的提升都有影响。

2）TSOP 封装

DDR 内存使用了第二代的封装技术 TSO，即“Thin Small Outline Package”，意思是薄型小尺寸封装。TSOP 内存在芯片的周围做出引脚，采用 SMT 技术（表面贴装技术）直接附着在 PCB 板的表面。TSOP 封装的寄生参数（电流大幅度变化时，引起输出电压扰动）减小，适合高频应用，操作比较方便，可靠性也比较高。

3）BGA 封装

BGA 是英文“Ball Grid Array Package”的缩写，即球栅阵列封装。从 DDR Ⅱ内存开始，多采用 BGA 技术封装，BGA 封装的 I/O 端子以圆形或柱状焊点按阵列形式分布在封装下面。BGA 技术的优点是 I/O 引脚数虽然增加了，但是引脚间距并没有减小，反而增加了，从而提高了组装成品率；在体积不变的情况下，使内存容量提高两到三倍，与 TSOP 相比，具有更小的体积，更好的散热性能和电气性能。

2.3.3 内存的选购

1. 频率选择

内存芯片的速率应与主板芯片组支持频率相匹配；否则，会影响整台计算机系统的性能。例如，主板芯片组支持的最高频率是 DDR Ⅲ 1333 内存，选择一根 DDR Ⅲ 1600 的内存显然是不合理的。

2. 内存做工

（1）金手指：内存的金手指通常有两种制造方法，即电镀和化学镀。化学镀的金手指会比电镀的薄 20μm 左右，不过肉眼很难看得出来，电镀的金手指耐磨度和电气性能更好。但是鉴别起来很简单，电镀的金手指在末端会有一个“小辫子”，这个是生产工艺造成的，没有办法避免，如图 2-34 和图 2-35 所示。好的金手指通常看起来和黄金差不多，黄颜色很有质感，差的金手指看起来泛白。

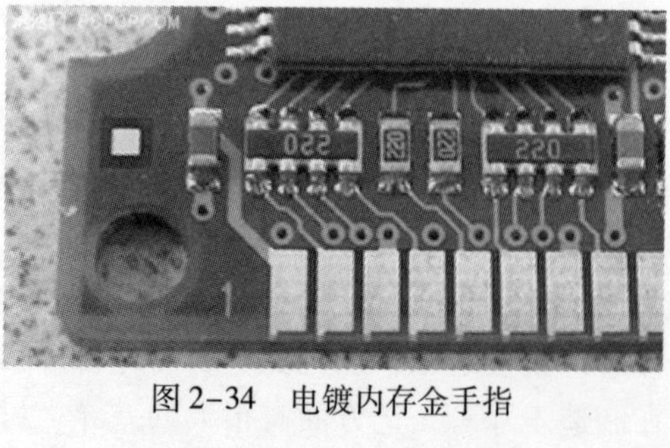

图 2-34 电镀内存金手指

图 2-35　化学镀内存金手指

（2）用料：如果内存上面的小贴片元件多，那么这根内存用料应该不错。用在内存上面的小元件主要有两种，一种是上面有数字的，叫做排阻；一种是更小的方块，叫做电容，通常用作耦合。一般在内存颗粒和金手指之间，会有很多的排阻，而内存颗粒周围则会有很多电容。用料差的内存，在整个 PCB 板面上都是“光秃秃”的。

（3）设计：内存的 PCB 板通常为四层板或六层板，尤其对于 DDR 内存，由于工作频率较高，采用六层板为佳。不过为了控制成本，厂商通常有更加折中的办法：采用四层板，然后使用单面；或者采用六层板，双面都使用。

（4）工艺：拿起一根内存，看看 PCB 板的四边是否有毛边，是否摸起来光滑。如果是，那么这根内存的工艺是不错的。然后看看内存颗粒、排阻、电容的焊接工艺，如果焊点圆滑饱满富有光泽，那么这根内存所使用的焊锡和焊接机是比较好的。

3. 防伪识别

品牌内存多数在标贴上采取了独特的防伪识别技术，在购买内存时注意辨别或查询。例如，金士顿内存采取的“凹版防伪”技术、“纹理防伪”技术，再加上全新“纳米折光防伪”技术，无须任何第三方的识别工具，仅仅通过目测就可识别产品的真假。

2.4　硬盘

从 1956 年 IBM 推出第一台硬盘驱动器 IBM RAMAC350 起，硬盘从诞生至今已有 50 多年历史了。硬盘是外部存储设备中最重要的设备，主要用于存储计算机系统中的数据，包括操作系统、各种程序、资料等，对计算机系统整体性能具有举足轻重的作用。

2.4.1　硬盘发展简史

在硬盘的发展史上，IBM 占有着重要的地位。公认的世界上第一个磁盘系统是 IBM 的 RAMAC350 磁盘系统，它仅有 5MB 的存储容量，却要用到 50 个直径为 24in 的盘片。1968 年，IBM 又提出了 Winchester（温彻斯特）硬盘技术，该技术的原理是采用密封盘体包裹可高速旋转的覆盖记录涂层的盘片，磁头悬浮于盘片上方，可沿盘片径向移动，但不与盘片接触。现在使用的硬盘依然沿用这一原理，1973 年采用该技术制造的硬盘 IBM 3340 结构与现在使用的硬盘已经非常类似了。到了 80 年代，薄膜磁头技术的出现使得存储密度突破了

10Mbit/平方英寸；20 世纪 90 年代和 21 世纪初，硬盘技术进入了加速发展时期，磁阻磁头、巨磁阻磁头和 AFC（反铁磁性耦合）存储介质的相继出现，使得硬盘容量几乎以每年 100% 的速度增长，3. 5in 磁盘成为主流，转速由不足 4000r/min 上升到 15000r/min，并且出现了接口串行化的革命。

2.4.2 硬盘的结构与工作原理

硬盘实物如图 2-36 所示，其组成分为外壳、接口、跳线、控制电路板等几部分，下面分别进行介绍。

图 2-36 硬盘实物图

1）外壳

硬盘的外壳与底板结合成一个密封的整体，正面的外壳保证了硬盘盘片和机构的稳定运行。在固定面板上贴有产品标签，其上印着产品型号、产品序列号、产地、生产日期等信息。除此以外，还有一个透气孔，它的作用是使硬盘内部气压与大气气压保持一致。

另外，硬盘侧面还有一个向盘片表面写入伺服信号的 Servo 孔。

2）接口

接口包括电源接口和数据接口两部分。其中，电源接口与主机电源相连接，为硬盘正常工作提供电力保证；数据接口则是硬盘数据与主板控制芯片之间进行数据传输交换的通道。数据接口使用一根数据线将其与主板 IDE 接口或与其他控制适配器的接口相连接，传统常见的有 40 芯和 80 芯的接口电缆，新近流行的串口硬盘数据接口线为 7 芯接口的电缆，如图 2-37 和图 2-38 所示。

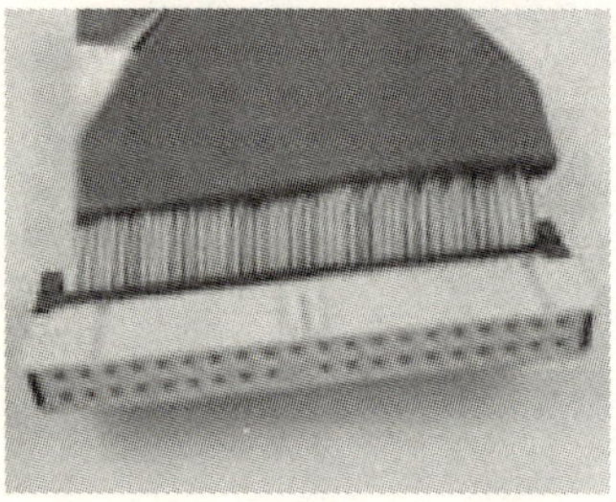

图 2-37 并口硬盘接口数据线

图 2-38 串口硬盘接口数据线

3）跳线

跳线是用来设置主从硬盘参数的。硬盘出厂时，默认设置作为主盘。每块硬盘的具体跳线说明一般都标明在硬盘正面的产品标签中。

4）控制电路板

大多数的控制电路板都采用贴片式焊接，它包括主轴调速电路、磁头驱动与伺服定位电路、读/写电路、高速缓存及控制与接口电路等。在电路板上还有一块 ROM 芯片，执行里面固化的程序可以进行硬盘的初始化、加电并启动主轴电动机、加电初始寻道与定位及故障检测等操作。在电路板上还安装有容量不等的高速数据缓存芯片。其中，读/写电路的作用就是控制磁头进行读/写操作；磁头驱动电路直接控制寻道电动机，使磁头定位；主轴调速电路是控制主轴电动机带动盘体，以恒定速率转动的电路；缓存（Cache）在读取零碎文件数据时对磁盘性能有很大影响，大缓存能带来非常大的优势。

5）内部结构

当前的硬盘多采用温彻斯特（Winchester）架构，由头盘组件（HDA，HeadDiskAssembly）与印制电路板组件（PCBA，PrintCircuitBoardAssembly）组成。拆下控制电路板和外壳后就可以看到硬盘的内部结构，如图2-39所示。它由磁头、盘片、主轴、电动机、接口及其他附件组成。其中，磁头、盘片组件是构成硬盘的核心，封装在硬盘的净化腔体内。净化腔体内包括浮动磁头组件、磁头驱动机构、盘片、主轴驱动装置及前置读写控制电路。

图2-39　硬盘的内部结构

• 磁头组件

磁头组件如图2-40所示，该组件是硬盘中最精密的部件之一，它由读/写磁头、传动手臂及传动轴3部分组成。磁头的作用就类似于在硬盘盘体上进行读/写的“笔尖”，通过全封闭式的磁阻感应读/写，将信息记录在硬盘内部特殊的介质上。它采用了非接触式磁头、磁盘结构，加电后在高速旋转的磁盘表面移动，与盘片之间的间隙只有0.1～0.3μm，这样可以获得更大的数据传输率。

• 磁头驱动机构

由电磁线圈电动机和磁头驱动小车组成，新型大容量硬盘还具有高效的防震动机构。硬盘的寻道靠移动磁头，而移动磁头则需要该机构驱动才能实现。总之，磁头驱动机构由电磁线圈电动机、磁头驱动小车和防震动装置构成。高精度的轻型磁头驱动机构能够对磁头进行正确的驱动和定位，并能在很短的时间内精确定位系统指令指定的磁道。

• 盘片

盘片是硬盘存储数据的载体，如图2-41所示。硬盘的盘体由多个重叠在一起并由垫圈

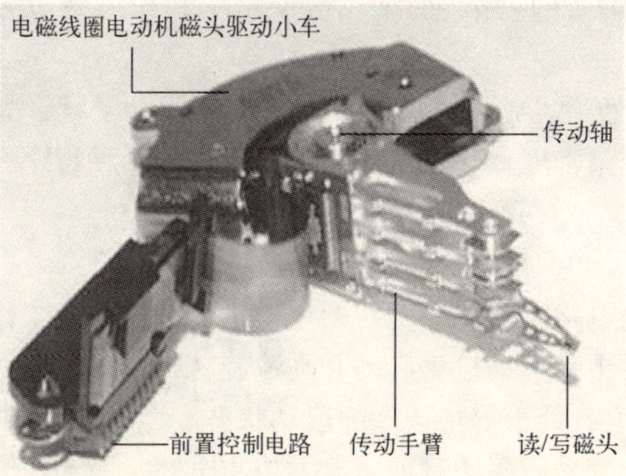

图2-40　硬盘磁头组件

图2-41　硬盘盘片

隔开的盘片组成，盘片是表面极为平整光滑且涂有磁性物质的金属圆片。它们通过表面的磁性物质结合在一起。这种特殊物质的金属磁盘具有更高的记录密度和更强的安全性能。目前市场上主流硬盘的盘片大都是由金属薄膜磁盘构成，这种金属薄膜磁盘较之普通的金属磁盘具有更高的剩磁和矫顽力。因此也被大多数硬盘厂商所普遍采用。除金属薄膜磁盘外，目前已经有一些硬盘厂商开始尝试使用玻璃作为磁盘基片。与金属薄膜磁盘相比，用玻璃作为盘片有利于把硬盘盘片做得更平滑，单位磁盘密度也会更高。同时，由于玻璃的坚固特性，新一代的玻璃硬磁盘在性能方面也会更加稳定。

- 主轴组件

主轴组件包括主轴轴承和电动机等。在工作时，硬盘通过电动机的转动将用户所需资料所在的扇区带到磁头下方，电动机的转速越快，用户存取数据所用的时间也就越短。从这个意义上讲，硬盘电动机的转速在很大程度上决定了硬盘最终的速度。

6）硬盘的特点

相对于软盘来说，硬盘有如下6个特点。

（1）采用全密封结构。全密封结构将磁盘、磁头、电动机和电路中的前置放大器等全部密封在净化腔体内。一方面创造了磁头稳定运行的环境，能在大气环境甚至恶劣环境下可靠地工作；另一方面提高了磁头、磁盘系统的使用寿命。

（2）采用非接触磁头。硬盘采用非接触的磁头、磁盘结构，利用磁盘的高速旋转在盘面与磁头的浮动支撑之间挤入高速流动的空气，磁头相对地在盘面上方高速航行，因为与磁盘脱离，也就没有机械摩擦。

（3）采用高精度、轻型的磁头驱动与定位系统。这种系统能使磁头在盘面上快速移动，以极短的时间精确地定位在由计算机指令指定的磁道上。目前，磁道密度已高达5400TPI（每in磁道数），同时还不断有新技术推出，从而在保持磁盘高速度、高位密度和高可靠性的优势下，大幅度提高存储量。

（4）使用连续的金属薄膜磁盘。硬盘使用由电镀或溅射工艺做成厚度极薄（0. 15μm以下）的高磁性能（高矫顽力、高剩磁）薄膜媒体。

（5）使用窄道宽的磁致电阻（MR）磁头。采用MR，特别是巨磁效应GMR材料做成的磁头可以达到极高的磁道密度，道宽可以窄到1μm以下。若进一步缩窄道宽，则只有依靠GMR磁头才能做到。目前，MR磁头已得到广泛应用，而采用多层结构和磁阻效应更好的材料制作的GMR磁头也逐渐普及。

（6）采用局部响应最大拟然（PRML）通道。此种通道能最大限度地控制干扰，尤其是磁道之间、邻位之间的干扰，有利于提高记录密度。它是从通信方面引进的一种行之有效的方法。

7）硬盘的工作原理

硬盘驱动器加电正常工作后，利用控制电路中的单片机初始化模块进行初始化工作。此时，磁头置于盘片中心位置，初始化完成后主轴电动机将启动并高速旋转，装载磁头的小车机构移动，将浮动磁头置于盘片表面的00道，处于等待指令的启动状态。

接口电路接收到计算机系统传来的指令信号后，通过前置放大控制电路，驱动线圈电动机发出磁信号，根据感应阻值变化的磁头对盘片数据信息进行准确定位，并将接收后的数据信息解码，通过放大控制电路传输到接口电路，反馈给主机系统完成指令操作。

结束硬盘操作到断电状态时，在反力矩弹簧的作用下浮动磁头驻留到盘面中心。

2.4.3　硬盘的主要性能指标

硬盘的主要参数与性能技术指标对硬盘性能来说至关重要，了解这些参数和指标，对于选购和维护硬盘系统会有很大的帮助。

1. 硬盘的主要参数

硬盘是计算机中的一个重要部件。在使用硬盘时，要注意硬盘的常用参数及其对硬盘性能的影响。

(1) 磁头数。硬盘的磁头数与硬盘体内的盘片数有关，每一盘片有两个磁面，每面有一个磁头。因此，磁头数为盘片数的两倍。

(2) 磁道。当磁盘旋转时，磁头若保持在一个位置上，则每个磁头都会在磁盘表面划出一个圆形轨迹，这些圆形轨迹就是磁道。磁盘上的信息沿着磁道存放，相邻磁道之间有一定距离，可以避免相邻磁道间的相互影响，同时也为磁头的读/写带来方便。

(3) 扇区。磁盘上的每个磁道被等分为若干弧段，这些弧段便是磁盘的扇区，每个扇区可以存放 512 字节的信息。磁盘驱动器在向磁盘读取和写入数据时，要以扇区为单位。

(4) 柱面。硬盘通常由重叠的一组盘片（盘片最多为 14 片，一般均在 2 ~ 10 片之间）构成，每个盘面都被划分为数目相等的磁道，并从外缘的 0 开始编号。具有相同编号的磁道形成一个圆柱，称为磁盘的柱面。磁盘的柱面数与一个盘面上的磁道数是相等的。由于每个盘面都有自己的磁头，因此盘面数等于总的磁头数。

(5) 簇。在磁盘上，DOS 操作系统是以“簇”为单位为文件分配磁盘空间的。硬盘的“簇”通常为多个扇区，这与磁盘的种类、DOS 版本及硬盘分区的大小有关。每个簇只能由一个文件占用，即使这个文件只有几个字节，这种以簇为最小分配单位的机制，使硬盘对数据的管理变得相对容易，但也造成了磁盘空间的浪费，尤其是在小文件数目较多的情况下。

(6) 交叉因子。通俗地讲，交叉因子是指低级格式化后，第一个扇区和第二个扇区相隔多少个物理扇区块。低级格式化划分出来的扇区不一定是连续的，而可能是交错排列的。只有间隔因子 =1 时才是连续的，间隔因子 =2 时，第 1 号扇区和第 2 号扇区中间间隔有一个扇区，间隔因子 =3 时，第 1 号和第 2 号扇区中间间隔着两个扇区，依此类推。交叉因子值对硬盘读/写速度有很大影响，应与硬盘转速、CPU 速度、主板相匹配；否则，影响硬盘性能。

磁头读取扇区上的数据分为两个阶段：读出数据和读后处理（传送至硬盘缓冲区的过程）。当磁盘高速旋转，磁盘控制器读出 1 号扇区后准备转向 2 号扇区读数时，磁头很可能已经通过了 2 号扇区的扇区头，而停留在 2 号扇区的中部，甚至更远的地方。在这种情况下，磁盘控制器必须等待磁盘再次旋转一周，等 2 号扇区到达时才能读取上面的数据，从而造成磁头大部分时间都在等待，数据传输率极低。

解决的办法是扇区不要顺序连续编号，如使原来的 3 号扇区编号为 2，依此类推。或让扇区 2 占有原来扇区 4 的位置，隔两个扇区进行编号。定义相邻两号扇区之间间隔的扇区数就是“交叉因子”，或称为“间隔系数”。“交叉因子”是在硬盘低级格式化时由用户设置的，其设置值应符合厂商提供的说明。在某些低级格式化程序中提供了自动设置交叉因子的功能，用户也可选择该功能由系统自动选择设置。

2. 硬盘的主要技术、性能指标

1）硬盘容量

硬盘作为计算机最主要的外部（辅助）存储器，其容量是第一性能指标。硬盘的容量通常以GB（即千兆字节）为单位，大部分硬盘厂家在为其硬盘标容量时多取1000字节为1KB，而在计算机中则以1024字节为1KB，因此测试值往往小于其标称值。

2）硬盘速度

衡量硬盘速度的性能指标主要有以下4个。

（1）平均寻道时间，指磁头从得到指令到寻找到数据所在磁道的时间，它描述硬盘读取数据的能力，单位为毫秒（ms）。这个时间越小越好，一般要选择平均寻道时间在10ms以下的产品。

（2）平均等待时间，指当磁头移动到数据所在的磁道后，之后等待所要的数据块继续转（半圈或多些、少些）到磁头下的时间，单位为ms。平均等待时间为盘片旋转一周所需时间的一半。

（3）平均访问时间，指磁头找到指定数据的平均时间，通常是平均寻道时间和平均等待时间之和，单位为ms。硬盘的平均访问时间越短，表明其访问速度越快。

（4）数据传输率，分为外部传输率（External Transfer Rate）和内部传输率（Internal Transfer Rate）。外部数据传输率指硬盘的缓存与系统主存之间交换数据的速度，内部数据传输率指硬盘磁头从缓存中读/写数据的速度。硬盘的数据传输率越高，表明其传输数据的速度越快。

3）接口

不同类型的接口往往制约着硬盘的容量，更影响着硬盘速度的发挥。EIDE接口曾经是计算机的主流接口，SCSI接口广泛运用于网络服务器、图形工作站和小型计算机。另外，还有SATA和IEEE 1394接口。其中，SATA接口已成为主流接口。

4）缓存

缓存是硬盘控制器上的一块内存芯片，具有极快的存取速度，它是硬盘内部存储和外界接口之间的缓冲器。由于硬盘的内部数据传输速度和外界界面传输速度不同，缓存在其中起到一个缓冲的作用。缓存的大小与速度是直接关系到硬盘的传输速度的重要因素，缓存能够大幅度地提高硬盘整体性能。当硬盘存取零碎数据时，需要不断地在硬盘与内存之间交换数据，若有大容量缓存，则可以将那些零碎数据暂存在缓存中。这样既可减小外系统的负荷，也提高了数据的传输速度。

硬盘的缓存主要起3种作用：一是预读取，当硬盘收到CPU指令控制开始读取数据时，硬盘上的控制芯片会控制磁头把正在读取的簇的下一个或者几个簇中的数据读到缓存中（由于硬盘上数据存储时是比较连续的，因此读取命中率较高），当需要读取下一个或几个簇中的数据时，硬盘则不需要再次读取数据，直接把缓存中的数据传输到内存中就可以了，由于缓存的速度远远高于磁头读写的速度，因此能够达到明显改善性能的目的；二是对写入动作进行缓存，当硬盘接收到写入数据的指令之后，并不会马上将数据写入到盘片上，而是先暂时存储在缓存里，之后发送一个“数据已写入”的信号给系统，这时系统就会认为数据已经写入，并继续执行下面的工作，而硬盘则在空闲（不进行读取或写入的时候）时再将缓存中的数据写入到盘片上，这样虽然对于写入数据的性能有一定提升，但也不可避免地带来了安全隐患——若数据还在缓存中时突然掉电，那么这些数据就会丢失，对于这个问题，硬盘厂商们自然也有解决办法，掉电时，磁头会借助惯性将缓存中的数据写入零磁道以外的暂存区域，等到下次启动时再将这些数据写入目的地；第三个作用就是临时存储最近访问过的数据，有时，某些数据是会经常需要访问的，硬盘内部的缓存会将读取比较频繁的一些数据存储在缓存中，再次读取时就可以直接从缓存中直接传输。

5）硬盘单碟容量

硬盘单碟容量是指单张盘片的容量。单碟容量越大，实现大容量硬盘也就越容易，寻找数据所需的时间也相对少一点。目前，单碟容量已高达500GB。

6）硬盘的主引导扇区

硬盘的主引导扇区即通常所说的硬盘主引导记录，由主引导程序和分区信息表两部分组成。硬盘主引导扇区内容由 FDISK. COM 创建，分区信息表就是用来保存分区信息的。硬盘的主引导程序在硬盘的第一扇区（物理扇区）中，它是各操作系统的共同部分，它的作用就是查看分区信息表中的4个分区引导标志。

7）硬盘转速

主轴电动机带动盘片高速旋转，产生浮力使磁头飘浮在盘片上方，要将所要存取资料的扇区带到磁头下方，转速越快，等待时间也就越短。目前，7200r/min 的硬盘已成为市场的主流，而 Seagate（希捷）新推出的硬盘已达 12000r/min。

2.4.4　硬盘的选购

按不同的标准，硬盘也有不同的分类方式。

1. 按移动性分类

固定硬盘的命名是因为出现了移动硬盘，移动硬盘集固定硬盘和软盘功能于一身，因其速度快、容量大、易携带等诸多优点而受到用户的普遍欢迎。

2. 按盘片大小分类

以前，1. 8in、2. 5in 硬盘是专门为笔记本电脑配置的，3. 5in 和 5. 25in 硬盘是台式机的“专利”，但是现在在台式机中都出现了 0. 85in 的硬盘。其中，3. 5in 硬盘品牌多、种类杂，并且技术成熟、性能优越，是计算机硬盘的主流产品。5. 25in 硬盘产品不多，但它的单碟数据密度极大，数据访问速度快。

3. 按叠加性分类

(1) 主从硬盘。在为计算机系统增容时，往往采用增加“从设备”（副硬盘）的办法另挂一个或两个副硬盘。一般硬盘都有一个供选择主从设备的跳线，只需要改变跳线，并修改 CMOS 设置，就可以在计算机系统中操作主从硬盘了。

(2) JBOD。多个硬盘的集合，以此来提供更大的磁盘容量，但它只是简单连接，并没有任何附加的容错能力。

（3）磁盘阵列。由几组磁盘驱动器组成，并由一个控制器统一管理，通过在磁盘之间使用镜像数据、数据分割及奇偶校验来实现容错要求，是一种具有较高容错能力的智能化磁盘集合，具有较高的安全性和可靠性。磁盘阵列在现代网络系统中作为海量存储器，广泛用于磁盘服务器中。

4. 根据接口分类

（1）ATA 接口硬盘。ATA（Advanced Technology Attachment）接口也叫 IDE（Integrated Drive Electronics）接口，它实际上是指把控制器与盘体集成在一起的硬盘驱动器。ATA 接口发展至今，可细分为 ATA-1（IDE）、ATA-2（EIDE Enhanced IDE/Fast ATA）、ATA-3（Fast ATA-2）、Ultra ATA、Ultra ATA/33、Ultra ATA/66、Ultra ATA/100 及 Serial ATA 等。IDE 接口硬盘如图 2-42 所示。

（2）SATA 接口硬盘。Serial ATA 接口标准采用串行连接方式，串行 ATA 总线使用嵌入式时钟信号，具备了更强的纠错能力，与以往相比其最大的区别在于能对传输指令（不仅仅是数据）进行检查，若发现错误会自动矫正，这在很大程度上提高了数据传输的可靠性。串行接口还具有结构简单、支持热插拔的优点。SATA 接口硬盘如图 2-43 所示。

图 2-42　IDE 接口硬盘

图 2-43　SATA 接口硬盘

相对于并行 ATA 接口标准来说，串行 ATA 接口具有线缆和传输速度两个方面的优势。一方面，Serial ATA 以连续串行的方式传送数据，一次只会传送 1 位数据，这样能减少SATA 接口的针脚数目，效率也会更高，Serial ATA 分别用连接电缆、连接地线、发送数据和接收数据几根针脚即完成所有的工作，同时这样的架构还能降低系统能耗和减小系统复杂性；另一方面，Serial ATA 1.0 定义的数据传输率可达 150MB/s，这比最快的并行 ATA（即 ATA/133）所能达到的最高数据传输率 133MB/s 还要高，而 Serial ATA 2.0 的数据传输率可达到 300MB/s，最终 SATA 将实现 600MB/s 的最高数据传输率，其发展潜力更大。

2.5 显卡

显卡全称显示接口卡（Video Card，Graphics Card），也被称为显示适配器（Video Adapter），是个人计算机最基本组成部分之一。

显卡的用途是将计算机系统所需要显示的信息进行转换驱动，并向显示器提供扫描信号，控制显示器的正确显示，是连接显示器和个人计算机主板的重要组件，是“人机对话”

的重要设备之一。显卡作为计算机主机里的一个重要组成部分，承担输出显示图形、图像的任务。对于喜欢玩游戏和从事专业图形图象设计的人来说，显卡非常重要。显卡图形芯片供应商主要包括 ATI 和 NVIDIA 两家。

2.5.1　显卡的基本结构

显卡基本结构图如图 2-44 所示。

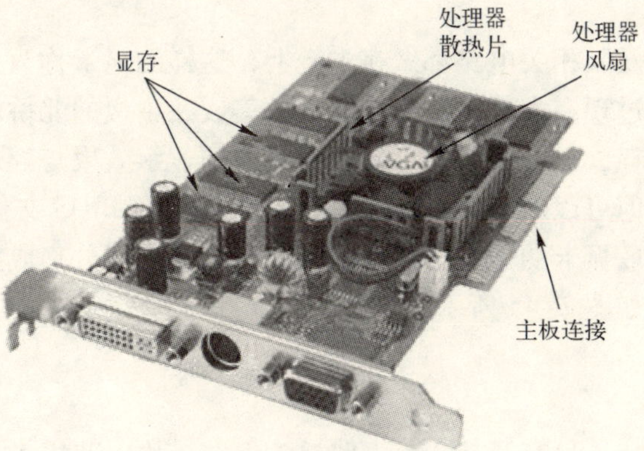

图 2-44　显卡基本结构图

1. GPU（类似于主板的 CPU）

GPU 的全称是 Graphic Processing Unit，中文翻译为图形处理器，是 NVIDIA 公司在发布 GeForce 256 图形处理芯片时首先提出的概念。GPU 使显卡减少了对 CPU 的依赖，并进行部分原本 CPU 的工作，尤其是在 3D 图形处理时。GPU 所采用的核心技术有硬件 T&L（几何转换和光照处理）、立方环境材质贴图和顶点混合、纹理压缩和凹凸映射贴图、双重纹理四像素 256 位渲染引擎等，而硬件 T&L 技术可以说是 GPU 的标志。GPU 主要由 NVIDIA 与 ATI 两家厂商生产。

2. 显存（类似于主板的内存）

显存是显示内存的简称。顾名思义，其主要功能就是暂时存储显示芯片要处理的数据和处理完毕的数据。图形核心的性能越强，需要的显存也就越多。以前的显存主要是 SDR 的，容量也不大。市面上的显卡大部分采用的是 GDDR3 显存，现在最新的显卡则采用了性能更为出色的 GDDR4 或 GDDR5 显存。显存主要由传统的内存制造商提供，如三星、现代、Kingston 等。

3. 显卡 BIOS（类似于主板的 BIOS）

显卡 BIOS 主要用于存放显示芯片与驱动程序之间的控制程序，另外还存有显卡的型号、规格、生产厂家及出厂时间等信息。打开计算机时，通过 BIOS 内的一段控制程序，将这些信息显示到屏幕上。

4. 显卡 PCB 板（类似于主板的 PCB 板）

显卡 PCB 板就是显卡的电路板，用于把显卡上的其他部件连接起来。

2.5.2 显卡的分类

1. 集成显卡

将显示芯片、显存及其相关电路都做在主板上，这样的显卡称为集成显卡。集成显卡的显示芯片有单独的，不过现在大部分的集成显卡都集成在主板的北桥芯片中。一些主板的集成显卡也单独安装了显存，但其容量较小。集成显卡的显示效果与处理性能相对较弱，不能对显卡进行硬件升级，但可以通过 CMOS 调节频率或刷入新 BIOS 文件实现软件升级，来挖掘显示芯片的潜能。集成显卡的优点是功耗低、发热量小，部分集成显卡的性能已经可以媲美入门级的独立显卡。如图 2-45 所示。

2. 独立显卡

独立显卡将显示芯片、显存及其相关电路单独做在一块电路板上，自成一体而作为一块独立的板卡存在，它需要占用主板的扩展插槽。独立显卡单独安装有显存，一般不占用系统内存，在技术上也较集成显卡先进得多，能够得到更好的显示效果和性能，容易进行显卡的硬件升级。其缺点是系统功耗有所加大，发热量也较大，需要额外购买。如图 2-46 所示。

图 2-45 集成显卡实物图

图 2-46 独立显卡实物图

2.5.3 显卡的工作过程

数据一旦离开 CPU，必须通过 4 个步骤才会到达显示器。

（1）从总线进入 GPU：将 CPU 送来的数据送到北桥（主桥）再送到 GPU（图形处理器）进行处理。

（2）从显卡芯片组进入显存：将芯片处理完的数据送到显存。

（3）从显存进入 RAMDAC：从显存读取出数据再送到 RAMDAC 进行数据转换的工作。

（4）从 RAMDAC 进入显示器：将转换完的模拟信号送到显示器。如图 2-47 所示。

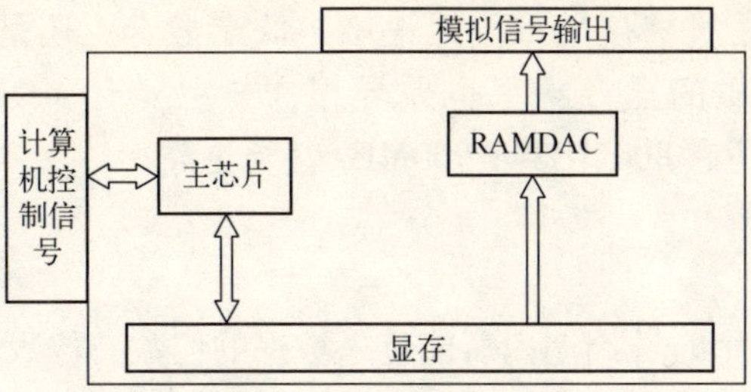

图 2-47 显卡工作原理图

2.5.4 显卡的性能指标

1. 制造工艺

在生产 GPU 过程中，要加工各种电路和电子元器件，并制造导线连接各个元器件。通常生产的精度以 nm（纳米）来表示，精度越高，生产工艺越先进，在同样的材料中可以制造更多的电子元器件，连接线也越细，芯片的功耗也越小。

2. 核心频率

显卡的核心频率是指显示核心的工作频率。其工作频率在一定程度上可以反映出显示核心的性能。但是显卡的性能是由核心频率、流处理器单元、显存频率、显存位宽等多方面的情况所决定的。因此，在显示核心不同的情况下，核心频率高并不代表此显卡性能强劲。例如，GTS250 的核心频率达到了 750MHz，要比GTX260 + 的 576MHz 高，但在性能上 GTX260 + 绝对要强于 GTS250。在同样级别的芯片中，核心频率高的性能要强一些，提高核心频率是显卡超频的方法之一。

3. 显存类型

显卡上采用的显存类型主要有 SDRAM、DDR SDRAM、DDR II、DDR III。DDR SDRAM 是 Double Data Rate SDRAM 的缩写，即双倍数据速率的 SDRAM ，它能提供较高的工作频率，带来优异的数据处理性能。目前市场上的主流是 DDR II、DDR III。

4. 显存容量

虽然在其他参数相同的情况下容量是越大越好，但是也不要被大容量显存吸引了。例如，384MB 的 9600GSO 就远强于 512MB 的 9600GSO。选择显卡时显存容量只不过是参考之一，重要的还是其他数据，如核心、位宽、频率等，这些因素决定显卡的性能优先于显存容量。

5. 显存频率

显存频率一定程度上反映了显存的速率，以 MHz（兆赫兹）为单位。显存频率随着显存的类型、性能的不同而不同。SDRAM 显存一般都工作在较低的频率上，一般就是 133MHz 和 166MHz，早已无法满足现在显卡的需求。DDR SDRAM 显存则能提供较高的显存频率，因此是目前采用最为广泛的显存类型。无论中、低端显卡，还是高端显卡大部分都采用 DDR SDRAM，其所能提供的显存频率也差异很大，主要有 400MHz、500MHz、600MHz、650MHz 等，高端产品中还有 800MHz 或 900MHz 甚至更高。

6. 显存位宽

显存位宽是显存在一个时钟周期内所能传送数据的位数。位数越大，瞬间所能传输的数据量越大，这是显存的重要参数之一。目前市场上的显存位宽有 64 位、128 位、256 位和 512 位几种，人们习惯上叫的 64 位显卡、128 位显卡和 256 位显卡就是指其相应的显存位宽。显存位宽越高，性能越好，价格也就越高，因此 512 位宽的显存更多应用于高端显卡，而主流显卡基本都采用 128 位和 256 位显存。

7. RAMDAC 频率和支持最大分辨率

RAMDAC 是 Random Access Memory Digital/Analog Convertor 的缩写，即随机存取内存数字—模拟转换器。

RAMDAC 的作用是将显存中的数字信号转换为显示器能够显示出来的模拟信号。其转换速率以 MHz 表示，它决定了刷新频率的高低。其工作速率越高，频带越宽，高分辨率时的画面质量越好。该数值决定了在足够的显存下，显卡最高支持的分辨率和刷新频率。如果要在 1024 × 768 的分辨率下达到 85Hz 的刷新频率，RAMDAC 的速率至少是 1024 × 768 × 85Hz × 1.344（折算系数）≈90MHz。目前主流的显卡 RAMDAC 都能达到 350MHz 和 400MHz，足以满足和超过目前大多数显示器所能提供的分辨率和刷新率。

2.5.5 主流显卡的性能参数

（1）表 2-22 列出了 NVIDIA 桌面系列显卡的性能参数。

表 2-22 NVIDIA 桌面系列显卡的性能参数

GeForce 9 系列									
序号	型号	核心代号	制造工艺	核心频率	显存频率/类型	流处理器数量/频率	显存容量/位宽	DirectX	TDP
1	GeForce 9300GS	G98	65nm	567MHz	1000MHz GDDR2	8 1400MHz	128/256/512MB 64bit	10	未知
2	GeForce 9400GT	G96	55nm	550MHz	800MHz GDDR2	16 1400MHz	128/256/512/1024MB 128bit	10	50W
3	GeForce 9500GT	G96	65nm	550MHz	1600MHz GDDR3	32 1400MHz	128/256/512/1024MB 128bit	10	50W
4	GeForce 9600GSO	G94	55nm	650MHz	1800MHz GDDR3	48 1625MHz	128/256/512/1024MB 256bit	10	90W
4	GeForce 9600GSO	G92	65nm	550MHz	1600MHz GDDR3	96 1375MHz	384/896MB 192bit	10	105W
5	GeForce 9600GT	G94	65nm	650MHz	1800MHz GDDR3	64 1625MHz	256/512/1024MB 256bit	10	96W
6	GeForce 9800GT	G92	55nm	600MHz	1800MHz GDDR3	112 1500MHz	256/512/1024MB 256bit	10	105W

续表

GeForce 9 系列									
序号	型号	核心代号	制造工艺	核心频率	显存频率/类型	流处理器数量/频率	显存容量/位宽	DirectX	TDP
7	GeForce 9800GTX	G92	65nm	675MHz	2200MHz GDDR3	128 1688MHz	512/1024MB 256bit	10	156W
8	GeForce 9800GTX +	G92	55nm	738MHz	2200MHz GDDR3	128 1836MHz	512/1024MB 256bit	10	141W
9	☆GeForce 9800GX2	G92	65nm	600MHz	2000MHz GDDR3	256 1500MHz	1024MB 512bit	10	197W
GeForce 200 系列									
10	型号	核心代号	制造工艺	核心频率	显存频率/类型	流处理器数量/频率	显存容量/位宽	DirectX	TDP
11	GeForce G210	GT218	40nm	589MHz	1600MHz GDDR3	16 1402MHz	128/256/512/1024MB 64Bit	10. 1	30W
12	GeForce GT220	GT216	40nm	625MHz	2024MHz GDDR3	48 1360MHz	128/256/512/1024MB 128bit	10. 1	58W
13	GeForce GT240	GT215	40nm	550MHz	3400MHz GDDR5	96 1340MHz	256/512/1024MB 128bit	10. 1	65W
14	GeForce GTS250	G92	55nm	738MHz	2200MHz GDDR3	128 1836MHz	512/1024MB 256bit	10	150W
15	GeForce GTX260	GT200	65nm	576MHz	1998Mhz GDDR3	192 1242MHz	896MB 448bit	10	182W
16	GeForce GTX260 +	GT200	55nm	576MHz	1998MHz GDDR3	216 1242MHz	896MB 448bit	10	182W
17	GeForce GTX275	GT200	65nm	633MHz	2268MHz GDDR3	240 1404MHz	896MB 448bit	10	219W
18	GeForce GTX280	GT200	65nm	602MHz	2214MHz GDDR3	240 1296MHz	1024MB 512bit	10	236W
19	GeForce GTX285	GT200	55nm	648MHz	2484MHz GDDR3	240 1476MHz	1024MB 512bit	10	204W
20	☆GeForce GTX295	GT200	55nm	576MHz	1998MHz GDDR3	480 1242MHz	1792MB 896bit	10	289W
GeForce 400 系列									
21	型号	核心代号	制造工艺	核心频率	显存频率/类型	流处理器数量/频率	显存容量/位宽	DirectX	TDP
22	GeForce GTX460	GF104	40nm	675MHz	3600MHz GDDR5	336 1350MHz	768MB 192bit	11	150W
23	GeForce GTX460	GF104	40nm	675MHz	3600MHz GDDR5	336 1350MHz	1024MB 256bit	11	160W
24	GeForce GTX465	GF100	40nm	607MHz	3206MHz GDDR5	352 1215MHz	1024MB 256bit	11	200W
25	GeForce GTX470	GF100	40nm	607MHz	3398MHz GDDR5	448 1215MHz	1280MB 320bit	11	225W
26	GeForce GTX480	GF100	40nm	700MHz	3696MHz GDDR5	480 1401MHz	1536MB 384bit	11	250W

（2）表 2-23 列出了 ATI 桌面系列显卡的性能参数。

表 2-23 ATI 桌面系列显卡的性能参数

Radeon HD 2000 系列									
序号	型号	核心代号	制造工艺	核心频率	显存频率/类型	流处理器数量	显存容量/位宽	DirectX	TDP
1	Radeon HD 2400Pro	RV610	65nm	525MHz	800MHz GDDR2	40	256/512MB 64bit	10	26W
2	Radeon HD 2400XT	RV610	65nm	700MHz	1600MHz GDDR3	40	256/512MB 64bit	10	35W
3	Radeon HD 2600Pro	RV630	65nm	600MHz	1400MHz GDDR3	120	256MB 128bit	10	47W
4	Radeon HD 2600XT	RV610	65nm	800MHz	2200MHz GDDR4	120	256/512MB 128bit	10	65W
5	Radeon HD 2900Pro	R600	80nm	600MHz	1600MHz GDDR3	320	512MB 512bit	10	133W
6	Radeon HD 2900GT	R600	80nm	600MHz	1600MHz GDDR3	320	512MB 256bit	10	未知
7	Radeon HD 2900XT	R600	80nm	740MHz	1650MHz GDDR3	320	512/1024MB 512bit	10	225W
8	Radeon HD 2900XTX	R600	80nm	750MHz	2020MHz GDDR3	320	512MB 512bit	10	225W
Radeon HD 3000 系列									
9	型号	核心代号	制造工艺	核心频率	显存频率/类型	流处理器数量	显存容量/位宽	DirectX	TDP
10	Radeon HD 3650	RV635	55nm	725MHz	1350MHz GDDR3	120	256/512MB 128bit	10.1	56W
11	Radeon HD 3690	RV670	55nm	670MHz	1400MHz GDDR3	320	256MB 128bit	10.1	55W
12	Radeon HD 3850	RV670	55nm	670MHz	1660MHz GDDR4	320	512/1024MB 256bit	10.1	83W
13	☆Radeon HD 3850X2	RV670	55nm	670MHz	1660MHz GDDR3	640	1024MB 512bit	10.1	未知
14	Radeon HD 3870	RV670	55nm	775MHz	2250MHz GDDR4	320	512/1024MB 256bit	10.1	105W
15	☆Radeon HD 3870X2	RV670	55nm	825MHz	1800MHz GDDR3	640	512/1024MB 512bit	10.1	未知
Radeon HD 4000 系列									
16	型号	核心代号	制造工艺	核心频率	显存频率/类型	流处理器数量	显存容量/位宽	DirectX	TDP
17	Radeon HD4350	RV710	55nm	600MHz	800MHz GDDR2	80	256MB 64Bit	10.1	20W
18	Radeon HD4550	RV710	55nm	600MHz	1600MHz GDDR3	80	512MB 64Bit	10.1	20W
19	Radeon HD4650	RV730	55nm	600MHz	1400MHz GDDR3	320	512MB 128Bit	10.1	48W
20	Radeon HD4670	RV730	55nm	750MHz	2000MHz GDDR3	320	512MB 128Bit	10.1	60W
21	Radeon HD4730	RV770	40nm	750MHz	3600MHz GDDR5	640	512MB 128Bit	10.1	130W
22	Radeon HD4750	RV740	40nm	750MHz	3200MHz GDDR5	512MB 128Bit	512MB 128Bit	10.1	80W

续表

Radeon HD 2000 系列									
序号	型号	核心代号	制造工艺	核心频率	显存频率/类型	流处理器数量	显存容量/位宽	DirectX	TDP
23	Radeon HD4770	RV740	40nm	750MHz	3200MHz GDDR5	640	512MB 128Bit	10.1	80W
24	Radeon HD4830	RV770	55nm	575MHz	1800MHz GDDR3	640	512/1024MB 256Bit	10.1	110W
25	Radeon HD4850	RV770	55nm	625MHz	2000MHz GDDR3	800	512/1024MB 256Bit	10.1	110W
26	☆Radeon HD4850X2	RV770	55nm	625MHz	2200MHz GDDR3	1600	1/2GB 512Bit	10.1	230W
27	Radeon HD4860	RV790	55nm	700MHz	3000MHz GDDR5	640	512/1024MB 256Bit	10.1	150W
28	Radeon HD4870	RV770	55nm	750MHz	3600MHz GDDR5	800	512/1024MB 256Bit	10.1	157W
29	☆Radeon HD4870x2	RV770	55nm	750MHz	3600MHz GDDR5	1600	2GB 512Bit	10.1	286W
30	Radeon HD4890	RV790	55nm	850MHz	3900MHz GDDR5	800	1GB 256Bit	10.1	190W
Radeon HD 5000 系列									
31	型号	核心代号	制造工艺	核心频率	显存频率/类型	流处理器数量	显存容量/位宽	DirectX	TDP
32	Radeon HD5450	Cedar	40nm	650MHz	800MHz GDDR2	80	512MB/1GB 64Bit	11	19W
33	Radeon HD5550	Redwood	40nm	550MHz	1600MHz GDDR2/3	320	512MB/1GB 128Bit	11	40W
34	Radeon HD5570	Redwood	40nm	650MHz	1800MHz GDDR	400	512MB/1GB 128Bit	11	40W
35	Radeon HD5670	Redwood	40nm	775MHz	4000MHz GDDR5	400/640	512MB/1GB 128Bit	11	61W
36	Radeon HD5750	Juniper	40nm	700MHz	4600MHz GDDR5	720	512MB/1GB 128Bit	11	86W
37	Radeon HD5770	Juniper	40nm	850MHz	4800MHz GDDR5	800	512MB/1GB 128Bit	11	108W
38	Radeon HD5830	Cypress	40nm	800MHz	4000MHz GDDR5	1120	1GB 256Bit	11	175W
39	Radeon HD5850	Cypress	40nm	725MHz	4000MHz GDDR5	1440	1GB 256Bit	11	170W
40	Radeon HD5870	Cypress	40nm	850MHz	4800MHz GDDR5	1600	1/2GB 256Bit	11	188W
41	☆Radeon HD5970	Hemlock	40nm	725MHz	4000MHz GDDR5	3200	2GB 512Bit	11	294W

（3）表2-24列出了Intel系列显卡的性能参数。

表2-24　Intel系列显卡的性能参数

序　号	型　号	制造工艺	核心频率	流处理器数量	DirectX
1	GMA 900	130nm	200/333MHz	4	9
2	GMA 950	130nm	133/250/400MHz	4	9

续表

序　号	型　号	制造工艺	核心频率	流处理器数量	DirectX
3	GMA 3000	90nm	400/667MHz	4	9
4	GMA 3100	90nm	400MHz	4	9
5	GMA X3000	90nm	667MHz	8	9.0C
6	GMA X3100	90nm	400/667MHz	8	9.0C
7	GMA X3500	90nm	667MHz	8	10
8	GMA X4500	90nm	266/333/533/640MHz	10	10
注：（1）Intel 集成显卡的显存参数与内存有关，故这里不列出； （2）新一代 Intel 显卡集成于奔腾 G6950、Core i3－500、Core i5－600 中。					

2.5.6　显卡的选购

在 DIY 行业内的各条产品线中，显卡是很成熟、很稳定的一条产品线，也是一条专业性比较强的产品线，而且显卡领衔全行业的高更新换代节奏。下面介绍选择一款适合于自己的显卡需要考虑的因素。

1. 型号选择

基本每 18 个月显卡就会完成一次更新换代，每一轮更新换代都会“制造”近 20 款不同型号。当前，NVIDIA 显卡正处于 GeForce 5XX 一代，产品线为 GTX590、GTX580、GTX560Ti、GTX560、GTX550Ti、GT520，而 ATI 显卡则正处于 Radeon HD 6XXX 一代，产品线为 HD6970、HD6950、HD6870、HD6850、HD6790、HD6770、HD6750、HD6670、HD6570、HD6450。单纯从型号上看，GT520 似乎要比 GT430、GTS250 高，但实际情况却绝恰恰相反，GT520 的性能仅与 Intel 最新一代 CPU 内部集成的“核心显卡”性能相当。但这款显卡属于 NVIDIA GeForce 5XX 一代产品线，型号中的第二位数字“2”，正表明这款显卡在新产品线中定位最低端，因此其性能表现不敌上代、上上代中端产品。

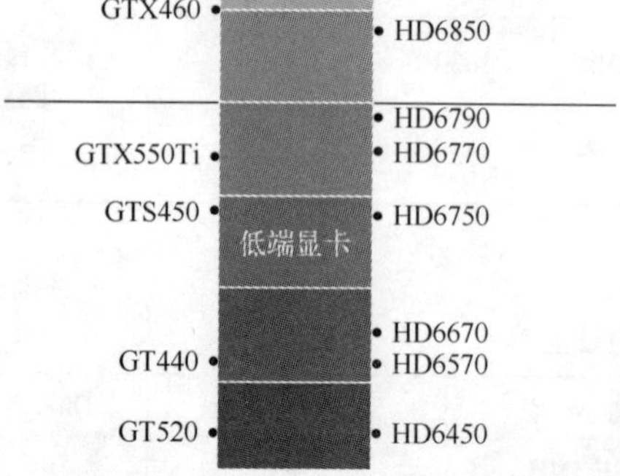

图 2-48　高低端显卡型号分布图

在 NVIDIA 产品线上，第二位数字若是 7、8、9（比如 GTX590、GTX580），则代表这款产品定位高端；第二位数字是 6，则一般是定位千元级的中端主力产品，第二位数字若是 5、4、3、2，则性能/定位继续进一步下降。在 ATI 产品线上，第二位数字若是 9（如 HD6970、HD6950），则代表这款产品定位高端；第二位数字是 8，则一般是定位千元级的中端主力产品，第二位数字若是 7、6、5、4，则性能/定位继续进一步下降。如图 2-48 所示。

2. 性能需求

在日常应用中，高端处理器、显卡的性能很难得到完全发挥，大量资源被空置。DX11 显卡已经发展到了第二代，而行业内有口碑的 DX11 游戏大作仍然只有寥寥数款。而在中、低端市场上，集成显卡性能却在逐代翻番、滚雪球似的越来越强大，Intel、AMD 都已经开始在 CPU 中融合 GPU。目前，集成显卡应对很多热门游戏也都已经不存在任何问题。因此，买显卡，玩家还必须清楚自己的性能需求。倘若只是要玩一些较早期（一两年前或更早前发布的）的游戏、网络游戏、RPG 游戏、益智娱乐游戏，那么当前的集成显卡已经基本都够用了。

但是，如果要玩大型 3D 游戏，那么一款强悍的独立显卡仍然是必须的。玩家对游戏显卡的认可，一般是从 599 元价位开始的。千元内的显卡在中低分辨率下可以流畅运行时下热门大型 3D 游戏，各款显卡可以根据性能来调节游戏画质达到流畅指标。而千元以上显卡则性能要充裕很多，更适合发烧级玩家。

AMD 在 6 月底正式发布的 APU 处理器，APU 处理器的 3D 性能可以达到 Intel 核心显卡两倍的性能这样，低端独立显卡越来越难以生存。

3. 做工和用料

做工和用料水平是显卡的质量和生命。做工过硬，显卡才能在更长的生命周期内稳定地输出。对于高规格的显卡，PCB 板上布局清晰合理，电路细节井然有序，如图 2-49 所示。

显卡的制造成本差异主要体现在 PCB 和周边元器件。当前的游戏显卡一般都采用 6～8 层 PCB 设计，因此各款显卡 PCB 成本差异也不大，显卡最大的成本差异来源自周边元器件及散热器。

图 2-49　显卡 PCB 实物图

4. 散热效率

对于绝大多数游戏显卡，PCB 板都已经完全覆盖在了巨大的散热器之下。散热器的造型就成了大多数显卡厂商的特色所在。大型的显卡散热器在散热效率上一般不存在问题，但在细节处理上却可能存在散热死角或灰尘聚集隐患，影响显卡的长时间使用稳定性。

一般情况下，大口径风扇、封闭式散热器在构建风道上比较有优势。散热器金属部分越重，能吸收/储存的热量也就越多，质量越可靠。热管的作用在于更均匀地传导出热量，8mm 热管比 5mm 热管效率高出约一倍。双风扇、多风扇的作用在于照顾到更大的散热面积，更快驱散热量。散热器细节处理也很关键，散热片面积、与 GPU 接触情况对散热效果影响非常显著。散热器表面的贴纸/保护膜很影响散热效率，而抗氧化镀层则能够保护散热器外露金属部分的长期导热效率。

2.6 声卡

声卡（Sound Card）也叫音频卡，是多媒体技术中最基本的组成部分，是实现声波/数字信号相互转换的一种硬件。声卡有 3 个基本功能：一是音乐合成发音功能；二是混音器功能和数字声音效果处理器功能；三是模拟声音信号的输入和输出功能。声卡处理的声音信息在计算机中以文件的形式存储。声卡工作应有相应的软件支持，包括驱动程序、混频程序和音频播放程序等。声卡实物如图 2-50 所示。

图 2-50　声卡实物

由于 3D 技术的快速发展，人们对 3D 音效的渴求促使了声卡大变革，Soundblaster 64 Gold 率先支持了模拟 3D 音效，但同时由于 ISA 总线带宽太窄了，限制了声卡的再度发展，因此 PCI 声卡是注定要诞生的。第一只 PCI 声卡是 S3 的 Sonics Vibes，它拥有一个 32 位复音的波表生成器，支持 Microsoft DirectSound 和 DirectMusic 加速，并且附带了 SRS 3D 音效和 Infinipatch Downloadable 音色库下载标准。

随着 Soundblaster 推出了另一个划时代的巨作 Soundblaster Live！之后（在此之前发布的 PCI64、128 等声卡是收购了 Ensoniq 公司后，采用它们开发的芯片制作的），人们对 PCI 声卡的优越性也深信不疑了。由于采用了 PCI 总线结构，声卡与系统的连接有了更大的带宽，一些在 ISA 声卡上没有能力实现的效果，如使用能够下载的音色库，更为逼真的 3D 音效，更好的音质和信噪比等，都把计算机音频推向了另一个高峰。

当今计算机音频的进一步发展变化将主要体现在以下 4 个方面：

（1）ISA 声卡向 PCI 声卡过渡。

（2）更为逼真的回放效果。

（3）高质量的 3D 音效。

（4）转向 USB 音频设备。

2.6.1 声卡的性能参数

声卡的性能参数主要包括以下 6 种。

1. 采样的位数

采样位数有8位、16位和32位。位数越大，精度越高，所录制的声音质量越好。

2. 最高采样频率

最高采样频率即每秒钟采集样本的数量。一般声卡提供了11.025kHz、22.05kHz、44.1kHz的采样频率，目前较高档的声卡采样频率已达192kHz，今后也许还会出现更高采样频率的声卡。

3. 数字信号处理器（DSP）

DSP（Digital Signal Processing）是一块单独的专用于处理声音的处理器。带DSP的声卡要比不带DSP的声卡快得多，也可以提供更好的音质和更高的速度，不带DSP的声卡要依赖CPU完成所有的工作。

4. 还原MIDI声音的技术

现在的声卡都支持MIDI（Music lnstrument Digital Interface）标准，MIDI是电子乐器接口的统一标准。声卡中采用两种技术还原MIDI声音，即FM技术与波表技术。

5. 对Internet的支持

为了搭乘Internet快车，许多声卡制造商都开始在自己的产品中提供对Internet的支持，如创新公司的SOUND BLASTER 32SEPN。

6. 内置混音芯片

内置混音芯片及功放卡中有内置混音芯片，可完成对各种声音进行混合与调节的工作，具有功率放大器，可以在无源音箱中放音。

2.6.2 声卡的结构与工作原理

1. 声卡的结构

（1）声音处理芯片。声音处理芯片基本上决定了声卡的性能和档次，其基本功能包括对声波采样和回放的控制、处理MIDI指令等，有的厂家还加进了混响、合声等功能。

（2）功率放大芯片。从声音处理芯片出来的信号还不能直接推动喇叭放出声音，绝大多数声卡都带有功率放大芯片以实现这一功能。但是，由于它在放大声音、音乐等信号的过程中也同时放大了噪声信号，因此从其输出端（Speaker Out）输出的噪声较大。可以利用声卡上线路输出（Line Out）端口连接音响。这样，音质的好坏就直接取决于声音处理芯片和外接的音响设备（一般是有源音箱）的档次了。

（3）声卡接口。根据总线的不同，可把声卡分为3大类，分别是ISA声卡、PCI声卡和酷似闪盘的超小型USB声卡。由于各种接口不能互相通用，因此在安装声卡时不能插错。

（4）插孔。在声卡与主机机箱连接的一侧有一些插孔（3~4个），通常是SpeakerOut、

LineOut、LineIn、MicIn 等。若是 3 个插孔，则 SpeakerOut 与 LineOut 共用一个插孔，一般可通过声卡上的“跳线”来定义该插孔的功能。

(5) MIDI 及游戏杆接口。几乎所有的声卡上均带有一个游戏杆接口来配合模拟飞行、模拟驾驶等游戏软件，这个接口与 MIDI 乐器接口共用一个 15 针的“D”形连接器。

(6) CD 音频连接器。位于声卡的中上部，通常是 3 针或 4 针的小插座，与 CD-ROM 的相应端口连接实现 CD 音频信号的直接播放。不同 CD-ROM 上的音频连接器也不一样，因此大多数声卡都有两个以上的音频连接器。

(7) 跳线和 SB-Link 接口。现在的绝大多数声卡采用了软件设置通道的方式，但是其上还有跳线，这种“跳线”用来区分输出端是 Line Out 还是 Speaker Out。

2. 声卡的工作原理

扬声器和喇叭所用的都是模拟信号，而计算机所能处理的都是数字信号，两者不能混用，声卡的作用就是实现两者的转换。从结构上分，声卡可分为模/数转换电路和数/模转换电路两部分。

声卡从话筒中获取声音模拟信号，通过模/数转换器（ADC，Analog-to-Digital Converter），将声波振幅信号采样转换成一串数字后存储到计算机中。当重放声音时，这些数字信号送到一个数/模转换器（DAC，Digital-to-Analog Converter）中，以同样的采样速率还原为模拟波形，待放大后送到扬声器发声，这一过程需要利用脉冲编码调制技术（PCM）来实现。

PCM 技术的第一个要素是采样速率，人类听力的范围大约是 20 ~ 201Hz，因此激光唱盘的采样速率为 44.1kHz；PCM 技术的第二个要素是样本量大小，它表示使用存储记录下的声音振幅的位数。样本量的大小决定了声音的动态范围，即被记录和重放的声音最高和最低之间的差值。假定样本量大小为 16 位，其动态范围几乎是人们的听觉听得见的阈值和感觉难受的阈值之差，所以样本量为 16 位时的音质效果很好。

3. 声卡的类型

声卡发展至今，主要分为板卡式、集成式和外置式 3 种接口类型，以适用不同用户的需求。

板卡式：板卡式产品是现今市场上的中坚力量，产品涵盖低、中、高各档次，售价从几十元至上千元不等。早期的板卡式产品多为 ISA 接口，由于此接口总线带宽较低、功能单一、占用系统资源过多，目前已被淘汰。PCI 接口则取代了 ISA 接口成为目前的主流，它们拥有更好的性能及兼容性，支持即插即用，安装使用都很方便。

集成式：声卡只会影响到计算机的音质，对用户较敏感的系统性能并没有什么影响。因此，大多用户对声卡的要求都满足于能用就行，更愿将资金投入到能增强系统性能的部分。虽然板卡式产品的兼容性、易用性及性能都能满足市场需求，但为了追求更为廉价与简便，集成式声卡出现了。此类产品集成在主板上，具有不占用 PCI 接口、成本更为低廉、兼容性更好等优势，能够满足普通用户的绝大多数音频需求，自然就受到市场青睐。而且集成声卡的技术也在不断进步，PCI 声卡具有的多声道、低 CPU 占有率等优势也相继出现在集成声卡上。

外置式声卡：它是创新公司独家推出的一个新兴事物，它通过 USB 接口与计算机连接，具有使用方便、便于移动等优势。但这类产品主要应用于特殊环境，如连接笔记本电脑实现更好的音质等。目前市场上的外置声卡并不多。

2.7　显示器

显示器是计算机最主要的输出设备，它将电信号转换成可视光信号，一般用户所做的各项操作都需要通过显示器来表现，其结果也需要通过显示器才能表现出来，它是人机对话的主要桥梁。

随着科学技术的发展，目前显示器的种类也很多，最主要的有 CRT 显示器、LCD 显示器、LED 显示器和等离子显示器。

2.7.1　显示器的主要性能参数

1. 显示尺寸

显示尺寸是指显示器屏幕对角线的长度，单位为 in。对于液晶显示器，由于标称的尺寸就是实际屏幕显示的尺寸，所以 15in 的液晶显示器的可视面积接近 17in 的纯平显示器。

2. 接口类型

显示器通常有 15 针 D-Sub 和 DVI 两种接口。15 针 D-Sub 输入接口也叫 VGA 接口，主要应用在 CRT 显示器中；DVI（Digital Visual Interface，数字视频接口）是近年来随着数字化显示设备的发展而发展起来的一种显示接口，DVI 接口实现了真正的即插即用和热插拔功能，免除了在连接过程中需要关闭计算机和显示设备的麻烦。

3. 分辨率

对于液晶显示器和传统的 CRT 显示器，分辨率都是重要的参数之一。传统 CRT 显示器所支持的分辨率较有弹性，而 LCD 的像素间距已经固定，所以支持的显示模式不像 CRT 那么多。液晶显示器的最佳分辨率也叫最大分辨率，在该分辨率下，液晶显示器才能显现最佳效果。

4. 点距

点距一般是指显示屏相邻两个像素点之间的距离。我们看到的画面是由许多的点所形成的，而画质的细腻度就是由点距来决定的。点距的计算方式是以面板尺寸除以分辨率所得的数值。点距越小，显示器画面就越清晰、自然。

5. 亮度

亮度是指画面的明亮程度，单位是坎德拉每平方米（cd/m2）或 nits。目前提高亮度的方法有两种：一是提高液晶面板的光通过率；二是增加背景灯光的亮度，即增加灯管数量。

6. 对比度

对比度是屏幕上同一点最亮（白色）与最暗时（黑色）的亮度比值，较高的对比度意味着相对较高的亮度和呈现颜色的艳丽程度。

品质优异的液晶显示器面板和优秀的背光源亮度，两者合理配合就能获得色彩饱满、明亮清晰的画面。

7. 色彩数

色彩数就是屏幕上最多显示多少种颜色的总数。对屏幕上的每一个像素来说，256 种颜色要用 8 位二进制数表示，即 2 的 8 次方，因此也把 256 色图形叫做 8 位图。若每个像素的颜色用 16 位二进制数表示，就叫它 16 位图，可以表达 2 的 16 次方，即 65 536 种颜色。另外还有 24 位彩色图，可以表达 16 777 216 种颜色。

8. 可视角度

可视角度是指用户可以从不同的方向清晰地观察屏幕上所有内容的角度。由于提供液晶显示器显示的光源经折射和反射后在输出时已有一定的方向性，在超出这一范围观看就会产生色彩失真现象，而 CRT 显示器不会有这个问题。

由于每个人的视力不同，因此以对比度为准，在最大可视角度时所量到的对比度越大越好。目前市场上大多数产品的可视角度在 120°以上，部分产品达到了 170°以上。

9. 黑白响应时间

所谓黑白响应时间是液晶显示器各像素点对输入信号反应的速度，即像素由暗转亮或由亮转暗所需要的时间（其原理是在液晶分子内施加电压，使液晶分子扭转与恢复）。常说的 25ms、16ms 就是指的这个响应时间。响应时间越短，则用户在看动态画面时越不会有尾影或拖曳的感觉。一般将黑白响应时间分为上升时间（Rise time）和下降时间（Fall time）两个部分，而表示时以两者之和为准。

10. 带宽

带宽是代表显示器显示能力的一个综合指标，指每秒钟所扫描的图像个数，即单位时间内所有扫描线上显示的频点数总和，以 MHz 为单位。带宽越大，表明显示控制能力越强，显示效果越佳。

11. 宽屏

宽屏的特点是屏幕的宽度明显超过高度。目前标准的屏幕比例一般有 4:3 和 16:9 两种，不过 16:9 也有几个“变种”，如 15:9 和 16:10，由于其比例和 16:9 比较接近，因此这三种屏幕比例的液晶显示器都可以称为宽屏。此外，还有比较特殊的比例，如 24:9，也算宽屏。

宽屏的比例更接近黄金分割比，也更适合人的眼睛，在观看影片时给人的感受也更舒服。此外，针对办公应用或行业应用，宽屏产品可以在一个屏幕内显示两个完整的 Web 页面或平铺更多的窗口，能够有效地提高办公效率。在数字图像处理和多媒体编辑等工作中，宽屏更具优势，较宽的观看视角，适合商务人士展示商业设计方案，是办公的较佳选择。目前甚至越来越多的游戏也开始支持宽屏显示，归根结底，宽屏更适合人眼睛的视觉特性。

12. 安全规范认证

对显示器来说，最重要的安全规范认证是电磁辐射标准，即限制显示器所发出的电磁辐射量的国际标准。目前有两项重要的标准：MPR-II 原来是一项由瑞典劳工部所提出的标准，其制定了显示器所放出的电磁辐射量的最高范围，现在已被用为世界标准；TCO 标准是瑞典 TCO 组织于 1991 年制定了一个比 MPR-II 更严格的标准，是特别为交流电场而定的。

2.7.2 CRT 显示器

CRT 显示器是一种使用阴极射线管（Cathode Ray Tube）的显示器，阴极射线管主要有五部分组成：电子枪（Electron Gun）、偏转线圈（Deflection Coils）、荫罩（Shadow Mask），荧光粉层（Phosphor）及玻璃外壳。CRT 显示器实物如图 2-51 所示。

图 2-51　CRT 显示器实物

按照不同的标准，CRT 显示器也可划分为不同的类型。

1. 按大小分类

按照显示器尺寸的大小 CRT 显示器可分为 15in 显示器、17in 显示器、19in 显示器和 21in 大屏彩色显示器等。

显像管的尺寸一般所指的是显像管的对角线的尺寸，是指显像管的大小，不是它的显示面积。对于用户来说，关心的还是显示器的可视面积，就是我们所能够看到的显像管的实际大小尺寸，单位都是指 in。一般来说，15in 显示器的可视面积一般为 13.8in；17in 的显示器的可视面积一般为 16in；19in 的显示器的可视面积一般为 18in。

2. 根据显像管种类的不同分类

显像管是显示器生产技术变化最大的环节之一，同时也是衡量一款显示器档次高低的重要标准，按照显像管表面平坦度的不同可分为球面管、平面直角管、柱面管、纯平管。

球面管：从最早的绿显、单显到目前的许多 21in 显示器，基本上都是球面屏幕的产品，它的缺陷非常明显，在水平和垂直方向上都是弯曲的。边角失真现象严重，随着观察角度的改变，图像会发生倾斜。此外，这种屏幕非常容易引起光线的反射，这样会降低对比度，对人眼的刺激较大，这种显像管在市场上已经很少见了。

平面直角显像管：这种显像管诞生于 1994 年，由于采用了扩张技术，因此曲率相对于球面显像管较小，从而减小了球面屏幕上特别是四角的失真和反光现象，配合屏幕涂层等新技术的采用，显示器的质量有较大提高。

柱面管：柱面显像管采用栅式荫罩板，在垂直方向上已不存在任何弯曲，在水平方向上还略有一点弧度，但比普通显像管平整了许多，就目前常见的柱面管而言又可分为单枪三束管和三枪三束管。

纯平面显像管：这种显像管在水平和垂直方向上均实现了真正的平面，使人眼在观看时的聚焦范围增大，失真反光都被减少到了最低限度，因此看起来更加逼真、舒服。

2.7.3 液晶显示器

液晶显示器的英文全称为 Liquid Crystal Display（LCD），它是一种采用了液晶控制透光度技术来实现色彩的显示器。和 CRT 显示器相比，液晶显示器的优点是很明显的。它是通过控制是否透光来控制亮和暗的，当色彩不变时，液晶也保持不变，这样就无须考虑刷新频率的问题。对于刷新频率不高的液晶显示器，其图像也很稳定；液晶显示器还通过液晶控制透光度的技术原理让底板整体发光，所以它做到了真正的完全平面；一些高档的数字液晶显示器采用了数字方式传输数据、显示图像，这样就不会产生由显卡造成的色彩偏差或损失；完全没有辐射，即使长时间观看液晶显示器屏幕，也不会对眼睛造成很大伤害；体积小、能耗低也是 CRT 显示器不能比拟的，一般一台 15in 液晶显示器的耗电量也就相当于 17in 纯平 CRT 显示器的三分之一。

从液晶显示器的结构来看，无论是笔记本电脑还是台式机，采用的液晶显示屏都是由不同部分组成的分层结构。液晶显示器由两块玻璃板构成，厚约 1mm，其间由 5μm 的液晶材料均匀隔开。因为液晶材料本身并不发光，所以在显示屏两边都设有作为光源的灯管，而在液晶显示屏背面有一块背光板（或称匀光板）和反光膜，背光板是由荧光物质组成的，可以发射光线，其作用主要是提供均匀的背景光源。液晶显示器实物如图 2-52 所示。

图 2-52 液晶显示器实物

背光板发出的光线在穿过第一层偏振过滤层之后进入包含成千上万液晶液滴的液晶层。液晶层中的液滴都被包含在细小的单元格结构中，一个或多个单元格构成屏幕上的一个像素。在玻璃板与液晶材料之间是透明的电极，电极分为行和列，在行与列的交叉点上，通过改变电压而改变液晶的旋光状态。液晶材料的作用类似于一个个小的光阀。在液晶材料周边是控制电路部分和驱动电路部分。当液晶中的电极产生电场时，液晶分子就会产生扭曲，从而将穿越其中的光线进行有规则的折射，之后经过第二层过滤层的过滤在屏幕上显示出来。

对于液晶显示器来说，亮度往往和它的背板光源有关。背板光源越亮，整个液晶显示器的亮度也会随之提高。而在早期的液晶显示器中，因为只使用两个冷光源灯管，往往会造成亮度不均匀等现象，同时明亮度也不尽人意。直到4个冷光源灯管产品的推出，液晶显示器的明亮度才有很大的改善。

信号反应时间也就是液晶显示器的液晶单元响应延迟，实际上就是液晶单元从一种分子排列状态转变成另外一种分子排列状态所需要的时间，响应时间越短越好，它反映了液晶显示器各像素点对输入信号反应的速度，即屏幕由暗转亮或由亮转暗的速度，而且响应时间越短，使用者在看运动画面时越不会出现尾影拖曳的现象。有些厂家通过将液晶体内的导电离子浓度降低来实现信号的快速响应，但其色彩饱和度、亮度、对比度就会相应地降低，甚至产生偏色的现象。虽然信号反应时间上去了，但却牺牲了液晶显示器的显示效果。有些厂家在显示电路中加入一片IC图像输出控制芯片，专门对显示信号进行处理。IC芯片可以根据VGA输出的显卡信号频率调整信号响应时间。由于没有改变液晶体的物理性质，因此对其亮度、对比度、色彩饱和度都没有影响，但这种方法的制造成本相对较高。

2.7.4　等离子显示器

PDP（Plasma Display Panel，等离子显示器）是采用了近几年来高速发展的等离子平面屏幕技术的新一代显示设备。

1. 成像原理

等离子显示技术的成像原理是在显示屏上排列上千个密封的小低压气体室，通过电流激发使其发出肉眼看不见的紫外光，之后紫外光碰击后面玻璃上的红、绿、蓝3色荧光体，发出肉眼能看到的可见光，以此成像。

2. 等离子显示器的特点

1）高亮度、高对比度

等离子显示器具有高亮度和高对比度，对比度达到500:1，完全能满足眼睛需求。亮度也很高，所以其色彩还原性非常好。

2）纯平面图像，无扭曲

等离子显示器的RGB发光栅格在平面中呈均匀分布，这样就使得图像即使在边缘也没有扭曲的现象发生。而在纯平CRT显示器中，由于在边缘的扫描速度不均匀，很难控制到不失真的水平。

3）超薄设计、超宽视角

由于等离子技术显示原理的关系，使其整机厚度大大低于传统的CRT显示器，与液晶显示器相比也相差不大，而且能够多位置安放。用户可根据个人喜好，将等离子显示器挂在墙上或摆在桌上，大大节省了房间，既整洁、美观，又时尚。

4）具有齐全的输入接口

为配合接驳各种信号源，等离子显示器具备了DVD分量接口、标准VGA/SVGA接口、S端子、HDTV分量接口（Y、Pr、Pb）等，可接收电源、VCD、DVD、HDTV和计算机等各种信号的输出。

5）环保，无辐射

等离子显示器一般在结构设计上采用了良好的电磁屏蔽措施，其屏幕前置环境也能起到电磁屏蔽和防止红外辐射的作用，对眼睛几乎没有伤害，具有良好的环境特性。

2.7.5 LED 显示器

LED 即是 Light Emitting Diode，发光二极管的英文缩写，简称 LED。LED 显示器是一种通过控制半导体发光二极管的显示方式，用来显示文字、图形、图像、动画、行情、视频、录像信号等各种信息的显示屏幕。

LED 的技术进步是扩大市场需求及应用的最大推动力。最初，LED 只是作为微型指示灯，在计算机、音响和录像机等高档设备中应用，随着大规模集成电路和计算机技术的不断进步，LED 显示器正在迅速崛起，近年来逐渐扩展到证券行情股票机、数码相机、PDA 及手机领域。

LED 显示器集微电子技术、计算机技术、信息处理于一体，以其色彩鲜艳、动态范围广、亮度高、寿命长、工作稳定可靠等优点，成为最具优势的新一代显示媒体。目前，LED 显示器已广泛应用于大型广场、商业广告、体育场馆、信息传播、新闻发布、证券交易等，可以满足不同环境的需要。

1. LED 显示器结构及分类

通过发光二极管芯片的适当连接（包括串联和并联）和适当的光学结构，可构成发光显示器的发光段或发光点。由这些发光段或发光点可以组成数码管、符号管、米字管、矩阵管、电平显示器管等。通常把数码管、符号管、米字管共称笔画显示器，而把笔画显示器和矩阵管统称为字符显示器。

1）LED 显示器制造工艺

（1）反射罩式数码管一般用白色塑料做成带反射腔的七段式外壳，将单个 LED 贴在与反射罩的 7 个反射腔互相对位的印制电路板上，每个反射腔底部的中心位置就是 LED 芯片。在装反射罩前，用压焊方法在芯片和印制电路上相应金属条之间连好 $\phi 30\mu m$ 的硅铝丝或金属引线，在反射罩内滴入环氧树脂，再把带有芯片的印制电路板与反射罩对位黏合，之后固化。

反射罩式数码管的封装方式有空封和实封两种。实封方式采用散射剂和染料的环氧树脂，较多地用于一位或双位器件。空封方式是在上方盖上滤波片和匀光膜，为提高器件的可靠性，必须在芯片和底板上涂以透明绝缘胶，这还可以提高光效率。这种方式一般用于四位以上的数字显示或符号显示。

（2）条形七段式数码管采用混合封装形式。它把做好管芯的磷化镓或磷化镓圆片，划成内含一只或数只 LED 发光条，之后把同样的七条黏在“日”字形“条”框上，用压焊工艺连好内引线，再用环氧树脂包封起来。

（3）单片集成式多位数字显示器是在发光材料基片上（大圆片），利用集成电路工艺制作出大量七段数字显示图形，通过划片把合格芯片选出，对位贴在印制电路板上，用压焊工艺引出引线，再在上面盖上“鱼眼透镜”外壳。它们适用于小型数字仪表中。

(4) 符号管、米字管的制作方式与数码管类似。

(5) 矩阵管（发光二极管点阵）也可采用类似于单片集成式多位数字显示器工艺方法制作。

2) LED 显示器分类

(1) 按字高分：笔画显示器字高最小有 1mm（单片集成式多位数码管字高一般在 2 ~ 3mm）。其他类型笔画显示器最高可达 12.7mm（0.5in），甚至达数百 mm。

(2) 按颜色分，有红、橙、黄、绿等数种。

(3) 按结构分，有反射罩式、单条七段式及单片集成式。

(4) 从各发光段电极连接方式分，有共阳极和共阴极两种。

2. LED 显示器的参数

由于 LED 显示器是以 LED 为基础的，因此它的光、电特性及极限参数意义大部分与发光二极管的相同。

1) 发光强度比

由于数码管各段在同样的驱动电压时，各段正向电流不相同，因此各段发光强度不同。所有段的发光强度值中最大值与最小值之比为发光强度比，比值可以在 1.5 ~ 2.3 间，最大不能超过 2.5。

2) 脉冲正向电流

若笔画显示器每段典型正向直流工作电流为 I_F，则在脉冲下，正向电流可以远大于 I_F。脉冲占空比越小，脉冲正向电流可以越大。

2.8　机箱与电源

2.8.1　机箱

机箱作为计算机配件中的一部分，它的主要作用是放置和固定各计算机配件，起到一个承托和保护作用。此外，机箱具有屏蔽电磁辐射的重要作用。由于机箱不像 CPU、显卡主板等配件能迅速提高整机性能，因此在 DIY 中一直不被列为重点考虑对象。但是，机箱也并不是毫无作用，一些用户买了杂牌机箱后，因为主板和机箱形成回路，导致短路，使系统变得很不稳定。

机箱一般包括外壳、支架、面板上的各种开关、指示灯等。外壳用钢板和塑料结合制成，硬度高，主要起保护机箱内部元器件的作用；支架主要用于固定主板、电源和各种驱动器。机箱实物如图 2-53 所示。

1. 机箱的分类

不同类型的机箱，其结构也各不相同，下面将分别进行介绍。

1) 根据外形分类

按照机箱的外形，可以分为卧式机箱和立式机箱。

图 2-53　机箱实物

卧式机箱在早期的相当长的一段时间内占据了机箱市场的霸主地位。卧式机箱外型小巧，对于整台计算机外观的一体感也比立式机箱强，而且因为显示器可以放置于机箱上面，占用空间也少。但与立式机箱相比，卧式机箱的缺点也非常明显。扩展性能和通风散热性能都差，这些缺点也导致了在主流市场中卧式机箱逐渐被立式机箱所取代。一般来说，现在只有少数商用机和教学用机才会采用卧式机箱。主箱横卧在桌面上，显示器放于机箱上。如图 2-54 所示为一款 HTPC 卧式机箱。

图 2-54　HTPC 卧式机箱

虽然立式机箱的历史比卧式机箱短得多，但其扩展性能和通风散热性能要比卧式机箱好得多。立式机箱和卧式机箱的构造是类似的，如图 2-55 所示。立式机箱从尺寸上分，可分为超薄、半高、3/4 高和全高 4 种，不同之处主要在于 3in 及 5in 驱动器架的数量。超薄机箱多数仅有 1~2 个 5in 驱动架和 1 个 3in 驱动器架，扩展性差；半高机箱有两个 5in 驱动器架、3/4 高机箱有 3 个 5in 驱动器架；全高机箱有 4 个 5in 驱动器架。当然，购买时最好结合自己的实际需要，不要一味地追求驱动器架多的机箱。一般口碑较好的是 3/4 高立式机箱，它体积适当，散热性好，可扩充性也能适合用户需求。

2）按照架构分类

现在市场比较普遍的是 ATX、Micro ATX 和 BTX 机箱。ATX 机箱是目前最常见的机箱，支持现在绝大部分类型的主板。Micro ATX 机箱是在 ATX 机箱的基础之上建立的，为了进一步的节省桌面空间，因而比 ATX 机箱体积要小一些。各个类型的机箱只能安装其支持的类型的主板，一般是不能混用的，而且电源也有所差别。所以在选购时一定要注意。

BTX，是 Balanced Technology Extended 的简称，是 Intel 定义并引导的桌面计算平台新规范。BTX 架构可支持下一代计算机系统设计的新外形，使行业能够在散热管理、系统尺寸和形状，以及噪音方面实现最佳平衡。

图 2-55　立式机箱

BTX 架构支持 Low-profile，即窄板设计，系统结构将更加紧凑；针对散热和气流的运动，对主板的线路布局进行了优化设计；主板的安装将更加简便，机械性能也将经过最优化设计。BTX 架构分为 3 种，分别是标准 BTX、Micro BTX 和 Pico BTX。

从尺寸上来看，全系列的 BTX 平台主板都没有比 ATX 主板小，所以 BTX 的发展对象并不是更小的桌上型计算机，弹性的电路布线及模块化的组件区域才是 BTX 的重点所在。BTX 机箱相比 ATX 机箱最明显的区别就在于，把以往只在左侧开启的侧面板，改到了右边。而其他 I/O 接口，也都相应的改到了相反的位置。

BTX 机箱内部则和 ATX 有着较大的区别，BTX 机箱最让人关注的设计重点就在于对散热方面的改进，CPU、图形卡和内存的位置相比 ATX 架构都完全不同，CPU 的位置完全被移到了机箱的前板，而不是原先的后部位置，这是为了更有效地利用散热设备，提升对机箱内各个设备的散热效能。为此，BTX 架构的设备将会以线性进行配置，并在设计上以降低散热气流的阻抗因素为主；通过从机箱前部向后吸入冷却气流，并顺沿内部线性配置的设备，最后在机箱背部流出。这样设计不仅更利于提高内部的散热效能，而且也可以因此而降低散热设备的风扇转速，保证机箱内部的低噪声环境。

除了位置变换之外，在主板的安装上，BTX 规范也进行了重新规范，其中最重要的是 BTX 拥有可选的 SRM（Support and Retention Module）支撑保护模块，它是机箱底部和主板之间的一个缓冲区，通常使用强度很高的低碳钢材来制造，能够抵抗较强的外来力而不易弯曲，因此可有效防止主板的变形。

2. 机箱的测试标准

（1）机箱的外观、用料：外观和用料是机箱最基本的特性。外观是直接决定一款机箱能否被用户接受的第一个条件。因此目前的外观也逐渐偏向多元化发展。用料主要看机箱所用的材质，机箱边角是否经过卷边处理。材质的好坏也直接影响到抗电磁辐射的能力。

（2）可扩展性：未来计算机的发展永远难以揣摩，能够准备的越齐全就越能够满足未来的需要。

（3）特色功能：主要看机箱是否提供了前置 USB 和音频 I/O 接口，而像内部设计中如硬盘、光驱采用的导轨安装，或者板卡的免工具安装。

（4）防尘性：对于大部分用户来说，防尘性恐怕是考虑的最少的了。若打算让机箱保持长时间的清洁，那就要看机箱的防尘性了。主要考察散热孔的防尘性能和扩展插槽 PCI 挡板的防尘能力。

（5）散热性：加装更多的风扇似乎已经成为了 DIY 的主流，选机箱时主要考虑它提供了多少散热风扇或散热风扇预留位置，以及有多少散热孔。

2.8.2 电源

电源是向计算机提供动力的必备装置，是计算机的生命之“源”。机箱电源结构与主板密不可分，主板是机箱中最大的“房客”之一，它的构造直接影响到机箱的结构，往往主板的制造与机箱电源具有统一的结构规范。

1. 电源的功能与分类

计算机属于弱电产品，部件的工作电压比较低，一般在 ±12V 以内，并且是直流电。而普通的市电，不能直接在计算机部件上使用。因此，计算机就需要用一个电源将普通市电转换为计算机可以使用的电压。电源实物如图 2-56 所示。

图 2-56 电源实物

计算机的核心部件工作电压比较低，并且计算机的工作频率非常高，因此对电源的要求比较高。目前计算机的电源为开关电源，将普通交流电转为直流电，再通过载波控制电压，将不同的电压分别输出给主板、硬盘、光驱等计算机部件。计算机电源电路属于模拟电路，负载对电源输出质量对有很大影响。因此，计算机最重要的一个指标就是功率，这就是常说的足够功率的电源才能提供纯净的电压。

电源和机箱一样，也有 AT 和 ATX 电源之分。AT 电源对应 AT 主板，ATX 电源对应 ATX 主板。这两种电源均带有一个市电交流电的输入插口，一个接显示器的交流电输出插口（有的不带此输出插口），以及用红、黄和黑等颜色电线连接的机内直流供电插头，并带有一个用于电源自身降温的风扇。

AT 和 ATX 结构有着本质的区别，主要表现在以下 3 个方面。

（1）电源插头不同。AT 电源的 6 芯 P8 和 P9 分离式电源插头在 ATX 结构中被一个 20 芯的双列插头所代替，并带有防反插保护，可以有效地防止因错插或误插电源接线对主板带来的毁灭性的打击。

（2）ATX 电源输出电压组除 AT 电源的 ±12V 和 ±5V 外，还提供了一路 +3.3V 电压，直接为部分 3.3V 设备供电。

（3）散热风扇不同。AT 电源的散热风扇是向外吹的；而 ATX 电源的散熟风扇是向内吹的，它可以同时作为 CPU 的散热风扇。

此外，由于 ATX 电源在关机后并没有完全断电，在电源内部仍有很小的电流存在，可以接收到各种唤醒信号，因此 ATX 电源可以实现软件关机、键盘开机、远程开机等功能。

2. 电源的性能指标

电源的功能和技术指标有如下 6 个方面。

(1) 最大功率是指电源在单位时间内，电路元器件上能量的最大变化量，它是具有大小及正负的物理量。在这里特指最大输出功率。最大功率越大，电源所能负载的设备也就越多。

(2) 适用范围是指该电源所支持的硬件类型，在这里主要是指所支持的 CPU 类型。

(3) 过压保护。AT 电源的直流输出有 ±5V 和 ±12V，ATX 电源的输出多了 +3.3V 和辅助性 +5V 电压。若电压太高，板卡就会烧坏。所以市面上的电源大都有过压保护的功能。也就是说，电源一旦检测到输出电压超过某一值，就会自动中断输出，以保护计算机内部设备。

(4) 短路保护可以防止用户不小心把输出电压与地线短路而烧坏电源。

(5) 纹波大小。电源输出的是直流电压，但总有些交流成分在里面，纹波越小越好，纹波太大自然对主板及其上面的内存条和其他板卡不利。

(6) 电磁兼容性。这是衡量电源好坏的重要依据。随着计算机家用化，这一指标日益重要。电源工作时会有电磁干扰，一方面它干扰电网和其他电器；另一方面它对人体有害。国际上对此制定了专门的标准，即 FCCA 级和 FCCB 级，相对应的有国标 A 级和国标 B 级。A 级指工业标准，B 级指家用电器标准，只有达到 B 级的电源才安全无害。

此外，还有电网稳定度、负载稳定度等指标。

3. 选购电源的注意事项

随着现代节能技术和半导体等技术的发展，尽管 CPU、显卡等由于集成度的提高而功率越来越大，但整个计算机的消耗功率实际上处于一个逐渐下降的趋势。ATX 技术的采用，使得电源直接为主板提供了 +3.3V 电压，降低了从 +5V 转换到 +3.3V 及 CPU 所需的各种电压时的损耗；另外，主板上也普遍采用了开关电源技术，进一步降低了损耗。而老主板上的电压转换是采用线性稳压电源降压的，消耗在调整管上的功率较多。其他各种配件，如硬盘、光驱等由于技术的成熟，消耗的功率也越来越小。

但是，我们仍需要为整机保留一定的裕量，一是为了满足日后添加新设备所需；二是因为计算机启动时功率比平时要大一些的需要。否则，可能会因功率不足，影响计算机的处理速度。对于普通用户来说，300W 的电源就绰绰有余了。

购买电源应走出追求功率越大越好的误区。一般的多媒体计算机，所需的最大功率为 250W 左右，所以用户购买电源时，不能只是盲目地追求大功率，关键还在于电源的性能和质量。

上面介绍的技术指标大都难以测量，这里介绍两个简单实用的挑选电源的方法。

(1) 注意电源外观，包括电源外壳、输出线、输入线。电源外壳表面镀层应光亮，无划伤；出线和输入线应标有 UL、CSA 或 CCEE 等安全认证标志。

(2) 估计一下电源的质量，重的表明里面的变压器、滤波器功力强劲，没有偷工减料。

若条件允许的话，可拆开盖子来看看里面的印制电路板，看一下产品的生产工艺水平。

2.9　光驱与光存储设备

光驱（CD-ROM）是计算机和外部存储设备光盘的对话工具，是计算机不可缺少的部分。光驱及刻录机实物如图 2-57 所示。

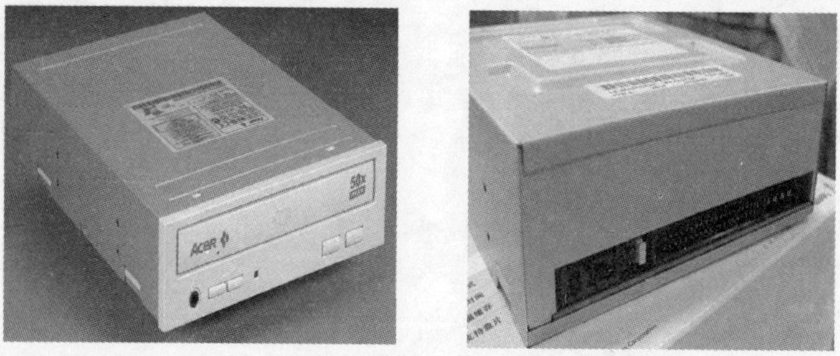

（a）光驱

（b）DVD刻录机

图 2-57　光驱及刻录机实物

2.9.1　光驱的发展史

CD-ROM 又称为致密盘只读存储器，是一种只读的光存储介质。它是利用原本用于音频 CD 的 CD-DA（Digital Audio）格式发展起来的。

1. 第一代标准型

之所以把第一代光驱叫做标准型，是因为第一代光驱制定了很多光驱的标准，并且沿用至今。例如，一张光盘的容量为 640MB，光驱的数据传输率为 150KB/s（也叫一倍速率）等，这一标准也奠定了几倍速光驱这一光驱独特的叫法，如 20 倍速光驱的传输速度为 150KB/s × 20 = 3000KB/s。

第一代光驱作为软驱与硬盘交换数据的替代品，增大了容量，提高了速度，极大的提高了效率。

2. 第二代提速型

第二代主要是指光驱从 4 速发展到 32 速这一时间段。因为之后从 32 速再往高速光驱发展过程中虽然速度也在提高，但更多的技术发展目标已不在速度上，因此划入下一代。

3. 第三代发展型

光驱传输速度慢的问题已得到很好的解决，但速度提高后所带来的问题却渐渐显现出来。高速度的旋转会产生振动、噪声和热能，振动也会使激光头难以定位、寻道时间加长、并容易与激光头发生碰撞、刮花激光头等。

针对这些问题，各个不同的生产厂家也推出了相应改善的技术：NEC 公司在四角上安装悬浮式减振橡胶；Acer 公司采用悬挂技术和香蕉减振支架；Lite-on 采用悬浮承载技术；Asus 公司采用先进的双重动态悬挂系统等。

发展型的特点是速度已不是各厂商发展技术的主要目标，大家纷纷推出新技术，使光驱读盘更稳定，发热量更低，工作起来更安静，寿命更长。

4. 第四代完美型

又经过几年的发展，光驱的技术已经趋于成熟，各家厂商的产品虽然可能采用的技术略有不同，但产品品质却都臻于完善，甚至说完美，表现在纠错率更强，传输速度更快，工作起来更稳定、更安静、发热量更低。

2.9.2　光驱的工作原理

当激光头读取盘片上的数据时，从激光发生器发出的激光透过半反射棱镜，汇聚在物镜上，物镜将激光聚焦成为极其细小的光点并打到光盘上。此时，光盘上的反射物质就会将照射过来的光线反射回去，透过物镜，再照射到半反射棱镜上。此时，由于棱镜是半反射结构，因此不会让光束完全穿透它并回到激光发生器上，而是经过反射，穿过透镜，到达了光敏二极管上面。由于光盘表面是以突起不平的点来记录数据，因此反射回来的光线就会射向不同的方向。人们将射向不同方向的信号定义为“0”或“1”，发光二极管接收到的是那些以“0”、“1”排列的数据，并最终将它们解析成为用户所需要的数据。

2.9.3　光驱的分类

光驱是台式机里比较常见的一个配件。目前，光驱可分为 CD-ROM、DVD-ROM、刻录机和康宝（COMBO）等。

- CD-ROM：基本已被 DVD-ROM 取代
- DVD-ROM：一种可以读取 DVD 碟片的光驱，除了兼容 DVD-ROM、DVD-VIDEO、DVD-R、CD-ROM 等常见的格式外，对于 CD-R/RW、CD-I、VIDEO-CD、CD-G 等都能给予很好的支持
- 刻录光驱：包括 CD-R、CD-RW 和 DVD 刻录机等。其中，DVD 刻录机又分 DVD + R、DVD-R、DVD + RW、DVD-RW（W 代表可反复擦写）和 DVD-RAM
- COMBO 光驱：“康宝”光驱是人们对 COMBO 光驱的俗称。而 COMBO 光驱是一种集合了 CD 刻录、CD-ROM 和 DVD-ROM 为一体的多功能光存储产品

2.9.4　光驱的性能指数

光驱的性能参数主要有读盘速度和容错能力。

1. 光驱的读盘速度

光驱的单倍读盘速度为 150KB/s，称 150KB/s 的几倍为多少倍速。目前 CD-ROM 所能达到的最大 CD 读取速度是 56 倍速；DVD-ROM 读取 CD-ROM 速度方面要略低一点，达到

52 倍速的产品还比较少，大部分为 48 倍速；COMBO 产品基本都达到了 52 倍速。以目前的软件应用水平而言，对光驱速度的要求并不是很苛刻，48X 光驱产品在一段时间内完全能够满足使用需要。

2. 光驱的容错能力

相对于读盘速度而言，光驱的容错性显得更加重要。或者说，稳定的读盘性能是追求读盘速度的前提。由于光盘是移动存储设备，并且盘片的表面没有任何保护，因此难免会出现划伤或沾染上杂质情况，这些小毛病都会影响数据的读取。为了提高光驱的读盘能力，厂商献计献策。其中，“人工智能纠错（AIEC）”是一项比较成熟的技术。AIEC 通过对上万张光盘的采样测试，“记录”下适合它们的读盘策略，并保存在光驱 BIOS 芯片中。以方便光驱针对偏心盘、低反射盘、划伤盘进行自动读盘策略的选择。由于光盘的特征千差万别，因此目前市面上以英拓为首的少数光驱产品还专门采用了可擦写 BIOS 技术，使得 DIY 者可以通过在线方式对 BIOS 进行实时修改。所以说 Flash BIOS 技术的采用，对于光驱整体性能的提高起到了巨大的作用。

此外，一些光驱为了提高容错能力，提高了激光头的功率。当光头功率增大后，读盘能力确实有一定的提高，但长时间“超频”使用会使光头老化，严重影响光驱的寿命。一些光驱在使用仅 3 个月后就出现了读盘能力下降的现象，这就很可能是光头老化的结果。这种以牺牲寿命来换取容错性的方法是不可取的。

2.10　键盘与鼠标

键盘和鼠标帮助用户输入各种字符、文字、数据，还提供控制计算机的各种操作手段，是计算机最基本也是最重要的输入设备，如图 2-58 和图 2-59 所示。

图 2-58　键盘

图 2-59　鼠标

2.10.1　键盘

1. 键盘的功能及分类

键盘的功能是及时发现被按下的按键，并将该按键的信息送入计算机。键盘中有专门用于检测按键信息的扫描电路、产生被按下按键代码的编码电路和将产生代码送入计算机的接口电路，这些电路统称为键盘控制电路。

根据键盘的工作原理，可以将其分为编码键盘和非编码键盘。编码键盘主要依靠一块专用的大规模集成电路完成扫描、编码、传送操作，另外还有一些其他器件来配合主 IC 完成以上功能，即编码键盘的键盘控制功能靠硬件自动完成，它能自动将按键的信息送入计算机。编码键盘响应速度快，但其以复杂的硬件结构为代价，其复杂性随着按键功能的增加而增加。

非编码键盘的键盘控制电路功能要靠硬件和软件共同完成。利用软件驱动下的硬件来完成诸如扫描、编码、传送操作，这个程序称为键盘处理程序。整个键盘处理程序可通过软件为键盘的某些按键重新定义，为扩充键盘功能提供了极大的方便，因此得到广泛的使用。

从这种意义上说，非编码键盘比编码键盘更具有优越性，所以目前绝大多数计算机采用了非编码键盘。

键盘根据按键结构的不同，可以分为机械触点式键盘和电容式键盘。这两种键盘的按键均由键帽和键体组成。机械式键盘的键体可拆卸，而电容式键盘的键体不可拆卸。目前使用的计算机键盘多为电容式键盘，它只有击键声音小、手感好、寿命长等特点。

从不同的角度划分，键盘还有如下分类。

（1）根据用途，可将键盘分为通用型键盘和专用型键盘。

（2）根据按键数目，可将键盘分为83键、84键、101键、104键和107键的键盘等。目前使用最多的是107键的键盘。

2. 键盘的选购

选购键盘时，可从自己的喜好和键盘的质量等方面考虑，主要包括按键数目、按键排列、按键手感、做工及售后服务等。

（1）按键数目。很多键盘都附带了多种功能快捷键，这些快捷键通过驱动程序可以快捷地启动一些应用程序或上网功能。若需要这些功能，可以考虑购买，这些功能会给用户的日常操作带来很大的方便。

（2）按键排列。因为不同厂家生产计算机键盘的按键排列不完全相同，所以选购时应考虑键盘上的按键排列是否符合自己的操作习惯。

（3）按键手感。键盘按键的手感很重要，它是使用者对键盘最直观的体验，也是键盘是否好用的主要标准。好的键盘按键应该平滑轻柔，弹性适中而灵敏，并且按键无水平方向的晃动，松开后立刻弹起。此外，静音键盘在按下弹起的过程中应该是接近无声的。

（4）键盘做工。键盘的做工影响着键盘的质量。做工的好坏从外观上即可分辨，主要看键盘的表面、边角等加工是否精细、合理。劣质键盘外表粗糙，并且按键弹性不好，经常是某个键按下后弹不起来，影响正常使用。

（5）售后服务。这也是选购键盘需要考虑的因素，因为键盘的使用率高，出现问题的可能性比较大，因而选择一个好的厂家非常重要。有实力的厂家可以提供一年以上的质保服务，能够解决用户所提出的技术问题，并能保证用户方便地退换。

2.10.2　鼠标

随着鼠标在平面上移动时产生的方向和速度变化，会产生两个不断变化的脉冲信号，CPU接收这两个脉冲信号并对其计数，由此控制显示设备上的鼠标指针在横轴（X）、纵轴（Y）两个方向上移动的距离和速度。

机械式鼠标的底部有一个实心的橡胶球，内部有两个互相垂直的滚轴靠在橡胶球上。在两个滚轴顶端各装有一个边缘开槽（或开窗格）的光栅轮，光栅轮两侧分别安装着由发光二极管和光敏三极管构成的光电检测电路。当移动鼠标时，随橡胶球滚动而带动滚轴及滚轴上的光栅轮旋转。因为光栅轮开槽处透光，未开槽处遮光，使得光敏三极管接收到的由发光二极管发出的光线时断时续，从而产生不断变化的高低电平，形成脉冲电信号。互相垂直的两个滚轴对应着屏幕平面上的横轴（X）、纵轴（Y）两个方向，脉冲信号的数量对应着位移的大小，脉冲频率对应着橡胶球滚动速度的快慢。

光电式鼠标没有橡胶球和带光栅轮的滚轴，其两对光电检测装置互相垂直，光敏三极管通过检测发光二极管照射到鼠标垫板上产生的反射光来工作。因此，老式光电式鼠标工作时需要有黑白相间格子的专用垫板。发光二极管发出的光线照到黑格上，被吸收而无反射光；若照到白格上，则有反射光，光敏三极管据此产生高低电平，形成脉冲信号。

1. 鼠标的性能

鼠标的性能主要由分辨率、灵敏度、稳定性等参数来决定。

（1）分辨率。分辨率以 dpi（dot per inch，每英寸点数）为单位。对于鼠标而言，分辨率越高，其精确度就越高。现在一些绘图软件和画面出色的游戏，都要求鼠标有更高的分辨率，随着分辨率的提高，鼠标的定位更加准确。大部分的鼠标提供 200～400dpi 的标准分辨率，一般 400dpi 就可满足大部分图形软件的要求，现在最新鼠标的分辨率已经达到了 1000dpi。

（2）灵敏性。一个鼠标的好坏主要是看其移动是否灵活自如、在各个方向的移动是否都均匀、按键是否灵敏、按键回弹的速度是否及时、滚轮的摩擦阻力是否适中等，这些都反映出该鼠标灵敏度的高低。若鼠标在用过一段时间后灵敏度降低，一般是由橡胶小球上的灰尘引起的，所以在使用时应特别注意橡胶小球的清洁。

（3）稳定性。由于鼠标在使用时总是移来移去，有时还免不了磕磕碰碰，因此鼠标还要有足够的稳定性，这是对鼠标硬件做工的考验，主要看其外壳是否厚实，内部安装是否牢固，及其所选用材质的优劣。

2. 选择鼠标的原则

1）质量可靠

无论鼠标的功能有多强大、外形多漂亮，若质量不好，那一切都不用考虑了。一般名牌大厂的产品质量都比较好，但要注意也有假冒产品。识别假冒产品的方法很多，主要可以从外包装、鼠标的做工、序列号、内部电路板、芯片，甚至是螺钉、按键的声音来分辨。

2）根据需要来选择

若只是一般用途，那么选择光电鼠标就再合适不过了；若你是个网虫，没日没夜的泡在网上，那么就买一只网鼠吧，它会令你在网上冲浪的时候感到非常方便。

3）手感好

手感在选购鼠标中也很重要，因为我们和计算机接触最多的就是鼠标和键盘，有些鼠标看上去样子很难看，歪歪扭扭的，其实这样的鼠标的手感却非常好，适合手形，握上去很贴切。

第3章　图解计算机组装全过程

3.1　前期准备

组装计算机前需要做一些准备工作，包括硬件理论知识、工具准备、软件准备和系统化组装计算机的方案。

3.1.1　装机方案

组装计算机前必须先明确装机目标，确定组装方案。根据装机目标确定计算机的整体性能和档次，确定各部件的性能与型号，并列出配置清单。决定计算机性能的关键部件有CPU、主板、硬盘、内存、显卡及显示器等。这几大部件的价格就基本上确定了组装计算机的预算。对于一般的家庭用户而言，应本着“少花钱多办事”的原则；而对于计算机玩家和发烧友来讲，则可能要使用最主流的高端配件了。注意：装机方案中要为以后的升级预留空间，尽量避免刚装的机器就因不能升级而被“淘汰”。

在组装计算机之前，首先要检查各计算机配件是否完好无损。此外，还要准备一些必备的装机工具。

1. 装机必备工具

常言道“工欲善其事，必先利其器”。在装机前准备好合适的工具将事半功倍。

1）螺钉旋具

螺钉旋具又称改锥或起子，是用于拆卸和安装螺钉的工具，如图3-1和图3-2所示。在计算机里，几乎所有的螺钉都是“十”字形的，所以“十”字螺钉旋具是安装计算机的必备工具，没有它可能寸步难行。

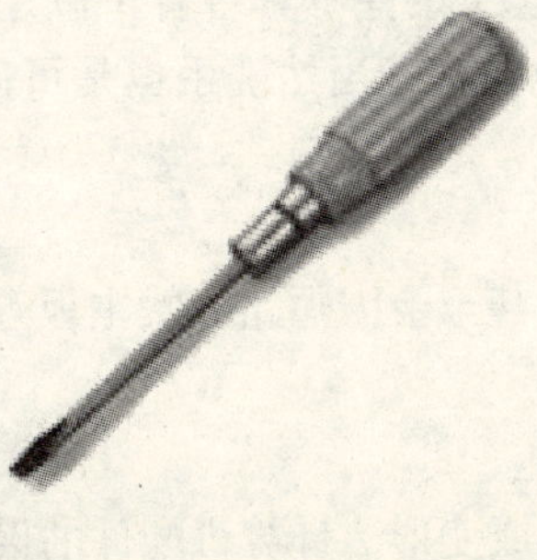

图3-1　“十”字螺钉旋具实物图

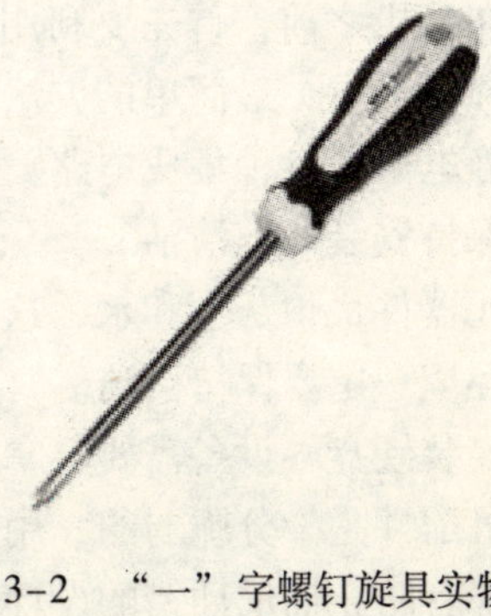

图3-2　“一”字螺钉旋具实物图

同时还要准备一把平口螺钉旋具，也就是“一”字螺钉旋具，在拆卸机箱各种挡板、包装盒及安装散热器时非常有用。

注意：最好准备带有磁性的螺钉旋具，因为机箱内部的空间非常狭小，若螺钉掉落入机箱，用手很难取出来。若有带有磁性的螺钉旋具，就非常方便了。

2）尖嘴钳

准备钳子是为了在拆卸各种挡板或者挡片的时候更加轻松自如。另外，在安装固定主板的螺母时，需要用钳子来加固螺钉。如图 3–3 所示。

3）插线板

由于计算机各配件不止一个设备需要供电，因此一定要准备一个多孔型插座，以方便测试计算机。如图 3–4 所示。

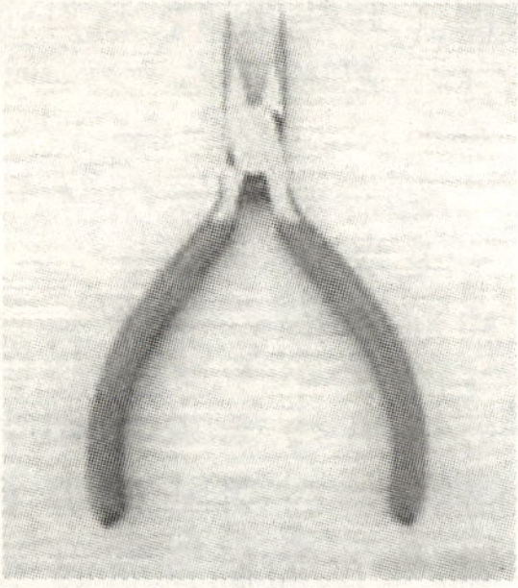

图 3–3　尖嘴钳实物图

图 3 – 4　插线板实物图

4）工作台

为了安装方便，应准备一个高度适中的工作台，无论专用的计算机桌还是普通的餐桌，只要能够满足需求即可。

除此之外，还可准备好镊子、散热硅脂、盛放螺钉的器皿等。

2. 准备配件

整套系统采用的硬件配件包括机箱、主板、CPU、内存、显卡、硬盘、光驱、电源、显示器。

3.1.2　相关注意事项

（1）在装机之前，首先要利用放电器释放身上的静电（条件不具备者可以用触摸金属的办法来释放静电，最简单的方法是触摸自来水管等接地设备，当然洗手也是可以的），以免产生的静电击坏各种集成电路。

（2）保持安装环境清洁。

电子元器件最怕灰尘和水，这会造成一些电路短路，甚至会因短路烧毁主板等部件。因此，安装环境一定要保持清洁。

（3）安装硬盘等设备需要轻拿轻放，避免剧烈的振动。

计算机配件是十分脆弱的，用力不当会造成引脚折断或变形。计算机配件的设计相当精巧，一般都有防止插反插错的设计。若不能安装，往往是由于方法不当，因此在安装的过程中，特别忌讳使用蛮力。除了按照正确的方法进行安装外，一定要轻拿轻放，千万不能强行安装。

（4）主板的固定要平稳，固定螺钉的松紧要得当，以免出现松动、板卡变形甚至损坏及短路等故障。

(5) 固定 CPU 及其散热风扇时，需在 CPU 芯片上部均匀涂抹上一层导热硅脂，以增加散热效果，防止烧坏 CPU。

3.2 计算机组装流程

要组装一台高性能的计算机，不仅需要正确配置各个硬件设备，还需要正确安装相应的软件。下面简要介绍计算机组装的流程。

(1) 准备阶段。在组装计算机前，首先需要进行各种准备工作。先到市场购买主机、外部设备等相关的硬件设备，并准备好螺钉旋具、钳子等工具，之后释放身上的静电，并把各种硬件、工具按组装顺序摆放在安装工作台上。

(2) 硬件安装阶段。准备工作完成后，计算机工程师就可以大显身手，把这些部件组装成一台计算机了。

① CPU、内存安装到主板上，并固定到机箱里。

② 安装显卡、网卡等相关板卡。

③ 依次连接好各种驱动器及其连线。

④ 安装电源并连接到主板及驱动器等设备。

⑤ 连接键盘、鼠标、显示器等外部设备。

⑥ 加电进行简单测试。

(3) 软件设置及安装阶段。计算机各部件组装完毕，并通过简单测试后，就开始安装系统软件和各种应用软件了。

① 对主板的 BIOS 进行设置。

② 对硬盘进行分区和格式化操作。

③ 安装操作系统软件并进行系统设置。

④ 根据需要安装相关的应用软件。

检查并测试各种软硬件工作是否正常，并做相应的调整。

3.3 组装计算机

在做好计算机组装的准备工作之后，接下来就可以开始正式组装计算机了。计算机组装流程图如图 3-5 所示。

1. 安装电源

(1) 拆开机箱挡板，将其平放在安装台上，检查各种连接插头，如图 3-6 所示。

(2) 准备好计算机电源，并将电源安装在机箱中。

有些生产机箱的厂家本来也生产电源，如金河田、世纪之星、爱国者等，它们往往把机箱和电源捆绑出售。这样，电源就已经安装在机箱内了，但目前广大用户往往自己根据配置、个人喜好等原因而购买不同品牌的电源，这就需要自己把电源安装固定到机箱里了。

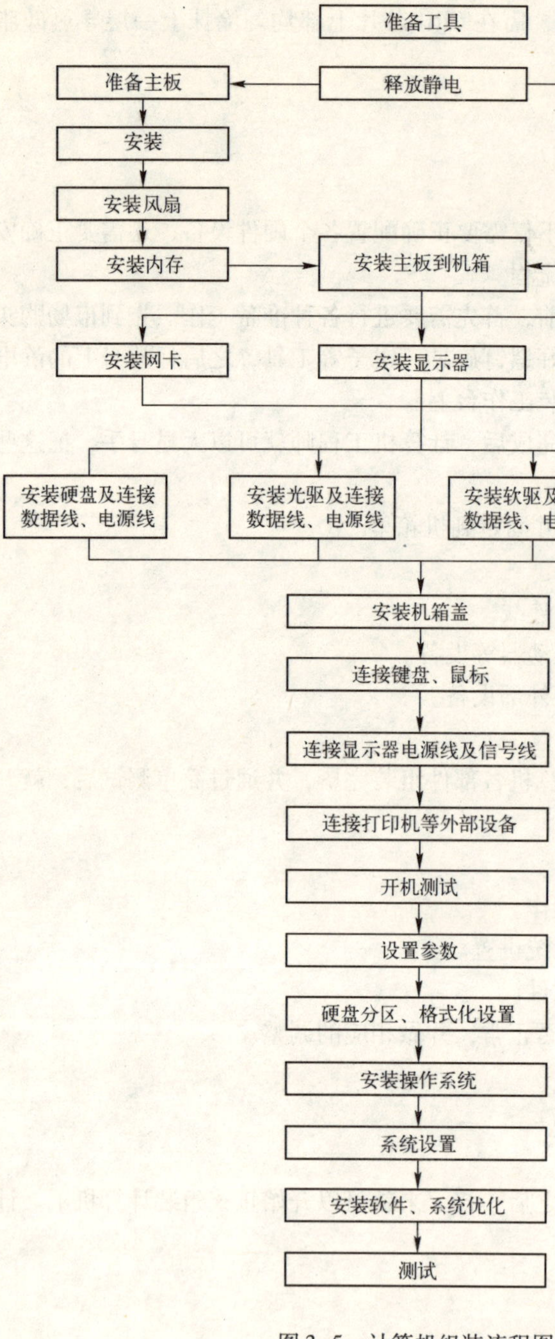

图 3-5 计算机组装流程图

接下来介绍安装电源并连接电源线到主板的操作步骤。

① 拆开电源的包装塑料袋，把电源放入机箱顶部的电源支架上，并把有电源 I/O 接口的一面对准机箱后挡板相应的位置。

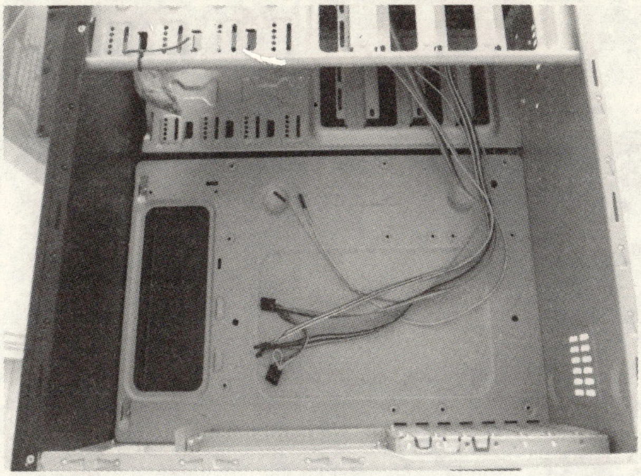

图 3-6　检查各种连接插头

② 顺次把螺钉透过机箱固定孔拧到电源上的螺孔中，并慢慢把螺钉上紧，这就把电源固定到机箱中了，如图 3-7 所示。

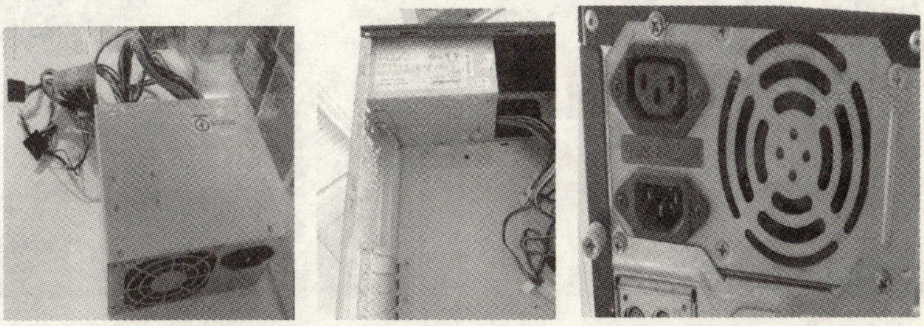

图 3-7　安装电源

2. 安装光驱和硬盘

光驱是读取外界信息的途径之一，包括操作系统的安装，都要用到光驱。硬盘是最重要的存储设备，主要有 IDE 接口和 SATA 接口两种硬盘。

1）安装光驱

（1）拆下机箱的前挡板。

（2）将光驱由外至内缓慢放入机箱中。

（3）将光驱上的连接螺孔与机箱上的卡位孔对齐，并用力将卡位孔压进去，此时光驱就固定好了。如图 3-8 所示。

2）安装硬盘

查看机箱中固定硬盘的支架，将硬盘插入支架。硬盘一般固定在机箱 3.5in 的支架上。把硬盘的螺孔通过驱动器支架旁边的条形孔显现出来，之后逐个用螺钉将硬盘固定好，如图 3-9 所示。

注意：当安装多个硬盘或多个光驱时，硬盘和光驱上面的标签会说明硬盘和光驱主从跳线的设置方式，如图 3-10 所示。

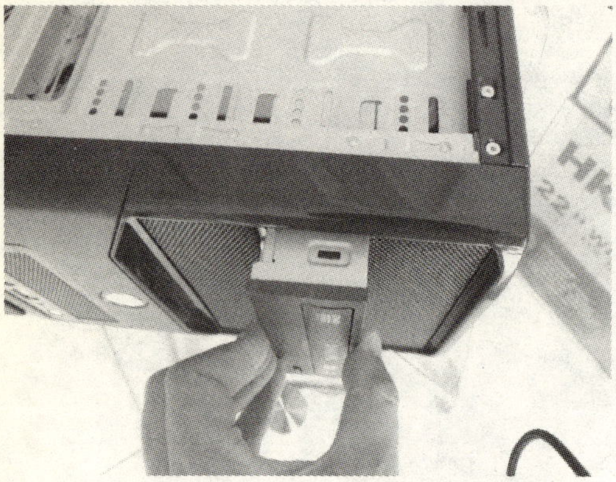

图 3-8　安装光驱

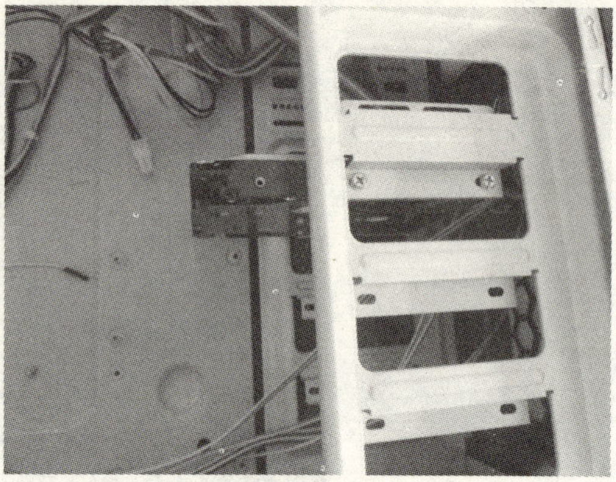

图 3-9　安装硬盘

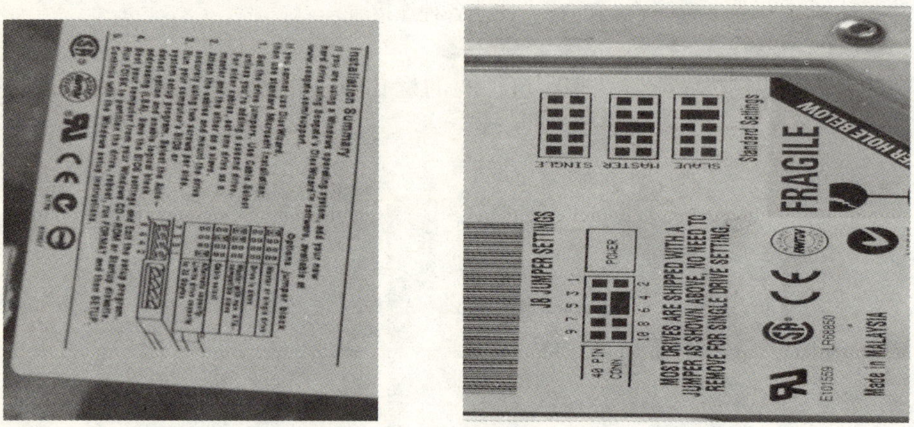

图 3-10　硬盘主从跳线设置图

（1）设置硬盘跳线。

若将硬盘设置为主盘，可用跳线帽短接 DS（MASTER）；若将硬盘设置为从盘，则需取下跳线，选择 SLAVE。若将硬盘和光驱安装在同一个 IDE 接口上，建议将硬盘设置为主设备，光驱设置为从设备。

（2）设置光驱跳线。

安装在同一接口上的两个 IDE 设备（硬盘或光驱）不能设置为同一方式。对于大多数光驱，如要将光驱设置为主方式，可用跳线帽上下短接 MASTER；如要将光驱设置为从方式，则用跳线帽短接 SLAVE。

3. 固定主板的底座螺柱和塑料定位卡及挡板

在安装主板前，首先应在机箱内部安装用于固定主板的底座螺柱和塑料定位卡。分别将机箱所提供的固定底座螺柱和塑料定位卡安装到机箱内部，如图 3-11 所示。

根据主板上螺孔的位置，放置好 4 ~ 6 个螺钉垫圈，以避免螺钉损坏主板。

在主板上可以看到有一些用于将其固定的几个小圆孔，平稳地将这些圆孔和机箱底板上的固定底座螺柱和塑料定位卡相对应。

安装外部设备接口挡板，同时注意主板的外部设备接口要与机箱后面对应的挡板孔位对齐，若接口与机箱不相适应，还需要更换为主板附带的接口挡板。如图 3-8 所示。

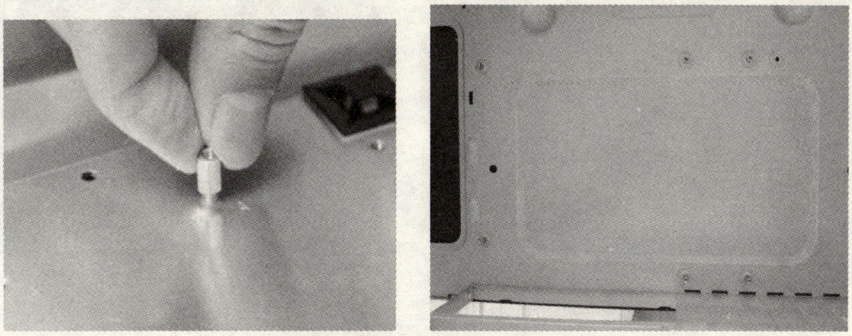

图 3-11　安装底座螺柱

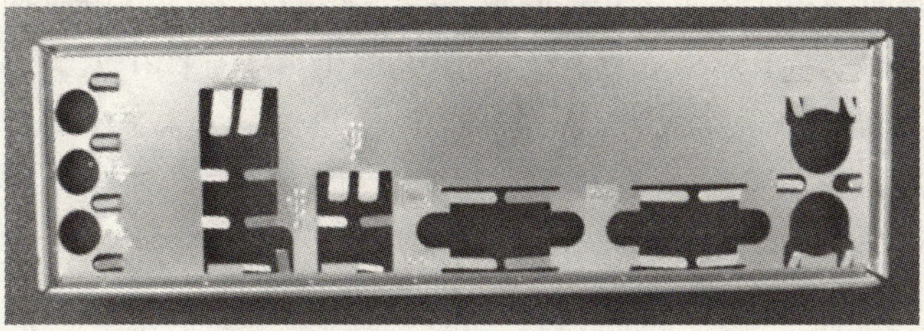

图 3-12　安装接口挡板

4. 在主板上安装 CPU

准备好主板，先安装底部支架（如果某些主板中无此支架，则可省去此步骤），如图 3-13 所示。

图 3-13　安装底部支架

观察主板正面，针脚式座上的针孔与 CPU 芯片的插针相对应，左上角有一缺口（无针孔）。准备好 CPU，将固定 CPU 芯片的锁杆轻轻向上拉出，以便在插座中放入 CPU 芯片。

CPU 的一角上有一个三角形的标记（该角比其他角少两个针脚），插槽上也有一个同样的标记，将 CPU 的三角形标记对准 CPU 插座上的缺孔处，之后将 CPU 垂直放入插槽。如图 3-14 所示。

图 3-14　安装 CPU

在 CPU 芯片上表面均匀涂抹一层导热硅脂，如图 3-15 所示，以增强 CPU 与散热片的导热效果。放入 CPU 后，轻轻向下按压主板 CPU 插座上的小扳手，使小扳手回归原位，由此固定好 CPU。将风扇的散热片中心位置对准涂抹好硅脂的 CPU，之后轻轻将其放在 CPU 上面。

安装 CPU 的散热风扇。当风扇平衡地置于 CPU 插座周围的固定架上时，将风扇扣具上的 4 个挂钩与风扇支架上的挂孔对应，在扣具的两侧分别用力下压，挂钩就会合上。将风扇固定好，之后将风扇扣具上的压杆分别向相反的两个方向用力下压。如图 3-16 所示。

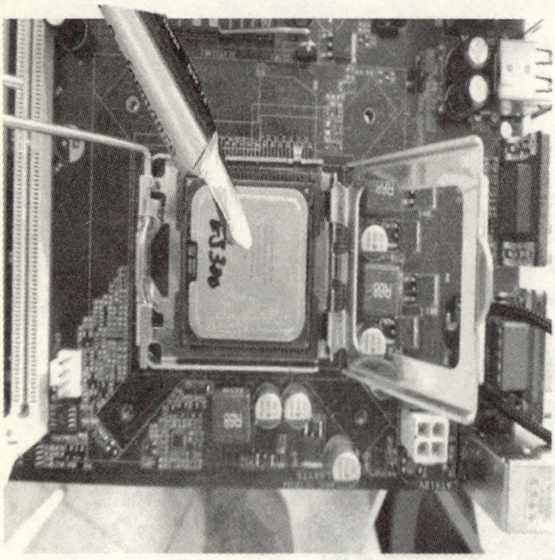

图 3-15　抹一层导热硅脂

图 3-16　安装 CPU 的散热风扇

固定好 CPU 风扇后，把带动风扇转动的电源连线插头连接到主板上标有“CPUFAN”字样的三针插槽上。这样就把 CPU 及其风扇安装到主板上了，如图 3-17 所示。

5. 安装内存

主板上插内存的地方是一条两侧有小塑料卡子的插槽，其长度比内存稍长，位于 CPU 附近，一般主板上都有 2 ~ 4 条内存插槽并排。

（1）把主板上内存插槽两侧白色的塑料卡子往两边轻轻掰开，以方便插入内存。

（2）轻轻从包装袋里取出内存，注意不要用手去接触“金手指”。

（3）两手分别拿着内存的两端，水平将其垂直插入内存插槽中，并轻轻按压，将内存紧密插入槽中，使两侧的白色塑料卡子正好卡住内存条两边的缺口处，如图 3-18 所示。

图 3-17　安装风扇电源线

图 3-18　安装内存

6. 固定主板

把 CPU、CPU 风扇和内存安装好并检查无误后，就可以把这些部件同主板一起固定到机箱中了，如图 3-19 所示。

图 3-19　固定主板

（1）把手上的静电释放掉，打开机箱两侧的挡板，并将其平放在工作台上。

（2）在主板上可以看到有一些用于将其固定的几个小圆孔，平稳地将这些圆孔和机箱底板上的固定底座螺柱和塑料定位卡相对应。

（3）慢慢调整好主板的位置，同时注意主板的外部设备接口要与机箱后面对应的挡板孔位对齐。若接口与机箱不相适应，还需要更换为主板附带的接口挡板。

7. 安装显卡

目前市场上流行的显卡主要分为 AGP 和 PCI－E 两种接口，这里介绍安装 AGP 显卡的具体操作步骤。

（1）取防尘片。安装显卡等扩展卡时，先确定好适合扩展卡的扩展插槽，用“十”字螺钉旋具拧下固定在机箱后部挡板防尘片上的螺钉，取下防尘片，露出条形窗口。

（2）把显卡“金手指”的后端垂直插入显卡插槽中（原来的显卡都是插到 AGP 插槽中的，但目前主流的显卡采用更优秀的 PCI－E 接口），轻轻压下前端。注意：显卡挡条下部要插到主板和机箱之间，上部与机箱咬合。

（3）固定显卡，用螺钉将扩展卡金属挡板顶部的缺口固定在机箱条形窗口顶部的螺孔上。如图 3-20 所示。

图 3-20　安装显卡

8. 安装网卡与声卡

按照安装显卡的方法安装网卡与声卡。

（1）确定好安装网卡的扩展插槽，用“十”字螺钉旋具拧下固定在机箱后部挡板防尘片上的螺钉，取下防尘片，露出条形窗口。

（2）把网卡“金手指”的后端垂直插入主板的 PCI 插槽中，轻轻压下前端。注意：网卡挡条下部要插到主板和机箱之间，上部与机箱咬合。

（3）固定网卡，把网卡或声卡金属挡板顶部的缺口对准箱条形窗口顶部的螺孔，之后用螺钉将其拧紧，即可将网卡或声卡固定在机箱上了。如图 3-21 所示。

注意：目前大多是主板带有集成网卡和声卡，所以此步骤可以省去。

图3-21　安装网卡与声卡

9. 主机线缆连接

前面已将计算机的主要配件安装到主机机箱内了，可以说装机工作已经完成一大半，但若不把各配件用数据电源线连接起来，计算机还是不能正常工作的。下面介绍计算机内部及外部各种线缆的连接方法。

1）连接主板的电源线

（1）主板电源线不仅要给主板供电，还得给 CPU、显卡、PCI 卡等安装在主板上的相关设备供电，因此用来给主板供电的那个插头是最大的，该插头由 20 或 24 根电线组成，在插头的一边还有一个起固定作用的卡子。

（2）在主板 CPU 插座附近有一个比较长的插座，这就是主板电源线插座。插座的一边有凸出块，凸出块正好和电源线插头上的卡子相对应，主板电源线插座也有 20 孔和 24 孔之分。

（3）将电源线插头插入主板电源线插座中时，插头有卡子的一端一定要对应插座上有凸出块的一端，以便于固定。如图 3-22 所示。

另外，24 芯的插头是可以插在 20 孔的插座里的。因为插头最右边的 4 个针可以随意拆装，当需要插入 20 孔的插座时就取下；同时，20 芯的接头也可以插在 24 孔的插座中，剩下的 4 个孔空着就行了，目前 24 芯插头比较普及。

（4）稍用力平衡向下按电源线插头即可插到插座中，卡子会自动卡凸出块，使之接触牢固。

（5）由于目前 CPU 功耗的增大，还可以找到一个正方形 4 芯的电源线插头，这是专门为 CPU 供电的插头，其一侧也有卡子，某些服务器主板和一些较高档的电源提供的是 8 芯的供电接口 ，其作用都是一样的。

（6）主板上同样有相应的 4 孔或 8 孔的电源插槽，其一侧也有凹出块。主板上的 8 孔电源插槽兼容 4 芯供电接头，只需将 4 芯的电源接头插入左边的 4 个插槽孔中即可。如图 3-23 所示

2）连接硬盘和光驱的电源线

硬盘和光驱的电源线非有两种插头：一种是 4 芯接口的；另一种是新的黑色扁平SATA 接口的，也就是常说的串口。这两种电源线插头分别针对 IDE 接口和 SATA 接口的硬盘和光驱。

图 3-22 连接主板的电源线

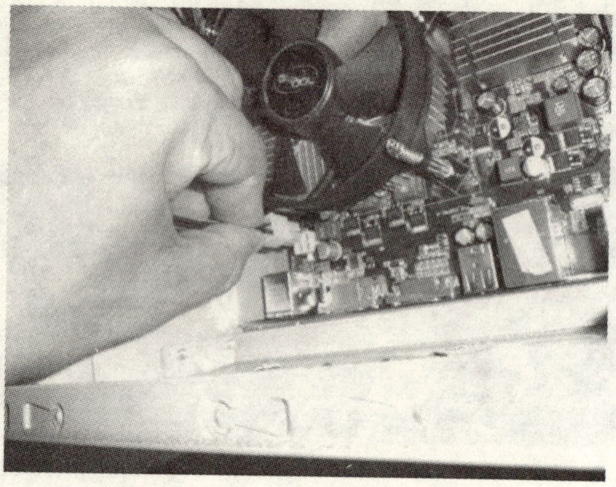

图 3-23 CPU 电源插针

如图 3-24 所示，白色 4 芯插头是专门为光驱及旧式硬盘供电的插头，俗称“D”形插头，也是普通电源提供得最多的插头；黑色扁平插头则是 SATA 硬盘专用的电源插头。

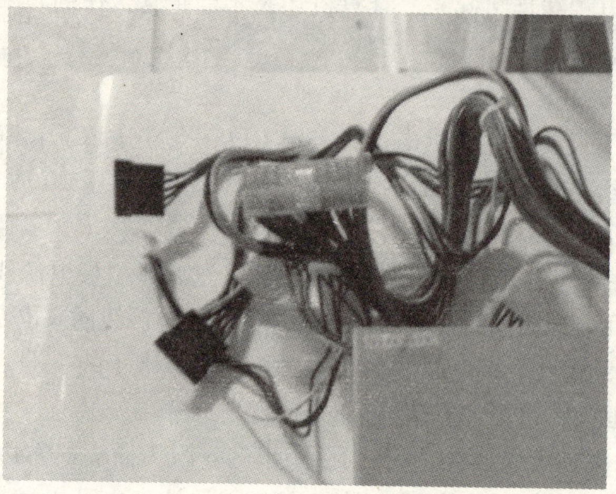

图 3-24 电源线插头

（1）将“D”形插头对准光驱的电源接口。“D”形接口有防插错设计，不能强行插入，该电源线一般遵循“黄线在外、红线在内”的规律。

（2）将“D”形插头平稳地插入光驱电源接口中，光驱的电源线连接完成，如图 3-25 所示。可以按照同样的方法连接计算机中其他设备的电源线。

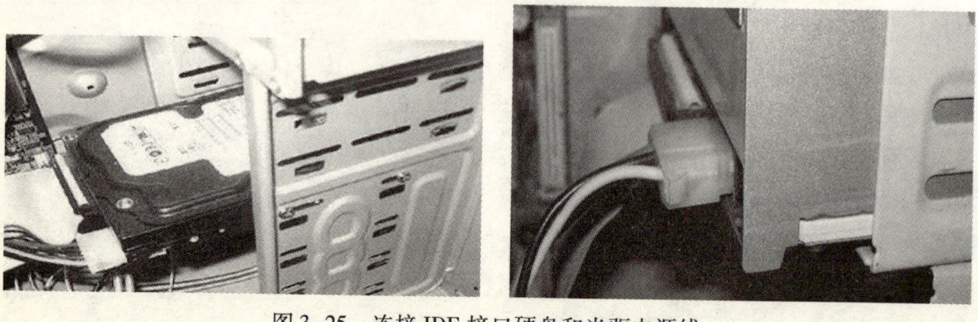

图 3-25 连接 IDE 接口硬盘和光驱电源线

3）连接硬盘和光驱的数据线

SATA 硬盘采用 7 芯的数据线，比 IDE 数据线简洁、方便得多，如图 3-26 所示。

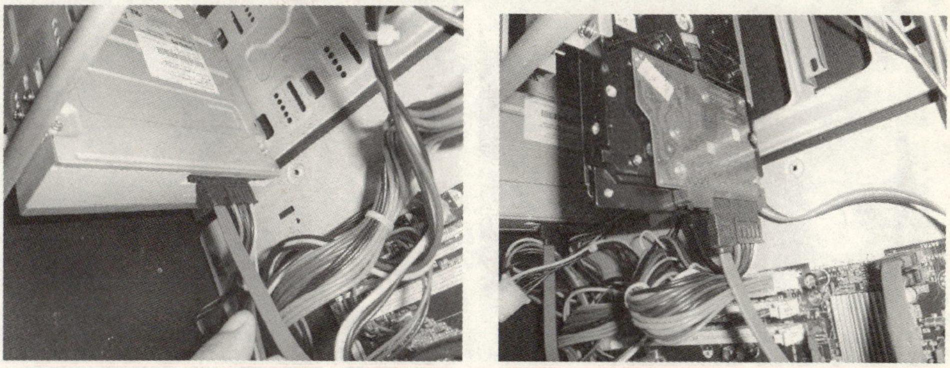

图 3-26　连接 SATA 接口硬盘和光驱的数据线

4）连接机箱面板的信号线

在机箱内（靠近前面板的地方）能看到一把花花绿绿的线缆，如图 3-27 所示。在这些线缆的插头上，一般还标注了一些英文字母，这些是主板信号线，只要对应插入插针即可。对于指示灯类的连接线，白线为负极，黑线为正极，如电源指示灯连接线（英文标注为“POWER LED”或“PL”）是一条白色的线和一条绿色的线，将两个插头分别插到主板对应的插针位置，一般正极（标有“ + ”的绿色线）靠近主板主方。

（a）连接前面板音频插头

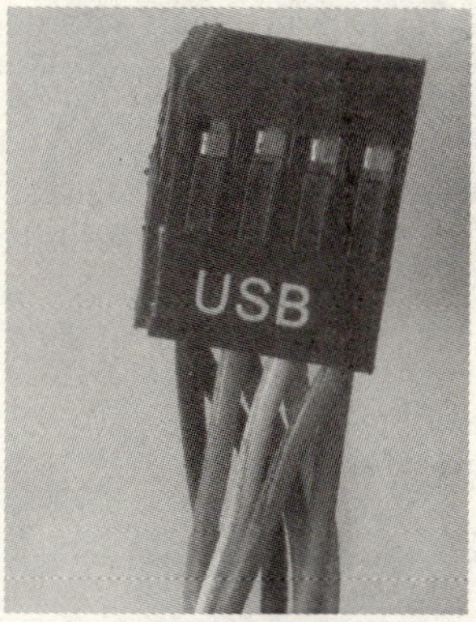

（b）连接前面板 USB 插头

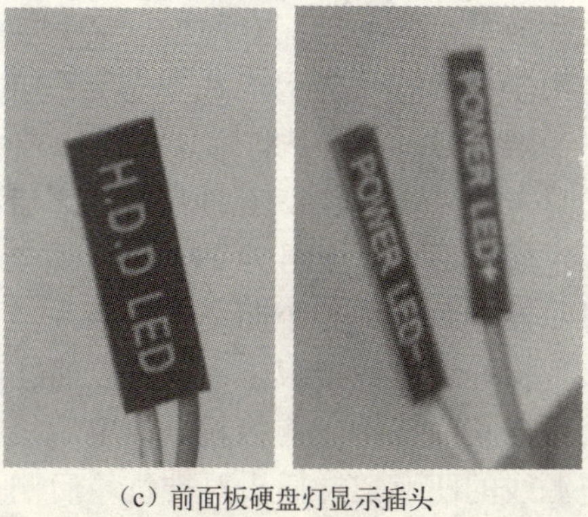

（c）前面板硬盘灯显示插头

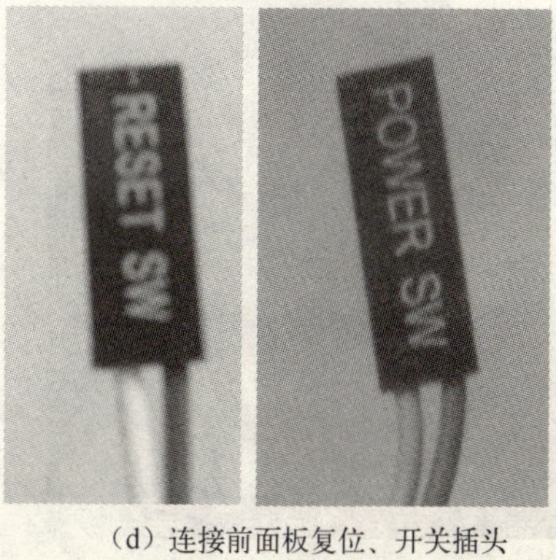

（d）连接前面板复位、开关插头

图 3-27　各信号线插头

在主板的一角可以找到一些插针，这些插针是连接信号线的地方，旁边都标有英文字母，以对应图中所示的各信号线插头。将个连接线与插针连接好，如图 3-28 所示

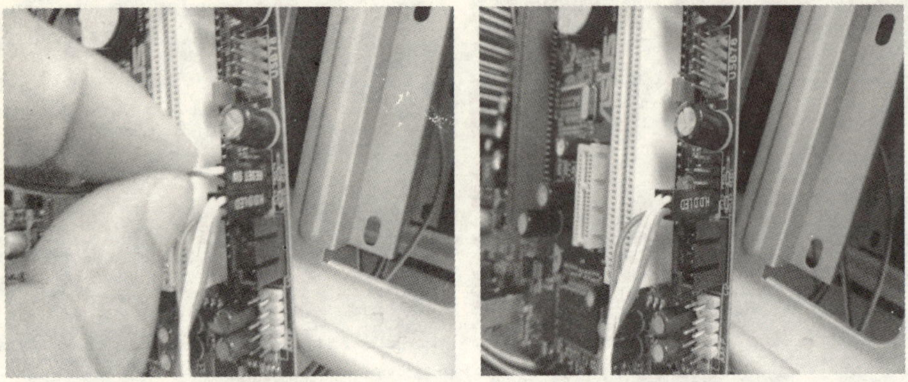

（a）前面板硬盘指示灯插针和电源指示灯插　　（b）复位和主机开关插针

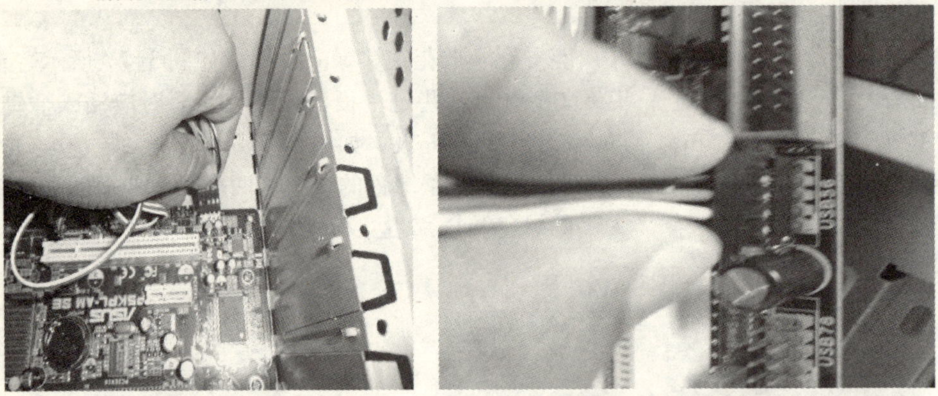

（c）前面板音频插针　　（d）前面板 USB 插头插到主板 USB 插针

图 3-28　连接主板各种插针

10. 其他配件的连接

下面简单介绍一下显示器、鼠标、键盘、音箱、网线配件的连接。

1）显示器的连接

图 3-29　显示器的连接

大多数显示器的后面有两根电缆，一根是信号电缆，用于连接显卡；另一根是显示器的电源线。连接显示器信号电缆时，将“D”形 15 针插头插入主机后显卡的“D”形 15 孔插座上，之后拧紧插头上的固定螺钉即可。如图 3-29 所示。

显示器电源线为一个凹形三针插头，可以直接插入接地良好的电源插板中，也可以插在主机后电源的阴性三孔插座中。连接显示器电源线时，将显示器电源线的凹形三针插头对准机箱后侧显示器电源的三孔插座，平稳插入即可。

2）鼠标的连接

ATX 主板上集成有 PS/2 接口，连接 PS/2 接口鼠标时，将鼠标插头的凹形槽方向向上，与主板 PS/2 鼠标接口上方的凹形卡口相对应，轻轻插入即可，如图 3-30 所示。

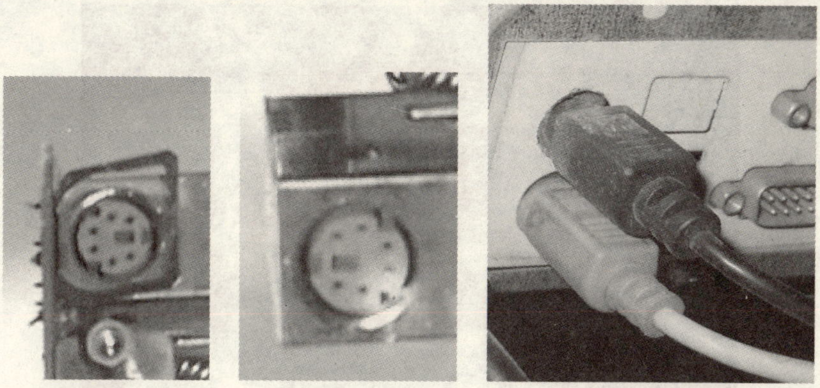

（a）键盘的 PS/2 接口　（b）鼠标的 PS/2 接口　（c）插好鼠标键盘连接线

图 3-30　鼠标键盘连接

3）键盘的连接

ATX 主板上集成有 PS/2 键盘接口，连接 PS/2 接口键盘时，将键盘插头的凹形槽方向向上，与主板上 PS/2 键盘接口上方的凹形卡口相对应，轻轻插入即可，如图 3-30 所示。

若键盘和鼠标插头为 USB 接口，则直接将其插入主机后面板的 USB 接口即可。如图 3-31 所示。

4）音箱的连接

计算机所配备的音箱有多种类型，最简单的无源音箱，直接接入计算机音频输出口即可，如图 3-33 所示。有源音箱需要连接电源、主音箱的音源信号线和副音箱连接线。下面以有源音箱的连接为例进行介绍。

图 3-31　USB 接口

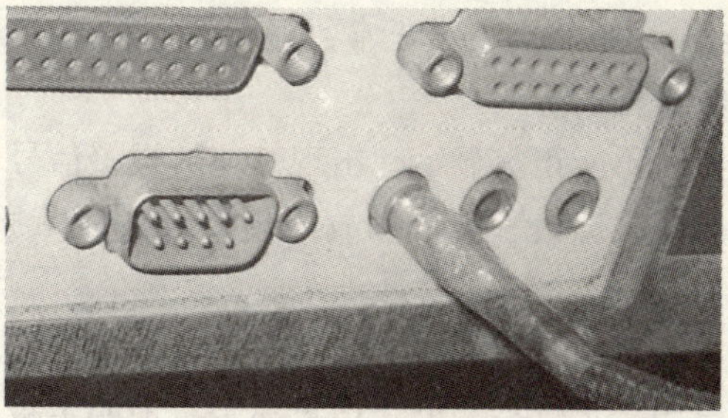

图 3-32　音箱连接

（1）从副音箱上引出一条连线，将其端头连接到主音箱的输出插孔中。

（2）连接声卡和音箱间连线时，若主音箱上有两个插孔，那就将音源信号线的两个“莲花”形插头的一端插入主音箱的两个插孔中。注意：分清左右声道。这里介绍的是一根两端均为 $\phi3.5$mm 双声道插头的信号线。

（3）将 $\phi3.5$mm 双声道插头的另一端插入声卡的输出插孔（Line out）中。

（4）将主音箱上的交流电源插头插入交流电源插座，有源音箱就连接好了。

5）连接电源输入线及显示器电源线

按照电源插座形状，将电源插头和显示器插头插入插座内即可，有些显示器电源线带有标准电源插头，可直接接电源插板。如图 3–33 所示。

图 3–33　连接电源输入线及显示器电源线

到此为止，整台计算机全部组装完成，下一步就可以通电试验了。

3.4　测试与整理

3.4.1　初步通电测试

完成计算机各硬件设备的安装，并连接好各种线路后，再仔细检查一遍线路，当确定无误后，可以通电进行初步测试。接通主机电源，按下主机箱前面的电源开关按钮，若听到“嘀”的一声短鸣，则表示正常，显示器上将显示出显卡型号、CPU 型号、内存容量和系统初始情况等自检信息。

若开机后不能正常显示，出现其他的报警信号，或者出现死机、冒烟、发出烧焦的异味等情况，则应根据报警信号和故障现象查找故障原因。下面是一些常见的现象及分析处理方法。

（1）电源风扇不转或电源指示灯不亮，可能是电源开关未打开或电源线未接通造成的。

（2）电源指示灯亮，但无声无显示，说明主板电源开关接通，自检初始化未通过。需要检查各连线是否连接正确，显卡、内存条是否接触良好。

（3）电源指示灯亮、喇叭连续响几声，可能出现的故障有键盘错误、显卡错误、内存错误、主板错误等。若有显示，可根据提示处理；若无显示，则主要检查内存和显卡。

（4）电源风扇一转即停，说明机内有短路现象，应立即关闭电源，拔掉电源插头。可能造成短路的原因有主板电源插接错误、主板与机箱短路、主板与内存质量不佳、显卡安装不当等。此类故障属严重故障，一定要小心、仔细检查，查到故障原因并排除后才能继续通电；否则，会损坏机器。若还未通过，最好请专业人员帮助解决。

（5）若开机不正常，但部件无异样，这时需留意 BIOS 自检是否通过，若 BIOS 自检不能通过，则表明板卡之间接触不良或是板卡有问题等。BIOS 自检通过后，还需要在 BIOS 程序中正确设置软驱、硬盘等参数，对硬盘进行分区和高级格式化等。

3.4.2　整理工作

若自检成功，则说明计算机的各硬件均正常工作，连线也正确无误，下面需要进行一些整理工作。

（1）机箱内部的整理。用橡皮筋、捆扎带等将电源线、数据线和各种信号线分别捆扎好，做到机箱内部线路整洁，以利于机箱内部发热部件散热。

（2）装上机箱外壳。用螺钉固定机箱的外壳，目前很多机箱都采用了免螺钉固定法，可以免除来回拆装的麻烦。

机箱安装完毕后，将其放在电脑桌或写字台的适当位置，连接好外部设备并接通电源，以准备下一步进行 BIOS 设置和各种软件的安装。

第4章　BIOS设置与升级

通过BIOS可以对计算机的基本I/O系统进行管理和设置，也可以利用BIOS排除系统故障或诊断系统问题。

4.1　BIOS简介

BIOS是英文“Basic Input Output System”的缩略语，其实它是一组固化到计算机内主板上一个ROM芯片上的程序，它保存着计算机最重要的基本输入输出的程序、系统设置信息、开机后自检程序和系统自启动程序。其主要功能是为计算机提供最底层最直接的硬件设置和控制服务。BIOS设置程序是存储在BIOS芯片中的，只有在开机时才可以进行设置。CMOS主要用于存储BIOS设置程序所设置的参数与数据。

4.1.1　BIOS的功能

BIOS芯片是主板上一块长方形或正方形芯片，主要存放自诊断程序、CMOS设置程序、系统自举装载程序，以及主要I/O设备的驱动程序和中断服务等信息。从功能上看，BIOS分为3个部分。

（1）自检及初始化程序。当计算机刚接通电源时，对硬件所做的检测叫做加电自检（Power On Self Test，POST），主要包括对CPU、内存、主板、串/并口、显卡、硬盘、鼠标、键盘进行检查，一旦发现错误，将会出现声音报警或提示。初始化主要是当计算机启动时对硬件设置的参数与实际硬件设置进行比较，若不相同，则会影响计算机的正常使用。

（2）程序服务请求。程序服务处理程序主要为应用程序和操作系统服务，这些服务主要与输入输出设备有关，如读取磁盘、将文件输出到显示器等。为了完成这些操作，BIOS必须直接与计算机的I/O设备打交道，它通过端口发出命令，向各种外部设备传送数据，以及从外部设备接收数据，使程序能够脱离具体的硬件操作。

（3）硬件中断处理。BIOS的服务功能是通过调用中断服务程序来实现的，这些服务分为多组，每组有一个专门的中断，每一组又根据具体功能细分为不同的服务号。应用程序需要使用哪些外部设备、进行什么操作，只需要在程序中用相应的指令说明即可，无需直接控制。

硬件中断处理和程序服务请求分别为硬件和软件服务，组合到一起，使计算机系统正常运行。由于BIOS直接和系统硬件资源打交道，因此总是针对某一类型的硬件系统，而各种硬件系统又各有不同，所以存在各种不同种类的BIOS。随着硬件技术的发展，同一种BIOS也先后出现了不同的版本，新版本的BIOS比起老版本来说，功能更强。

按品牌划分，BIOS主要有Award BIOS、AMI BIOS、Phoenix BIOS等。由于Award BIOS具有界面简单、直观、实用、操作方便等优点，已经成为目前应用最为广泛的BIOS。

4.1.2　CMOS的含义

CMOS是Complementary Metal-Oxide Semiconductor的缩写，是主板上的一块可读/写的存

储器芯片，其中保存着有关系统的硬件配置和其他一些具体参数（如时间、日期、硬盘的型号等）。系统掉电后，CMOS 芯片中的内容将完全丢失。为了确保系统断电后此信息不消失，主板上专门有一块钮扣电池用来在关机后给它供电。

由此可见，CMOS 是保存 BIOS 程序的场所，而 CMOS 的设置则必须通过 BIOS 程序来完成。通常情况下所说的 BIOS 设置，其实指的是通过 BIOS 设置程序对硬件系统进行参数修改的过程。所以，BIOS 设置又叫做 CMOS 参数设置。

因为 BIOS 与 CMOS 都与系统设置有关，所以在实际使用过程中就有了“BIOS 设置”和“CMOS 设置”的说法。其实，这两种说法指的是一回事，准确的说法应该是“通过 BIOS 设置程序来对 CMOS 芯片进行设置”。

4.2　BIOS 设置

4.2.1　BIOS 设置界面的组成

一般的 BIOS 都是利用键盘上的几个按键进行各项参数的修改与调整的，其操作界面也比较单调，并没有像 Windows 那样丰富的对话框等图形化界面。

1）进入 BIOS 设置界面

在计算机开机启动时，按下键盘上特定的热键即可进入 BIOS 设置界面。显示器的开机画面中有相应的文字提示，如图 4-1 所示。不同类型的 BIOS 芯片，其进入方法也不同。Award BIOS 芯片常以【Delete】键为热键；AMI BIOS 芯片常以【Delete】键或【Esc】键为热键；Phoenix BIOS 芯片以【F2】键为热键。

2）BIOS 设置界面的组成

BIOS 设置界面主要由标题区、菜单选项区、操作提示区和注释区 4 部分组成，但不同的芯片其界面也有些差别。图 4-2 所示为 Award BIOS 的主界面。

图 4-1　开机提示画面

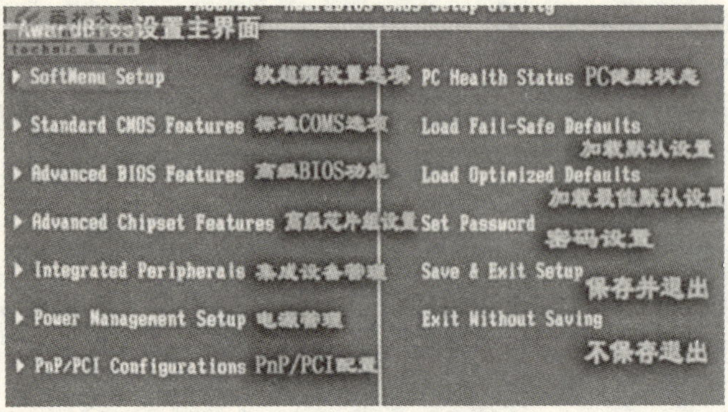

图 4-2 Award BIOS 的主界面

标题区标明了使用 BIOS 的系统信息。图 4-2 标题区中的 Award 表示该 BIOS 芯片为 Award 公司生产的；菜单选项区列出了可供使用的菜单选项，通过这些选项可对相应的各项参数进行具体的设置；操作提示区注明了进行操作所使用的键盘按键；注释区对当前选定的菜单选项进行解释，为用户要选择的操作提供简单的说明。

3）BIOS 设置的操作方法

BIOS 的设置主要是通过键盘上的按键来进行的，常用按键及其作用如表 4-1 所示。

表 4-1 BIOS 设置常用按键及其作用

按 键	作 用	按 键	作 用
↑	移到上一个项目	Page Down	改变设置状态或减少项目数值
↓	移到下一个项目	F1	可显示目前设定项目的相关说明
←	移到左边的项目	F5	载入该界面原有项目设置
→	移到右边的项目	F6	载入该界面之 FAIL-SAVE 预设设定
Esc	回到主界面或结束 SETUP 程序	F7	可载入该界面之 OPTIMIZED 设定
Page Up	改变设置状态或增加项目数值	F10	保存设置并退出 CMOS SETUP 程序

使用按键进行 BIOS 设置时，可以参见 BIOS 注释区中的辅助说明。随着当前选项的不同，BIOS 下方的注释区中会显示简单的说明文字。

4）退出 BIOS 设置

当 BIOS 设置完成后，可以在保存设置参数的情况下退出 BIOS 设置界面。当然，也可在不保存的情况下退出 BIOS 设置。若想保存设置并退出，可用键盘上的方向键选中“Save&Exit Setup”选项（按【F10】键也可实现），之后按回车键，将弹出如图 4-3 所示的提示框，根据提示按下【Y】键，即可保存设置并退出 BIOS 设置界面。若只想退出设置而不保存，可用键盘上的方向键选中“Exit Without Saving”选项，之后按回车键，将弹出如图 4-4 所示的提示框，根据提示按下【Y】键，即可退出 BIOS 设置。

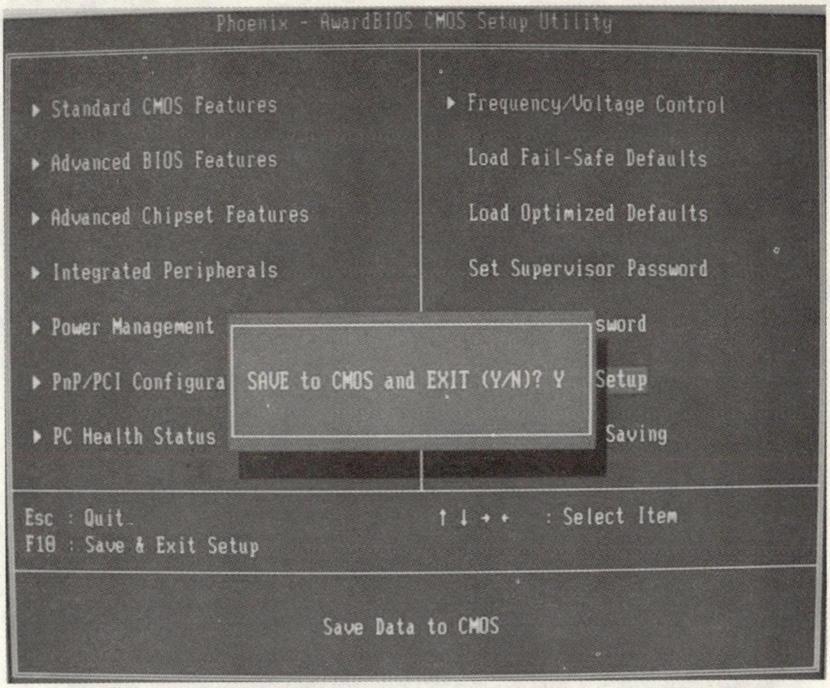

图 4-3　提示是否保存设置并退出

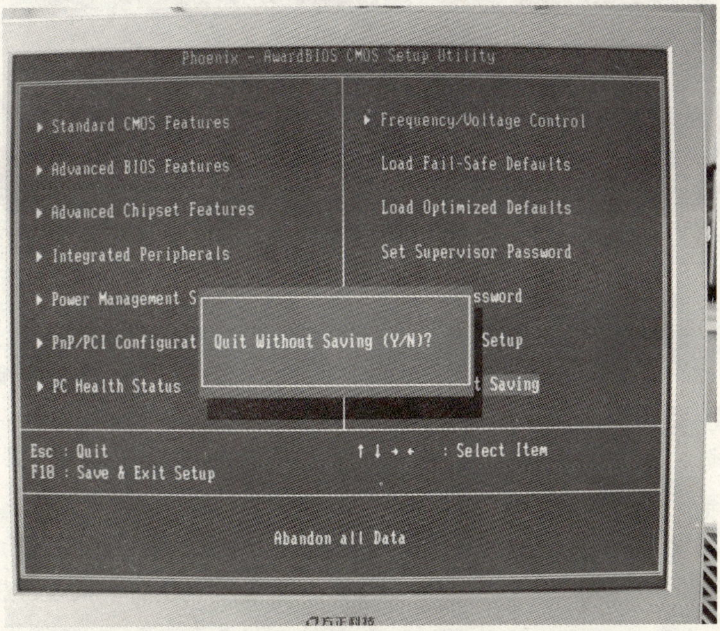

图 4-4　提示是否不保存设置并退出

4.2.2　BIOS 的基本设置

一般的主板在出厂时已对 BIOS 进行了初始化设置，但用户也可以根据自己的需要进行设置。不同主板的 BIOS 设置界面也略有不同，用户可以参考主板厂家提供的说明书。本节将以最常见 Award BIOS 为例，讲解 BIOS 的设置方法，并有针对性地对每个选项和参数进行剖析，使读者对 BIOS 设置有一个全面系统的了解。

1. 标准设置

标准 CMOS 设置界面如图 4-5 所示。在这里，用户可以设置计算机时间和日期，还可以对硬盘、软驱和显卡等常用设备进行参数设置。另外，在该界面下方还给出了有关内存的一些信息。

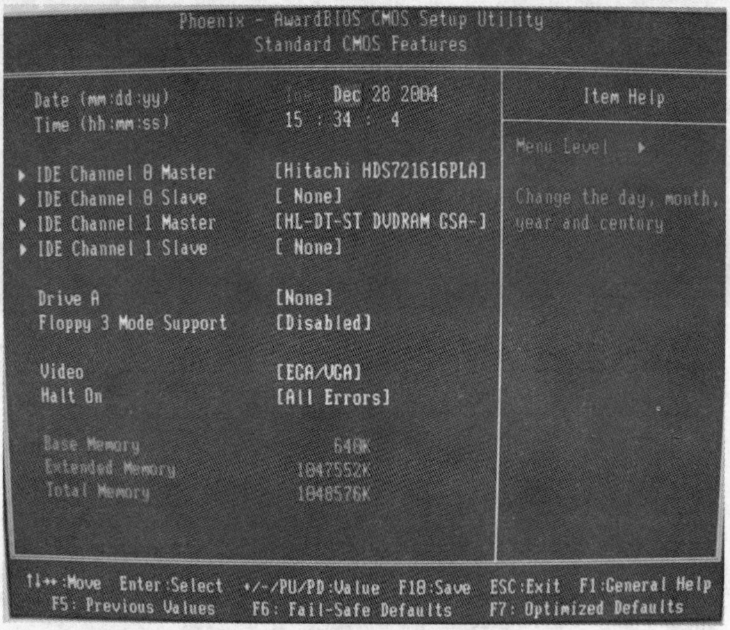

图 4-5　标准 CMOS 设置界面

1）设置日期和时间

在进行初始化设置时，用户需要对系统的日期和时间进行调整，有时为防止某些以特定时间发作的病毒，也需要更改系统的日期和时间。Date 表示当前的日期，一般按"星期，月/ 日/年"格式来显示；Time 表示系统当前的时间，一般是 24 时制，显示格式为"时/分/秒"。

日期和时间的设置方法是用方向键选择要修改的选项后，用【PageUp】和【PageDown】键来改变设置值。但用户完全可以在 Windows 的图形化操作界面下设置，这样会更直观和方便。

2）设置 IDE 接口设备

设置 IDE 接口的选项用于设置 IDE 接口所接设备的各种参数。一般 IDE 接口可接硬盘、光驱等设备，该选项有 Auto、User 和 None 三个参数。设置为 Auto，表示计算机将自动检测设备并设置最佳参数：设置为 User，用户可以自定义设置硬盘的柱面数、磁头数、写预补偿、每柱面扇区数、工作模式等参数；设置为 None，表示没有硬盘。

3）设置软驱的参数

目前的主板最多可以支持两个软盘驱动器，该选项可以设置DriveA和DriveB设备的相关参数。市场上流行的软驱一般都是3.5in规格的，完全可以采用BIOS默认的设置。若计算机中没有相应的硬件，应尽量将其设置为None，这样可以提高系统的自检速度。

4）设置显卡的类型

“Video”选项用于设置显卡的类型，包括EGA/VGA、MONO、CGA40、CGA80等多种类型。其中，EGA/VGA为16/256色以上的彩色显卡（加强型/高解析度彩色显示）；MONO为单色显示；CGA40为以40列方式显示的显卡（320~240）；CGA80为以80列方式显示的显卡（640×480）。

目前的显卡大都为EGA/VGA类型，不建议随意更改显卡的类型，以免造成系统故障。

5）设置错误检测方式

“Halt On”选项用于设置计算机在启动时遇到错误应该采取的措施。“All Errors”表示无论检测到什么错误都立刻暂停，并显示出来等待处理；“No Errors”表示无论检测到什么错误，仍继续执行当前操作；“All，But Keyboard”表示除了键盘的错误外，检测到其他错误都立刻暂停，并显示出来等待处理；“All，But Diskette”表示除了磁盘驱动器错误外，检测到其他错误都立刻暂停，并显示出来等待处理；“All，But Disk/Key”表示除了磁盘驱动器和键盘的错误外，检测到其他错误都立刻暂停，并显示出来等待处理。

该选项的默认设置为“All Errors”，表示系统在启动程序中遇到任何错误都会立即暂停，以避免整个系统在有问题的环境下运行而遭到更大的危害。

6）识别内存的信息

“Base Memory”表示基本内存（也叫Conventional Memory，传统内存），其值为固定的640KB，无论主板上安装有多少内存，该参数值都不会改变；“Extended Memory”表示扩展内存，只有超过1MB以上的内存才是延伸内存，因此显示的数字比实际安装的内存容量少1MB，它使得程序的空间不再局限于基本内存；“Total Memory”表示系统内存总量，它是主板安装的内存大小。

2. 高级设置

高级BIOS设置界面如图4-6所示，可以对病毒防护、CPU内置高速缓存、系统启动顺序、软驱和键盘的参数等选项进行设置。

1）设置CPU特征

“CPU Feature”为CPU特征项，按照提示按下“回车”键，会打开设置CPU的特征的新界面。

2）设置硬盘优先启动

“Hard Disk Boot Priority”用于设置硬盘优先启动，按照提示按下“回车”键，会打开设置硬盘优先启动的新界面。

3）设置CPU缓存

“CPU L1 & L2 Cache”选项用于设置CPU的缓存。系统默认设置为“Enabled”，表示打开CPU内部缓存，这样会提高系统的运行速度；若设置为“Disabled”，则系统的性能将会下降几个数量级。

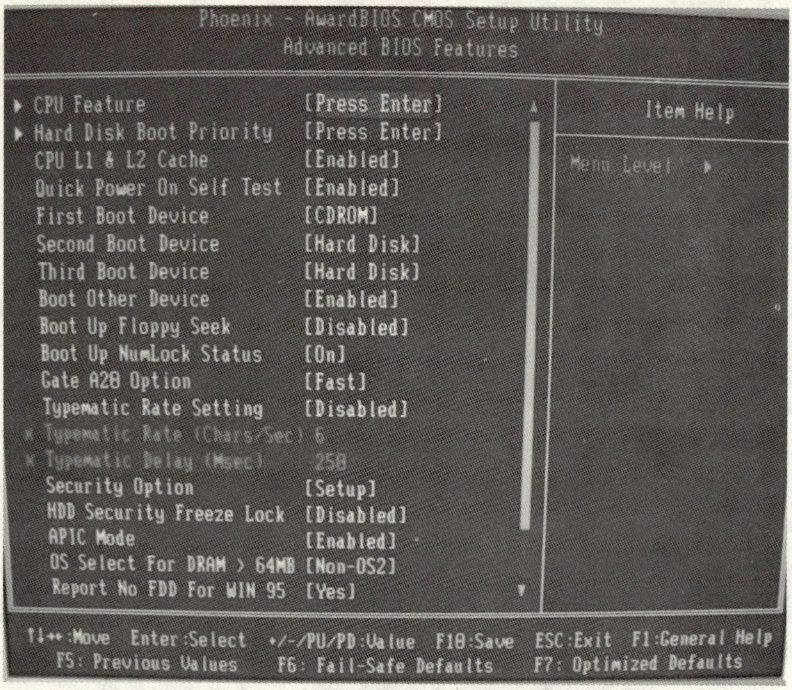

图 4-6 高级 BIOS 设置界面

4）设置系统启动顺序

“First/Second/Third Boot Device” 3 个选项用于设置启动系统的设备顺序。开机启动计算机后，计算机会根据用户设置的顺序寻找系统启动文件。一般情况下，用户可将 “First Boot Device” 设置为硬盘，当需要从软驱或者光驱中引导操作系统时，可将该选项设置为软驱或者光驱。

若将 “Boot Other Device” 设置为 “Enabled”，计算机系统从上述的设备不能启动操作系统时，允许寻找其他所有的驱动器，以便启动系统。

5）设置键盘参数

“Boot Up NumLock Status” 选项用于设置系统启动后小键盘是处于数字状态还是编辑状态。如果设置为 “On”，表示开机后将小键盘设置为数字键状态；设置为 “Off”，表示开机后将小键盘设置为方向键功能。

“Gate A20 Option” 选项用于选择键盘输入是否采用有关系统存取 1MB 以上内存的方式。如果设置为 “Normal”，表示 A20 信号由键盘控制器或芯片组来控制：如果设置为 “Fast”，则表示 A20 信号由芯片组指定方式控制。由于芯片组控制器比键盘控制器要快，因此 “Fast” 应是首选设置。

“Typematic Rate Setting” 选项用于设置是否启用键盘击键率和击键延迟程序。系统默认设置为 “Disabled”，表示禁止启用击键率和击键延迟程序，由系统的默认设置来控制：若设置为 “Enabled”，表示启用击键率和击键延迟程序，则其中有以下两个选项可供设置。

“Typematic Rate（Chars/Sec）” 选项用于设置在 “Type matic Rate Setting” 启动的情况下，持续按住某键时，要以多快的速度重复输入相同的字符，设置时所选的单位为每秒多少字（Chars/Sec）。当更新 BIOS 程序码后，就需要对该项进行设置。其中可供设置的选项有 6、8、10、12、15、20、24 和 30，设置为其中一项就表示以多快的速度重复输入相同的字符。例如，设置为 6，表示以每秒 6 字的速度重复输入相同的字符。系统默认设置为 6，设置的数值越高，表示持续按键的重复输入速度就越高。

“Typematic Delay（Msec）”选项用于设置在“matic Rate Setting”启动的情况下，设置按下某一键时，延迟多长时间后开始视为重复输入该键。设置的单位为 1/1000 秒（毫秒，Msec）。当更新 BIOS 程序码后，就需要对该项进行设置。其中可供设置的选项有 250、500、750 和 1000，系统默认设置为 250。

6）其他设置选项

“Security Option”选项用于设置检查密码的方式。系统默认设置为“Setup”，表示只有进入 CMOS SETUP 时才要求输入密码；若设置为“System”，则表示无论是开机或进入 CMOS SETUP 均要输入密码。

3. 高级芯片组设置

高级芯片组设置界面如图 4-7 所示，主要设置内存芯片、BIOS 缓冲、延时处理和显存等选项。

1）System BIOS Cacheable

该选项用于设置是否允许 System BIOS（系统 BIOS）中的数据或指令通过缓存取得，从而确定系统 BIOS 的所有指令是否可以加入缓存系统中，以提高内存的存取效率，增加系统的整体性能。系统默认设置为“Disabled”，表示不允许系统 BIOS 中的数据或指令通过缓存取得，以降低发生冲突的可能性；若设置为“Enabled”，表示允许系统 BIOS 中的数据或指令通过缓存取得。因为在实际操作中，操作系统很少请求系统 BIOS，选择“Enabled”选项也难以改善系统的总体性能。

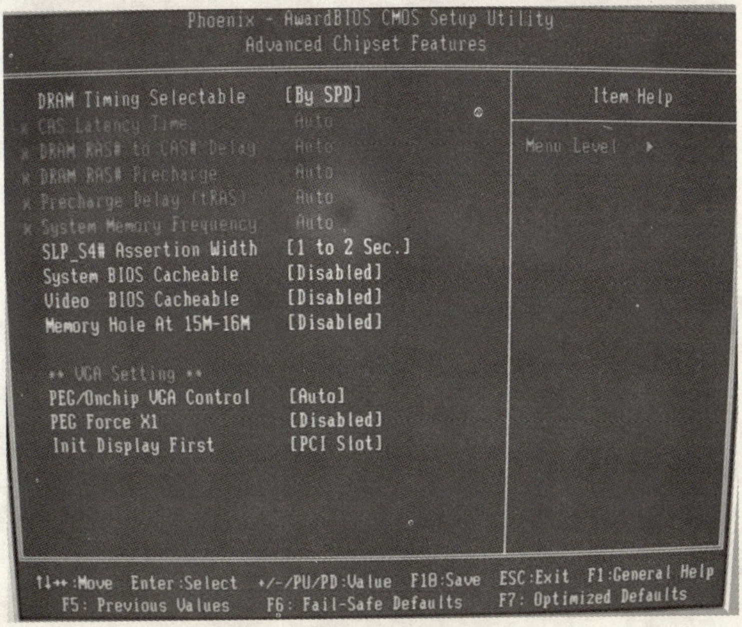

图 4-7　高级芯片组设置界面

2）Video BIOS Cacheable

该选项用于设置是否允许 Video BIOS（视频 BIOS）中的数据或指令通过缓存取得。系统默认设置为“Disabled”，表示取消此功能，以释放内存空间；若设置为“Enabled”，也与系统 BIOS 类似，实际操作中系统很少请求视频 BIOS，因而也很难改善总体性能。

3）Memory Hole At 15M－16M

该选项用于设置是否为 ISA 扩展卡保留一个地址空间。该功能是将系统内存的 15～16MB 内存地址作为 ISA 扩展卡内进行数据交换的缓冲区，而系统不再使用这段内存空间。系统默认的设置为“Disabled”，表示不为 ISA 卡保留空间：若设置为“Enabled”，表示为 ISA 扩展卡保留一个空间，操作系统就不能使用这段内存了。

4. 外部设备设置

外部设备设置界面如图 4-8 所示，主要对 IDE 控制器、USB 设备、开机首选显示设备、板载声卡、板载网卡等设备进行设置。

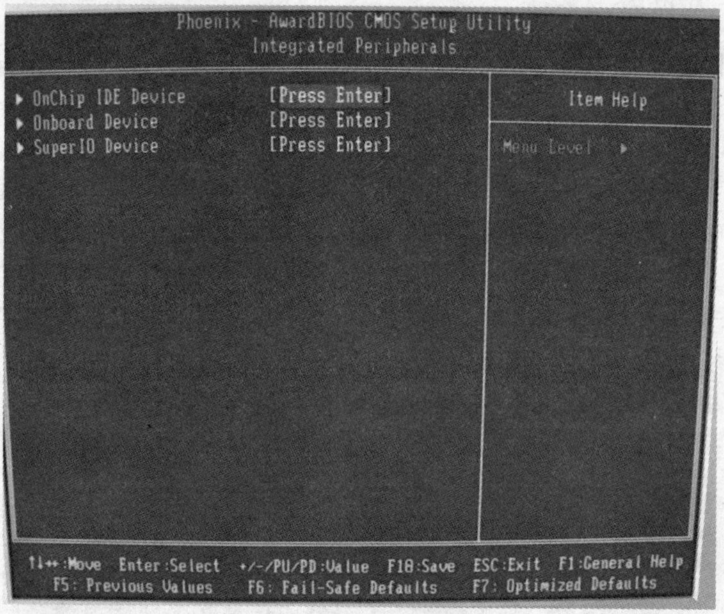

图 4-8 外部设备设置界面

1）设置 IDE 控制器

“OnChip IDE Device”用于设置是否使用芯片组内建的 IDE 设备，按下“回车”键可进行设置。

2）设置板载设备

“Onboard Device”用于设置是否使用板载设备，按下“回车”键可进行设置。

3）设置超级输入/输出设备

“Super IO Device”用于设置是否使用超级 I/O 设备，按下“回车”键可进行设置。

5. 电源管理设置

电源管理设置界面如图 4-9 所示，主要对 ACPI、屏幕和电源等设备进行设置。

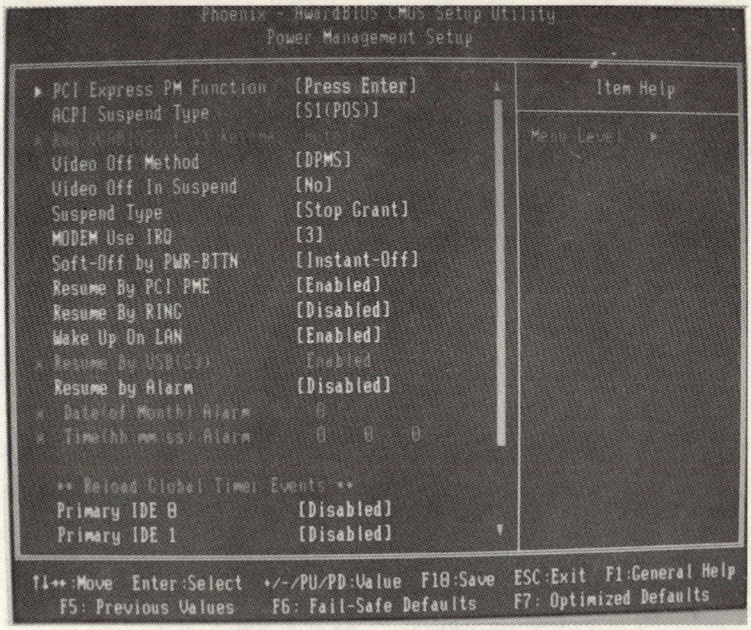

图 4-9　电源管理设置界面

1）设置 PCI 扩展槽功能

“PCI Express PM Function”用于设置 PCI Express 项目的功能，按下“回车”键可进行设置。

2）设置 ACPI 暂停类型

“ACPI Suspend Type”用于设置 ACPI 的暂停类型。

3）设置显示停止方法

“Video Off Method”用于设置显示的停止方法。

6. 即插即用与 PCI 设备设置

即插即用/PCI 设备设置界面如图 4-10 所示。这里只介绍有关系统安装和系统资源等选项的设置。

（1）“Reset Configuration Data”选项用于设置是否重新配置系统上所有的资源，并同步更新 ESCD（Extend System Configuration Date，扩展系统设置数据）中的数据。系统默认设置为“Disabled”，表示保留系统资源分配情况；若设置为“Enabled”，表示每次开机时，ESCD 会重新设置。

（2）“Resources Controlled By”选项用于设置系统上的 IRQ、DMA 等资源要由谁来进行分配。系统默认设置为“Auto（ESCD）”，表示 BIOS 将自动检测系统资源，并为所有的外部设备分配 IRQ 和 DMA 通道；若设置为“Manual”，表示如果遇到不能解决的问题冲突时，可人工分配 ISA 或 PCI 设备所占用的资塬，但人工分配时需保证没有 IRQ/DMA 和 I/O 冲突。

（3）“PCI/VGA Palette Snoop”选项用于设置是否启用显卡对调色板的颜色校正功能。系统默认设置为“Disabled”，表示不启用显卡对调色板的颜色校正功能；若设置为“Enabled”，表示启用该项功能，当显示器颜色异常（如反白等）时启用该项便可解决问题。

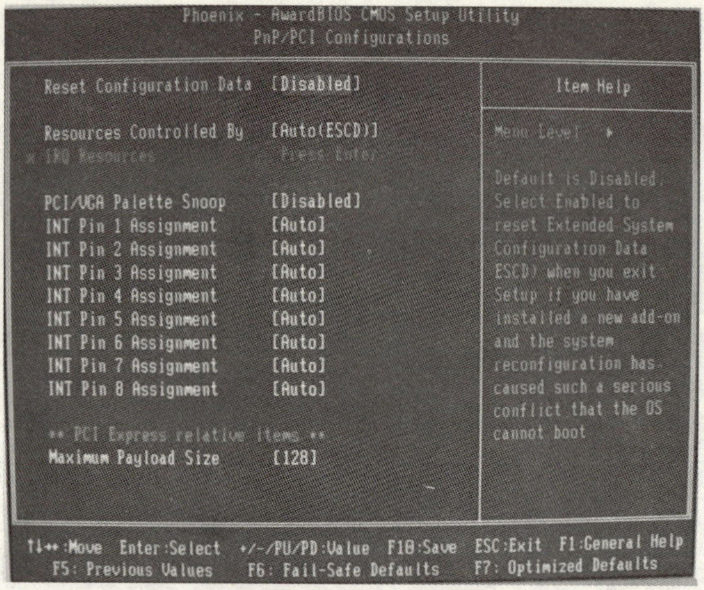

图 4-10 即插即用/PCI 设备设置界面

7. 系统状态监测设置

系统状态监测设置界面如图 4-11 所示，显示了系统的即时状态，让用户更进一步了解目前计算机的整体状况，而部分主板还有过热警示的机制，以避免计算机芯片温度过高而被损坏。

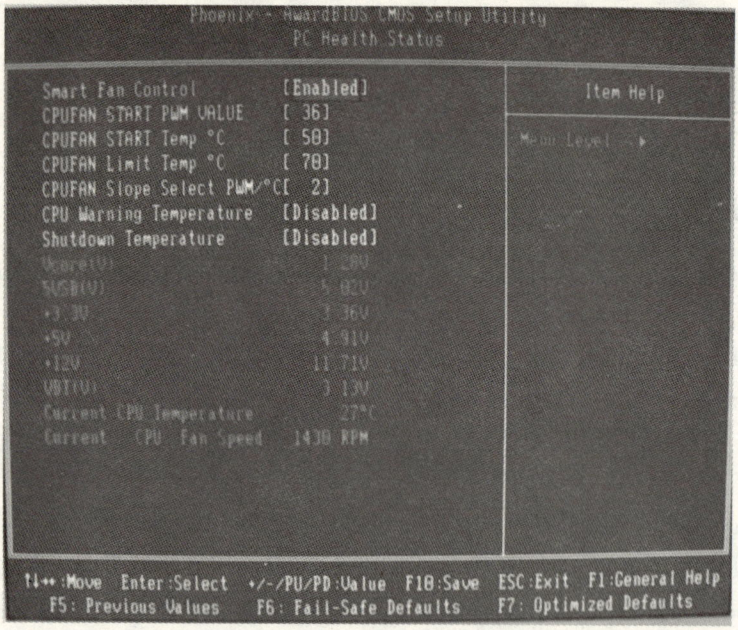

图 4-11 系统状态监测设置界面

（1）“Smart Fan Control”选项用于设置是否启用 CPU 风扇控制，系统默认为“Enabled”。

（2）“CPUFAN START Temp ℃”选项用于显示 CPU 风扇起始温度。

（3）“CPUFAN Limit Temp ℃”选项用于显示当前 CPU 的限制温度。

（4）“CPU Warning Temperature”选项用于设置 CPU 温度警告，默认为“Disabled”。

（5）“+3.3V”、“+5V”、“+12V”是主机电源对主板的供电电压，单位为 V（伏特）。

（6）“VBT（V）”选项用于显示 CMOS 的电池电压，单位为 V（伏特）。主机通电工作时，CMOS 存储器和计时电路由主机供电，同时主机上的电源系统还向 CMOS 电池充电，因而主机通电情况下，此选项显示的 CMOS 电池电压略高于电池的正常电压。

（7）“5VSB（V）”选项用于显示主机电源 5VSB 的输出电压，单位为 V（伏特）。

（9）“Current CPU Temperature”选项用于显示当前 CPU 的温度。

8. 频率/电压控制设置

频率/电压控制设置界面如图 4-12 所示，该选项主要用于设置 CPU 的工作频率和电压。

“Auto Detect PCI Clk”选项用于设置是否自动侦测 PCI 总线的时钟频率。系统默认设置为“Enabled”，表示系统将自动检测已安装的 DIMM 内存和 PCI 总线，之后自动供电钟给它，而屏蔽掉空闲的 DIMM 槽和 PCI 槽上的时钟信号；若设置为“Disabled”，表示系统将使用内定的 PCI 总线频率。

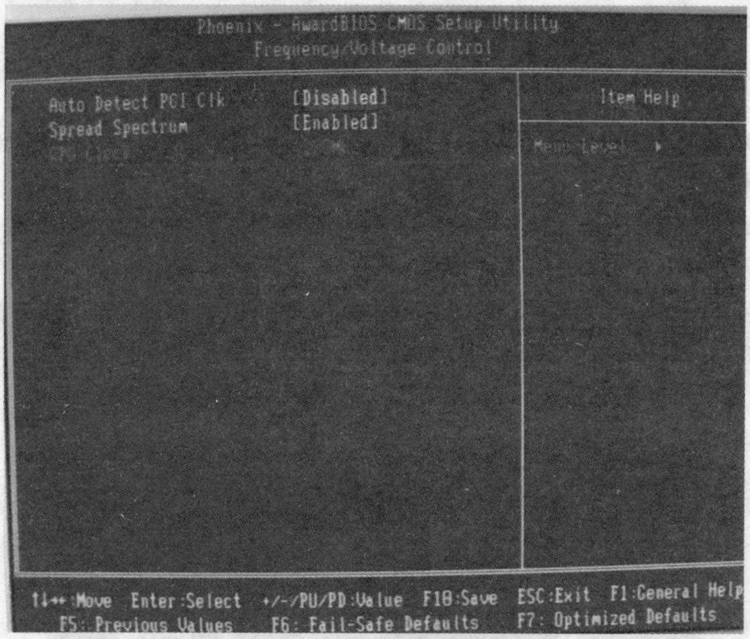

图 4-12　频率/电压控制设置界面

“Spread Spectrum”选项用于设置是否启用电磁辐射抑制功能，系统默认为“Enabled”，表示启用电磁辐射抑制功能；若设置为“Disabled”，表示关闭此功能。

9. 密码设置

为了防止他人随意使用自己的计算机和保护计算机中的数据，用户可以通过 BIOS 设置密码。设置密码后，系统启动时进入系统或进入 BIOS 程序时都必须输入密码。

在 BIOS 设置界面中，提供了“Set Supervisor Password”和“Set User Password”两个密码设置选项。“Set Supervisor Password”针对系统开机和 BIOS 程序所设置的密码；“Set User

Password”只针对系统开机所设置的密码，设置该选项必须在“Advanced BIOS Features”选项中将“Security Option”设置为“System”后才会生效。

1）设置密码

在 BIOS 中设置密码的操作步骤如下。

（1）在 BIOS 设置主界面中，分别用键盘上的方向键选择“Set Supervisor Password”和“Set User Password”选项。之后按回车键，在弹出的的密码输入框中输入 1 ~8 个字符。

（2）按回车键，根据提示要求再次输入密码以对输入的密码进行确认，输入完成后按回车键即可。

（3）完成 BIOS 密码的设置后，当重启计算机时，在开机画面中会弹出密码输入框，要求用户输入密码；否则，不能进入系统。当按【Delete】键进入 BIOS 程序后，也同样会弹出一个密码输入框，要求用户输入密码；否则，不能进行下一步的设置。

2）清除密码

清除密码的操作非常简单，在设置密码的步骤（1）弹出密码输入框时，不进行其他任何输入操作，直接按回车键，同样在弹出“密码设置”输入框中设置也可在出现密码设置对话框中直接按回车键，即可清除上次设置的密码。

10. 初始化 BIOS

使用 CMOS 参数默认设置不但可以免去设置 CMOS 参数的麻烦，还可以在 BIOS 设置出现问题时及时恢复默认设置，从而使系统正常运行。

1）载入出厂时的默认值

用户若需要在 BIOS 设置中得到更为安全的默认值，可以直接通过在 BIOS 主界面中选择“Load Fail-Safe Defaults”即可。在 BIOS 设置主界面中，用键盘上的方向键选择“Load Fail-Safe Defaults”选项后按回车键，弹出如图 4-13 所示的提示框，根据提示信息按【Y】键，即可载入 BIOS 的默认值。

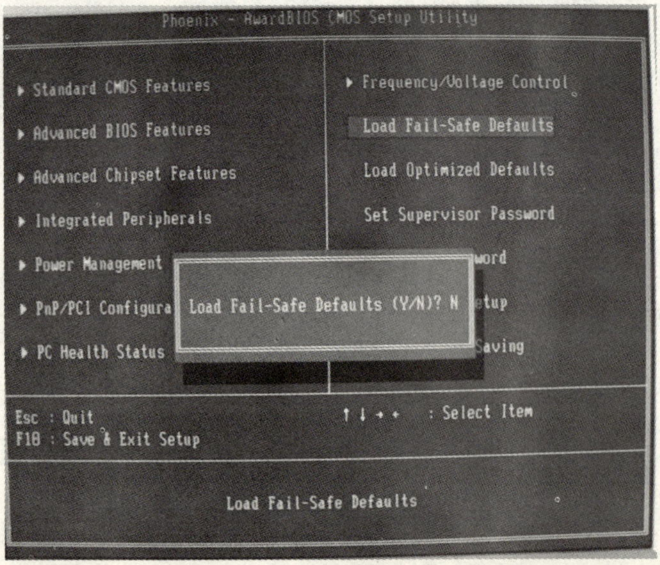

图 4-13 提示加载默认设置

2）载入最优化的默认值

为了使计算机达到最好的状态，就需要对 BIOS 进行最优化设置。在 BIOS 设置主界面中设置“Load Optimized Defaults”选项，即可载入系统最优化的设置。在 BIOS 设置主界面中用键盘上的方向键选择“Load Optimized Defaults”选项，之后按回车键，弹出如图 4-14 所示的提示框，根据提示信息按【Y】键，即可载入 BIOS 的最优化值。

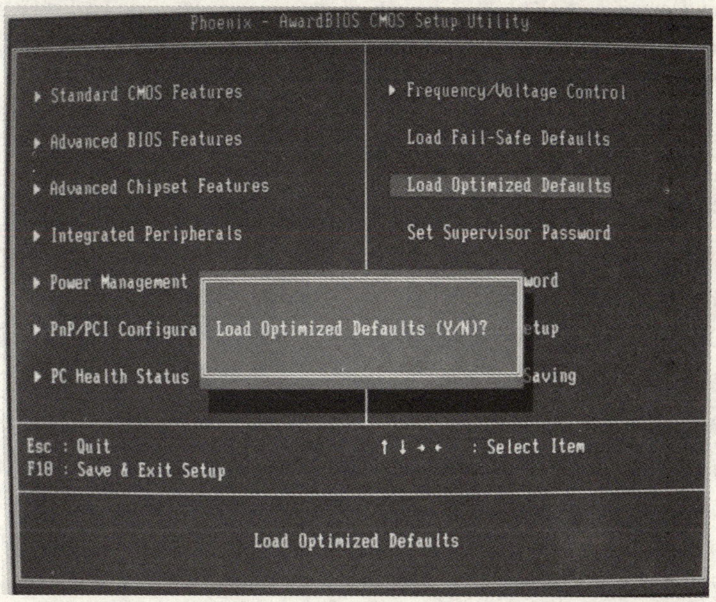

图 4-14　提示加载最优化的设置

4.2.3　BIOS 的优化设置

虽然主板 BIOS 的默认设置能保证整个计算机系统的稳定性，但却并不能最大限度地发挥计算机系统的性能，要想在安全运行的前提下提高计算机的整体性能，可以对 BIOS 设置进行优化。

1. 启动的优化

开机启动计算机后，计算机要经过 BIOS 的开机自检、初始化数据和引导操作系统等步骤，之后用户才能进入操作系统，并利用计算机进行各项工作。

除了 CPU 的主频直接影响计算机的启动速度以外，减少启动过程中所需检测的内容显然也能缩短启动的时间。BIOS 中有一些设置可以提高计算机的启动速度，主要有以下几个方面。

- “Halt On”默认设置为“All Errors”，表示在 POST（Power On Self Test，加电自测试）过程中有任何错误都会停止启动，这样能够保证系统的稳定性。为了提高启动的速度，可以把它设为“No Errors”，即在任何时候都尽量完成启动。
- “Video”优化设置为“EGA/VGA”，可以提示系统启动的速度。如果设置为“MONO”，会减慢系统启动的速度。

- “Virus Warning/Anti-Virus Protection”优化设置为“Disabled”，将病毒防护功能交由系统中专门的杀毒防毒软件处理，从而提高系统的启动速度。
- “Quick Power On Self Test”优化设置为“Enabled”，表示系统在自检时，可以跳过某些自检选项（如内存）的检测，直接进入引导程序，从而提高开机自检的速度，缩短启动时间。
- “First Boot Device”优化设置为第一主硬盘，表示直接进入主引导硬盘。
- “Gate A20 Option”优化设置为“Fast”，表示要用比键盘控制器快的芯片组控制器来管理，可以提高内存存取的速度和系统整体性能，特别是对于OS2和Windows等操作系统来说非常有效。
- “OS Select For DRAM > 64MB”优化设置为“Non-OS2”，表示不使用OS操作系统，从而减少开机检测的时间。
- “Above 1MB Memory Test”优化设置为“Disabled”，则在启动过程中会省略对1MB以上内存的检验，从而缩短启动时间。
- “Delay IDE Initial”用于设置硬盘初始化延迟时间。目前有些新版BIOS的开机引导过程非常快，以至于有些IDE硬盘来不及进入工作状态而不能被BIOS检测，也就不能进行初始化。该选项就是用来设置在引导过程中对这类IDE硬盘初始化的延迟时间。为了提高启动速度，可将该值设置为0。但是若出现硬盘初始化失败的错误，则应该将该项设置值适当加大，最大设置值为15s。
- “Load Optimized Defaults”是BIOS本身作为最优化的默认选项，进行优化时，只需选择该选项，之后按回车键将其载入即可。

2. CPU 的优化

CPU是计算机系统的硬件核心，在BIOS设置中对其进行优化，可以有效地提高系统性能。

- “CPU Internal Cache”优化设置为“Enabled”，表示启用CPU的内部缓存（一级缓存）。CPU的一级缓存对机器的整体性能有很大影响，关闭以后系统的性能会下降几个数量级。
- “External Cache”优化设置为“Enabled”，表示启用CPU的外部缓存（二级缓存），可以提高CPU的运算速度。
- “CPU L2 Cache ECC Checking”优化设置为“Disabled”，表示禁止使用ECC校验功能。启动该选项将会延长系统的自检时间，使系统运行速度降低2%～4%。
- 若计算机的内存速度不够快或质量不好，可将“CPU Latency Timer”选项设置为“Enabled”，这样可以保证系统的稳定；若内存速度较快或内存质量较好，可以在较高的速度下超频使用，则可以将其设置为“Disabled”，将该项关闭，以提高系统速度。
- “Delayed Transaction”该项常用于PCI和ISA总线间的数据交换，若ISA总线比PCI慢得多，选择“Enabled”选项，可以提供32位写缓冲作为延迟处理空间；若不使用ISA显示或PCI2.1标准不兼容，则选择“Disabled”选项。

3. 磁盘的优化

硬盘存储着计算机操作系统等软件，是计算机中最重要的外部存储设备，它对于数据的存取非常重要。

- "IDE Primary Master" 优化设置为 "User"，这样可以节省系统检测硬盘参数的时间，加快系统启动速度，提高系统整体性能。
- "Access Mode" 优化设置为 "LBA"，启动逻辑区块寻址模式，既方便又安全，同时还省去了系统搜索和检测的时间。
- "IDE HDD Block Mode" 优化设置为 "Enabled"，通过区块传输模式，可以提高硬盘的访问速度。
- "HDDS. M. A. R. T Capabity" 优化设置为 "Enabled"，启动硬盘自检功能，可以增加系统的稳定性。
- 目前软驱的使用率较低，若计算机中没有软驱，最好将 "DriveA/DriveB" 选项优化设置为 "None"，这样可以提高系统自检的速度。
- "Seek Floppy" 优化设置为 "Disabled"，表示开机时不检查软驱。开启此功能，则会引起 1 ~ 2s 的延迟。

4. 内存的优化

内存在计算机中的作用是举足轻重的，内存的容量、速度及数据在交换过程中的完整性检测等都是影响计算机整体性能的重要指标。

- 有些版本的 BIOS 称 "SDRAMC ASLatency Time"，选项为 "SDRAM Cycle Length"。该项控制 SDRAM 从接到读取命令到开始执行读取命令之间的延迟时间，同时也决定在突发式读取模式下完成第一部分数据读取的时间。因此，延迟的时间越短，处理的速度越快，一般可将其设为 2。若发现系统运行速度不稳定，则可将其设为 3。在支持 DDR 内存的主板 BIOS 中，应将 CL 值设置为 2.5。
- "SDRAM Precharge Control" 用于设置由谁来控制 SDRAM 的预充电时间。若设置为 "Disabled"，则由 CPU 来控制，此时系统的运行比较稳定。若设置为 "Enabled"，则由 SDRAM 来控制，此时会减少 SDRAM 的预充电次数，提高系统的运行速度。因此，除非发现系统运行不稳定；否则，为了提高系统的运行速度，应优化设置为 "Enabled"。
- "Bank OFl"、"2/3"、"4/5、DRAM Timing" 这 3 个选项优化设置为 "Turbo"，内存访问将以最快的速度进行。若此时发现系统运行不稳定，则可以降低其值。
- "Enable DRAM 4K-Page Mode" 优化设置为 "Enabled"，可以提高内存的整体性能。
- 若 DRAM 负载不是很大（如 DIMM 插槽中只有一块或两块内存），这时可以将 "Enable DRAM Read Latch" 选项设置为 "No Delay" 或 "0.5ns"，降低 DRAM 读取数据的延迟，以提高内存的读取速度。当负载很大，即有多个内存时，可以设置较长的延迟时间，若设置为 "Auto"，可交由 BIOS 自己处理。
- "MD Driving Strength" 用于设置芯片组北桥芯片访问内存的驱动强度。若内存负载很重，为了增强读写信号以及数据的准确性，可将该项设置为 "Hi"，以避免高速情况下访问内存失败。
- "Memory Hole" 优化设置为 "Disabled"，将 ISA 中预留的内存资源释放。这种周边设备在计算机中已经很少使用，因而为此预留的 15 ~ 16MB 内存不释放出来就会浪费了。

5. 显卡的优化

显卡作为计算机运行必不可少的视频设备，其本身的物理特性与BIOS设置中的相关设置参数是否一致，直接通过POST自检进行验证，正确的设置往往能够缩短开机检测过程中所需的时间，而且能够最大限度地发挥该硬件的性能。

- "Init Display First"选项的优化设置根据所使用的显示设备来进行，若使用的是AGP显卡，设置为"AGP"就可以提高启动的速度。若使用的是UPCI显卡，则设置为"PCI Slot"。
- "PCINGA Palette Snoop"选项可以修正某些显卡中存在的问题。大多数用户都应该关闭（Disabled）该功能，除非显卡要求打开该功能。
- "AGP Graphics Aperture Size"选项用于设置主存储器在必要时可提供给AGP显卡暂时保存数据的容量。设置的数值越大，则AGP显卡占用的容量越大，因而显示速度越快。若为了提高显示速度，可以将该顶的值设置得大一些。
- "Video BIOS Shadowing"优化设置为"Enabled"，可将显卡BIOS映射到RAM中，以加快访问速度。映射内存可以提高CPU读取显卡BIOS的速度，因为此时CPU可以直接从RAM中读取数据，而不必从原来的总线读取。
- "Video BIOS Cache able"优化设置为"Enabled"，启用显卡BIOS缓存，可以提高显示速度。对于采用图像加速功能的显卡，可以尽可能多地配置缓冲存储器。另外，使用随机携带的或通用的显卡驱动驻留程序，也能提高在DOS下的图形显示能力。
- "VideoCache Cacheable"优化设置为"Enabled"，启用显卡高速缓存，可以提高显示速度。
- "AGP Aperture Size"设置的值越大，AGP显卡可以存取的内存区域也越大，因此显示速度也会越快。默认值为64MB。
- "AGP 4X Mode"优化设置为"Enabled"，启用AGP4X模式传输数据，可以提高显卡数据传输速率。
- 首先将"AGP Driving Control"设置为"Manual"，以便设置AGP驱动值（AGP Driving Value）。"AGP Driving Value"决定AGP总线信号的强度，设置值越大，信号越强。

6. 其他优化设置

在BIOS的优化设置中，除了前面介绍的启动、CPU、磁盘、内存和显卡外，还可以在其他方面进行优化，以提高计算机的性能。

- "8/16 - bit FO Recovery time"选项可以设置8/16位ISA指令等待时间。增加该数值将延长等待的时间，减小该数值将缩短等待时间，将值设为"0"或"NA"将使等待时间为0，这时性能达到最优。
- "Passive Release"优化设置为"Enabled"，表示允许PCI总线被释放来打开CPU到PCI总线存取，这样处理器就能同时对PCI和ISA设备进行操作，同时还能避免ISA扩展卡出现速度跟不上的问题。
- "Read-Around-Write"优化设置为"Enabled"，当处理器乱序执行工作时，读命令指向的地址为最近写入的信息，可以提高缓存的命中率。
- "Flash BIOS Protection"选项用于设置禁止未授权用户和计算机病毒（如CIH）对

BIOS 的写入，为了系统安全着想，一般设置为“Enabled”。在对 BIOS 进行升级时，再设置为“Disabled”。

- “CPU Warning Temperature”设置为“Enabled”，当 CPU 超过设定的温度时，主板会发出警告信号，并调用 idle 指令减少 CPU 的负担，降低芯片热量。
- “Typematic Rate Setting”优化设置为“Enabled”，可以调节输入速率和输入延迟，加快文字处理效率。

4.3 BIOS 升级

4.3.1 BIOS 升级的作用

1. 解决兼容性问题

在当今软、硬件产品层出不穷，各种标准无所不在的情况下，也许刚刚推出的主板就会对某些新硬件或软件不支持，或者存在不兼容问题。例如，主板推出时只能识别 1.6GHz 的 Pentium Ⅳ CPU，而不支持 3GHz 的 Pentium Ⅳ CPU ，此时必须对 BIOS 进行升级。

2. 排除 Bug

有些厂商为了提高产品性能、增强功能，对其 BIOS 会添加一些独特的模块或程序，往往这些操作中可能存在一些 Bug，因此需要升级 BIOS。

3. 增强功能

BIOS 软件代码进行优化设计，使其执行效率更高，性能得到提升。另外，还对 BIOS 的一些默认参数进行了优化设置。

4.3.2 BIOS 升级注意事项

（1）在升级 BIOS 的过种程中，要保证电源的持续，最好配上 UPS 电源，以备不时之需。

（2）BIOS 升级文件一定不能选错，特别要注意选择与自己主板型号相似的主板 BIOS。

（3）刷新 BIOS 的操作最好在硬盘上运行。因为软盘质量无法保证，容易出现坏道，而且软盘的速度远不如硬盘，在其上刷新 BIOS 是比较危险的。

（4）如果以前没有刷新 BIOS 的经验，最好在有人指导或有相关资料的情况下进行。

4.3.3 BIOS 升级 SOP（AWARD BIOS）

如图 4-15 所示。

（1）用软盘或 U 盘（纯 DOS 启动盘）启动计算机，进入图 4-15 所示的界面。注意：如果用 Windows 系统光盘启动，到这里一定要按“Shift + F5”键进入命令行模式。

（2）找到存放 BIOS 文件和刷新工具的目录。注意：后面加的参数会在下载 BIOS 后的 Readme 文档中找到，参数间不要空格。

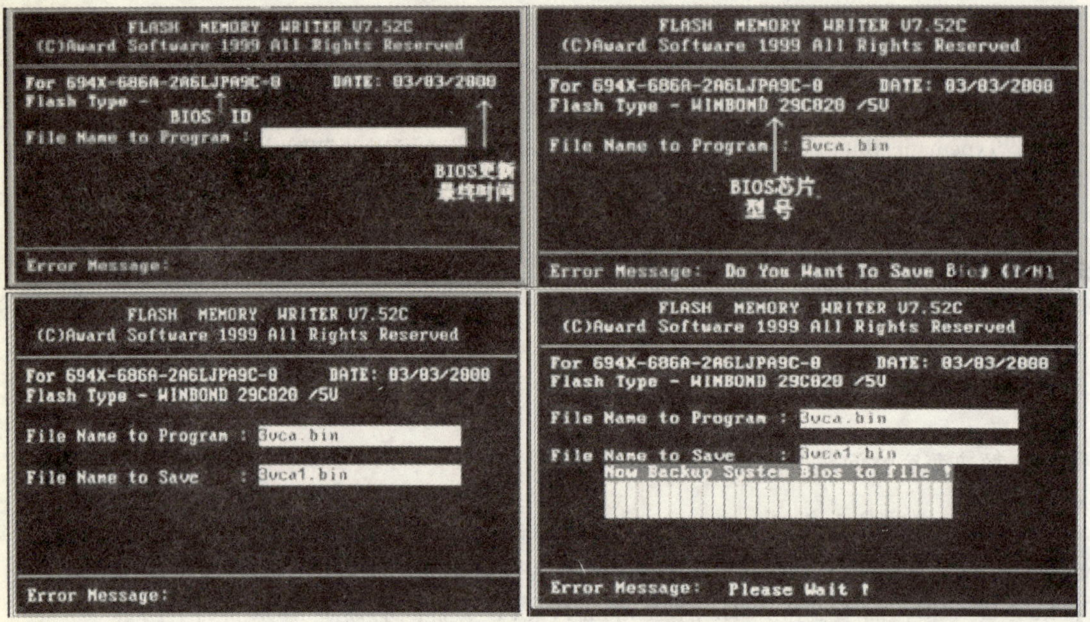

图 4-15 AWARD BIOS 升级界面

（3）等待刷新开始。

（4）刷新完成后，按“F1”键重新启动计算机。

4.3.4 拯救升级失败后的 BIOS

一旦升级 BIOS 失败，就会造成计算机无法启动。操作不当可能会造成严重后果。一般情况下，引起 BIOS 升级失败原因有以下 5 种。

（1）在写入新 BIOS 的过程中突断电。

（2）BIOS 文件与型号不匹配。

（3）升级用的启动软盘上有坏道。

（4）刷新程序强行刷新“Boot Block”引导块。

（5）BIOS 文件自身不正确。

只要芯片物理上没有损坏，只是数据被改写，就可以法重新修复。

1）用备份的 BIOS 文件恢复

升级失败后，只要还没有关电源，按照前面升级 BIOS 的步骤操作，然后在输入文件名的位置输入备份的 BIOS 文件名，程序会自动恢复 BIOS。

2）用 Boot Block 块恢复

BIOS 的 Boot Block 块支持 ISA 的显卡和软驱，并且可以执行引导软盘上的 AUTOEXEC. BAT 文件。如果 BIOS 的 Boot Block 块没有损坏，就可以利用它将一个刷新失败的 BIOS 芯片恢复。

判断 Boot Block 块是否损坏的一个重要依据是，在系统启动时，软驱是否有自检动作（软驱灯是否亮，以及是否听见软驱马达转动的声音）。如果软驱有动作，并且当软驱灯熄灭后按回车键，软驱再次产生读盘的动作，那么就可以基本判定 Boot Block 块没有损坏。修复时，可以采用老式的 ISA 显卡，或者采用“盲操作”法，借助 AUTOEXEC. BAT 文件自动完成 BIOS 的恢复工作。下面以 AWARD 的 BIOS 为例，介绍具体的操作步骤。

（1）格式化一张系统盘（在别的机器上操作）。因为升级 BIOS 必须在 DOS 环境下操作，所以系统盘上除了系统文件外，不能有其他配置文件。

（2）把 BIOS 刷新程序 AWDFlash. exe 和 BIOS 数据文件拷到该系统盘上。

（3）在系统盘中建立 AUTOEXEC. BAT 文件，其内容如下：

```
AWDFlash xxxx. bin/PY/SB/SN/CD/CP
```

其中，xxxx. bin 是 BIOS 数据文件，各参数的含义如下：

- /PY：自动完成 BIOS 的刷新工作。
- /SB：不备份系统旧的 BIOS 文件。
- /CD：刷新 BIOS 后立即清除 DMI 数据。
- /CP：在刷新结束后，立即清除即插即用数据（ESCD）。

（4）调整一下机器的配置，把系统中无关的板卡和硬盘线拔下，只保留软驱。

（5）将做好的启动盘插入软驱后重新启动，系统会“自动”更新 BIOS，可以发现软驱的电源灯亮，有读盘的动作，等数分钟后再重新启动。一般情况下，系统已经恢复正常了。

3）热插拔法

如果 BIOS 升级失败或被病毒破坏后，Boot Block 引导块也损坏了，可以尝试用热插拔法来修复。

当计算机正常启动后，BIOS 已完成了它的使命，如果此时把 BIOS 芯片拔下来，不会影响系统的正常工作。这时，把损坏的 BIOS 芯片插回主板，运行相应的刷新程序就可以重新把 BIOS 文件刷回来。下面介绍具体的操作步骤。

（1）拔起所有遮挡在 BIOS 芯片上方的扩展卡，使 BIOS 芯片完全暴露出来。

（2）将 BIOS 芯片从插座中小心地拔出来。对于 DIP 封装的芯片，用一把小型平口起子，在芯片的两边插入慢慢撬起。注意：要两边对称慢慢撬，一次不要撬起太多，以免将插脚折断。对于 PLCC 封装的芯片，则要采用专用的芯片拔取器来操作。用 ROM 拔取器夹住 BIOS 芯片的一角及其对角，压住拔取器，笔直地将芯片从插座中向上拔出。注意：夹住的必须是芯片非斜角所在的一角，拔取器的爪应尽可能深入插座中。

（3）仔细查看 BIOS 芯片的引脚有无弯折。如果有，将它们扳正。然后再将它插回到插座中。插入时，不要插得太紧，只要保证每一只引脚都和插座刚好接触到就行了。在 BIOS 芯片上，其陶瓷封装的一边有一个缺口，表示芯片引脚的排列方向。插入之前必须保证芯片和插座上的缺口处方向一致。如果插反了，则会烧毁 BIOS 芯片甚至主板。

（4）启动计算机，进入纯 DOS 状态。

4）用编程器修复

如果 BIOS 已经被破坏或想升级却又担心万一出问题，那么用编程器升级、修复是最安全、最方便的方法。这样，就可以在任何一台计算机上用编程器来升级或修复 BIOS。当烧录好后，只要插在主板上即可使用。如果发现不正常，可以重新烧录。编程器类型很多，有并口的高档编程器，也有插卡式的和性能一般的普及型编程卡。

第 5 章　硬盘分区和格式化

硬盘分区是指将硬盘的物理空间划分为多个大小不同的逻辑分区。硬盘分区分为主分区和扩展分区。一般在一个硬盘上创建一个主分区和一个扩展分区，再把扩展分区划分为若干个逻辑驱动器。

5.1　常用硬盘分区工具

在进行硬盘分区之前，首先要准备一张系统启动盘，其次要做好硬盘分区的规划。下面分别介绍如何制作系统启动盘和规划硬盘分区。用户完全可以根据自己安装的操作系统类型、数目及应用目的来对硬盘进行分区规划。

1. 制作系统启动盘

在进行硬盘分区之前，必须要准备一张系统启动盘。目前，Windows 2000、Windows XP 和 Windows Sever 2003 等操作系统安装光盘均可直接用于启动系统。若没有这样的光盘，则可以在 Windows 操作系统下创建系统启动软盘。

（1）执行“开始”菜单命令“设置”→“控制面板”，弹出“控制面板”窗口，之后双击“添加删除程序”图标打开“添加删除程序属性”对话框。

（2）把一张空白软盘放进软驱内，选择“启动盘”标签并单击“创建启动盘”按钮，参照对话框中的提示进行操作即可。

2. 进入 Fdisk 分区界面

常用的硬盘分区工具有很多，如 Fdisk、Partition Magic 等。下面将以 Fdisk 为例，介绍如何对硬盘进行分区。

（1）用带有 Fdisk 命令的系统启动软盘或光盘启动计算机。

（2）在开机显示屏幕信息时，按“Delete”键，进入 BIOS 设置界面，在其中设置系统由软驱启动。若采用光盘启动计算机，则设置系统由光驱启动。按“Esc”键退出 BIOS 设置主界面，再按“F10”键保存设置后退出。

（3）系统由软盘启动，按回车键后，在弹出界面的根目录下输入 Fdisk 命令。如图 5-1 所示。

图 5-1　软盘启动并输入 Fdisk 命令

(4) 按回车键，弹出如图 5-2 所示的界面，提示磁盘容量已经超过了 512MB，为了充分发挥磁盘的性能，建议选用 FAT32 文件系统。

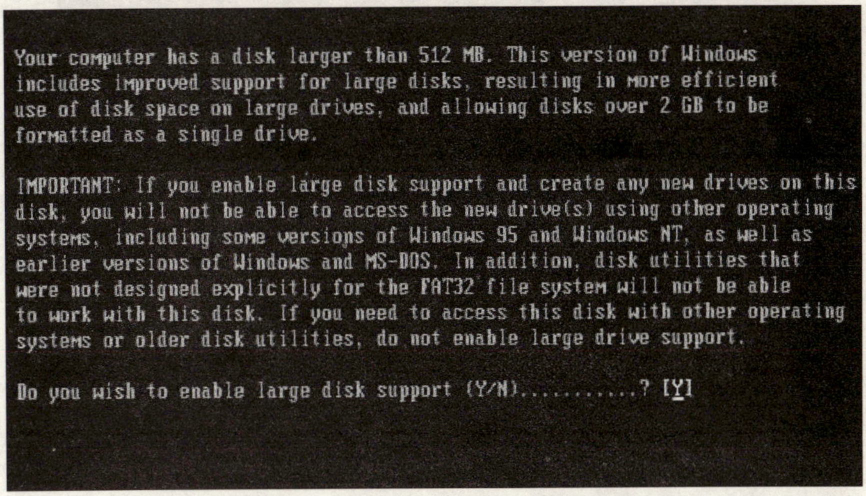

图 5-2　提示使用 FAT32 文件系统

(5) 默认选择为“Y”，按回车键确认，弹出 Fdisk 分区主界面，如图 5-3 所示。在该界面中有创建 DOS 分区或逻辑驱动器、设置活动分区、删除分区或逻辑驱动器和显示分区信息 4 个选项。

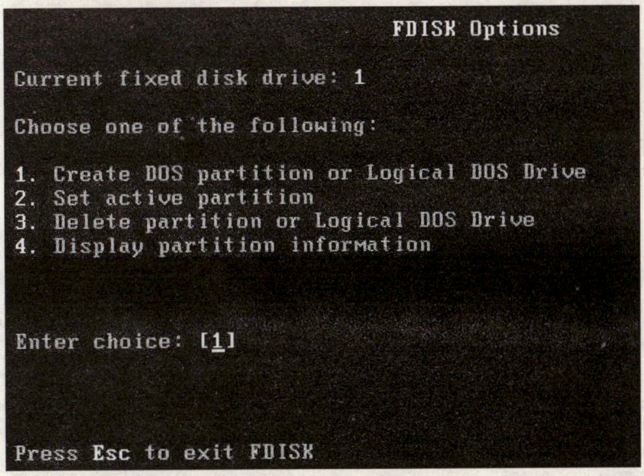

图 5-3　Fdisk 分区主界面

(6) 选择创建 DOS 分区，在“Enter choice”后面的“[ ]”中输入“1”后按回车键，将弹出如图 5-4 所示的 Fdisk 创建分区界面。该界面有创建主分区、创建扩展分区、创建逻辑分区 3 个选项。

3. 创建主分区

下面介绍创建主分区（Primary Partition）的操作步骤。

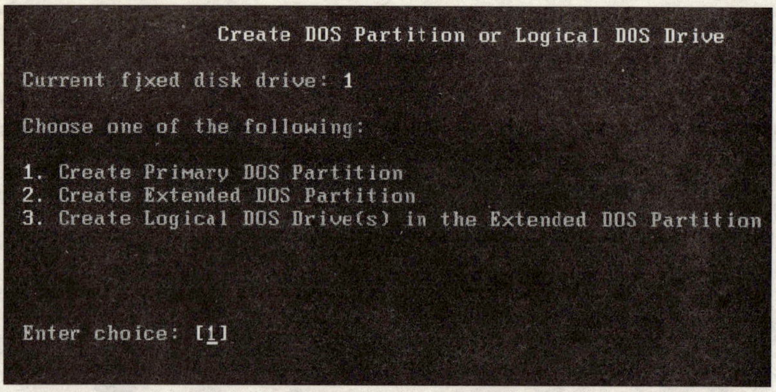

图 5-4 Fdisk 分区界面

（1）在 Fdisk 创建分区界面中，选择第 1 个选项并按回车键，系统开始检测硬盘，之后弹出如图 5-5 所示的界面，询问是否将最大的可用空间全部都作为主 DOS 分区。目前的硬盘容量都比较大，并不建议把整个空间都用于主 DOS 分区。

图 5-5 创建主分区提示界面

（2）按“[N]”键，在弹出的界面中设置主分区的容量，可直接输入分区大小（以 MB 为单位）或分区所占硬盘容量的百分比（%），如图 5-6 所示。

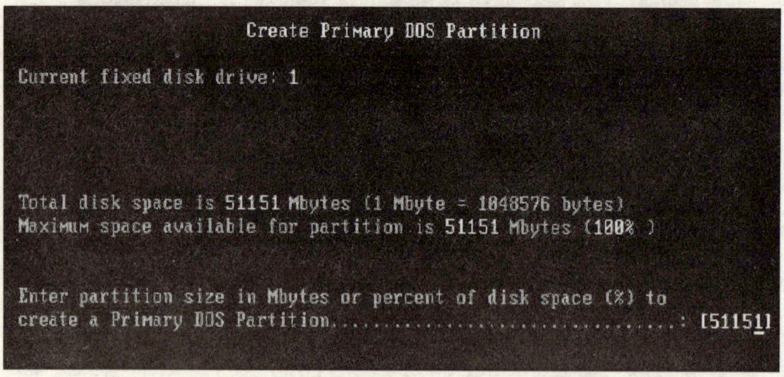

图 5-6 设置主分区容量

（3）根据硬盘容量和自身需要输入数值后，按回车键确认，创建好的主分区 C 盘如图 5-7 所示。

图5-7　创建好的主分区C盘

4. 创建扩展分区

主分区创建完成后就可创建扩展分区（Extended Partition）了。

(1) 按［Esc］键返回到Fdisk分区主界面（参见图5-3），选择第1个选项创建DOS分区或逻辑驱动器。

(2) 按回车键，在弹出的界面中选择第2个选项（参见图5-4），开始创建扩展分区。

(3) 按回车键，在弹出的如图5-8所示的界面中，输入要创建的扩展分区的大小或分区所占硬盘容量的百分比。

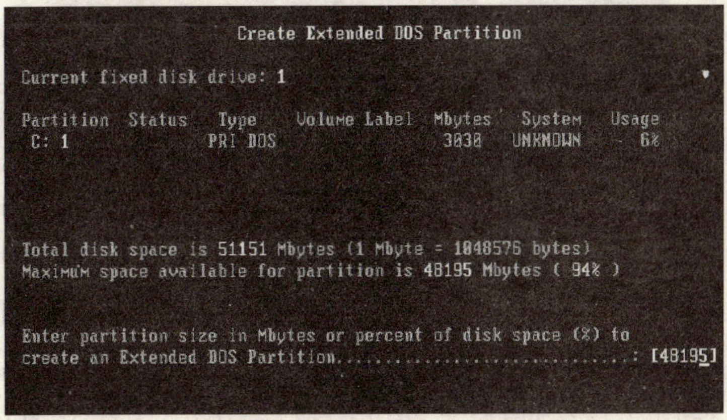

图5-8　创建扩展分区容量

(4) 按回车键，扩展分区创建成功，如图5-9所示。

图5-9　创建好的扩展分区

5. 创建逻辑分区

主分区和扩展分区创建完成后，还可创建逻辑分区（Logical Drives）。

（1）按【Esc】键返回如图5-4的分区界面，选择“3”按回车键打开如图6-10所示创建逻辑分区的界面。

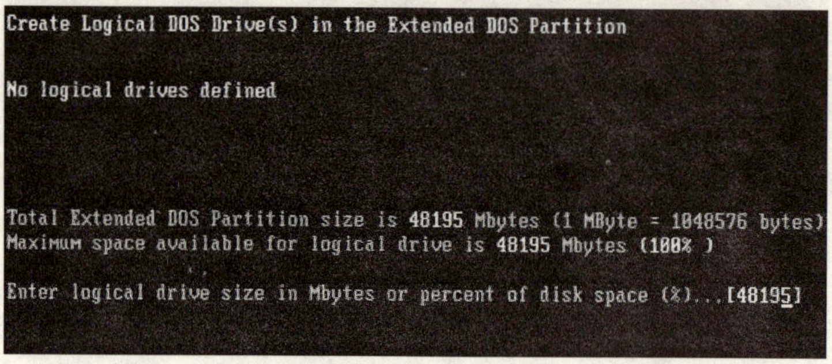

图5-10 创建逻辑分区界面

（2）在此界面中，输入第一个逻辑分区D盘的大小或分区所占硬盘容量的百分比。

（3）按回车键，创建好的逻辑分区如图5-11所示。

图5-11 创建好的逻辑分区

6. 设置活动分区

设置活动分区（Active Partition）的具体操作步骤如下。

（1）按［Esc］键返回到Fdisk主界面，选择第2个选项设置活动分区。

（2）按回车键，在弹出的如图5-12所示的界面中选择第1个选项，即设置C盘为活动分区。

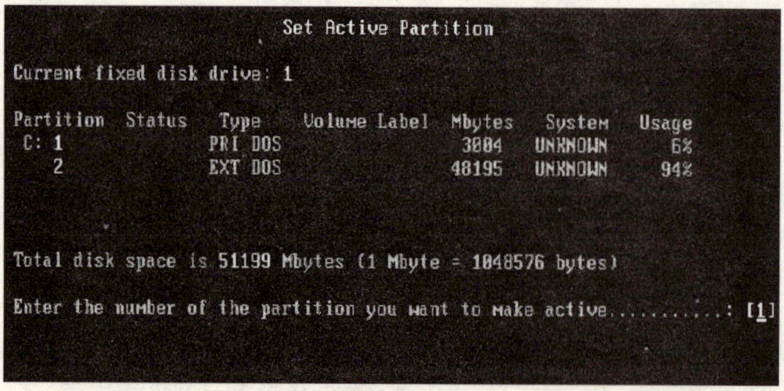

图5-12 设置活动分区界面

(3) 按回车键，C盘已经成功设置为活动分区，如图5-13所示。

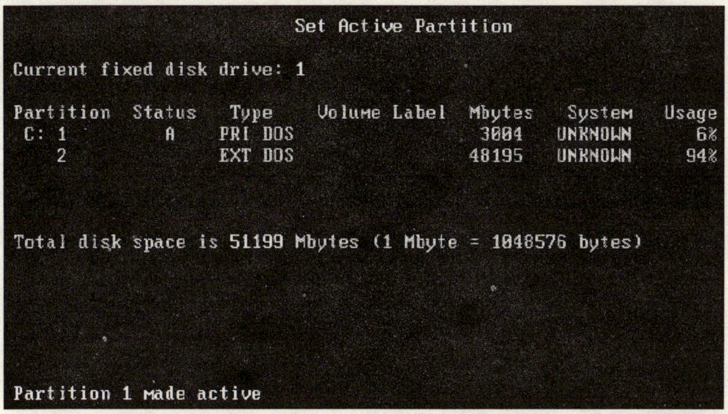

图5-13　创建好的活动分区

成功设置C盘为活动分区后，必须重新启动计算机，硬盘分区才能生效，计算机会显示稍后重启计算机的提示信息。

5.2　硬盘格式化方法

对于刚完成分区后的硬盘，主分区需要格式化后才能安装操作系统，而其他分区则可以在安装操作系统后在Windows图形界面下进行格式化操作。

1. 在DOS下用Format命令格式化硬盘

在DOS下格式化硬盘的操作步骤如下。

(1) 用启动盘启动计算机，进行DOS命令状态，在系统根目录下输入命令"Format C:/s"，表示对C盘进行格式化。

(2) 按回车键，系统提示："若对C盘进行格式化，C盘上的所有数据将会丢失，是否继续?"按"Y"键，系统即开始格式化操作，并显示格式化的进度。

(4) 格式化结束后，系统会提示输入所格式化磁盘的卷标名，输入卷标名后按回车键，也可不输入卷标名直接按回车键跳过。

(5) 参照步骤(1)~(4)，对D盘、E盘等进行格式化即可。

2. 在Windows下格式化硬盘

在Windows下格式化硬盘的具体操作步骤如下。

(1) 打开"我的电脑"，在要格式化的驱动器（如E盘）上单击鼠标右键，之后在弹出的快捷菜单中选择"格式化"选项。如图5-14所示。

(2) 在打开的"格式化"对话框中设置文件系统、分配单元大小及格式化选项等。单击"开始"按钮，出现误操作提示对话框，此时单击确定即可对硬盘进行格式化操作，格式化完成后显示格式化完成对话框，单击确定后退出格式化程序。如图5-15所示。

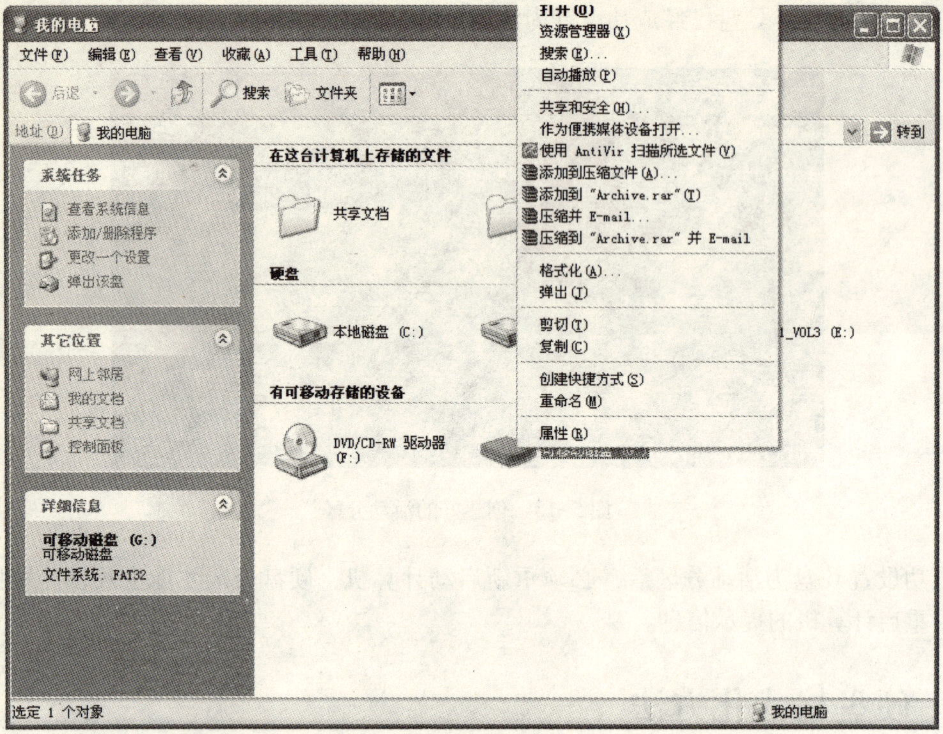

图 5-14 格式化菜单

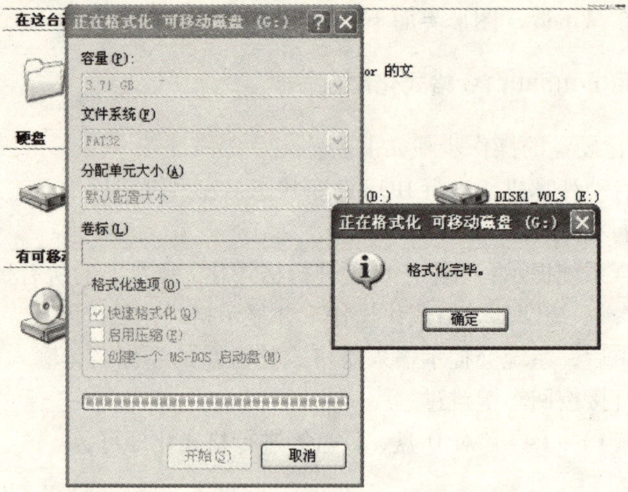

图 5-15 “格式化”选项对话框

5.3 硬盘分区操作实例

这里以移动硬盘分区为例。用鼠标右键单击桌面上的“我的电脑”图标，弹出如图 5-16 所示的快捷菜单。单击“管理”命令，打开“计算机管理”对话框，如图 5-17 所示。

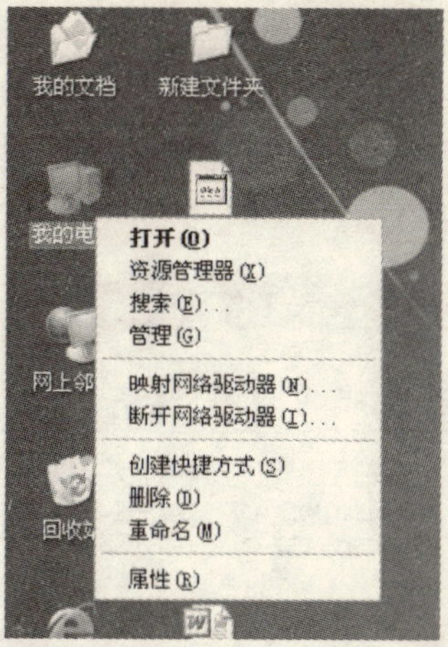

图 5-16　打开“计算机管理”对话框的快捷菜单

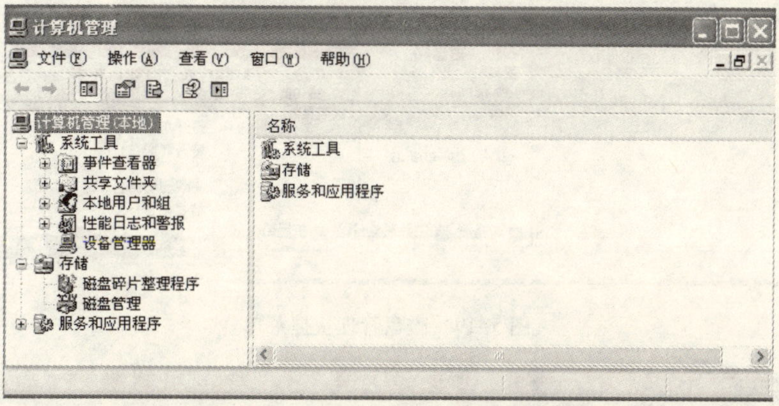

图 5-17　“计算机管理”对话框

在左边栏中选择“存储”，单击“磁盘管理”选项，结果如图 5-18 所示。

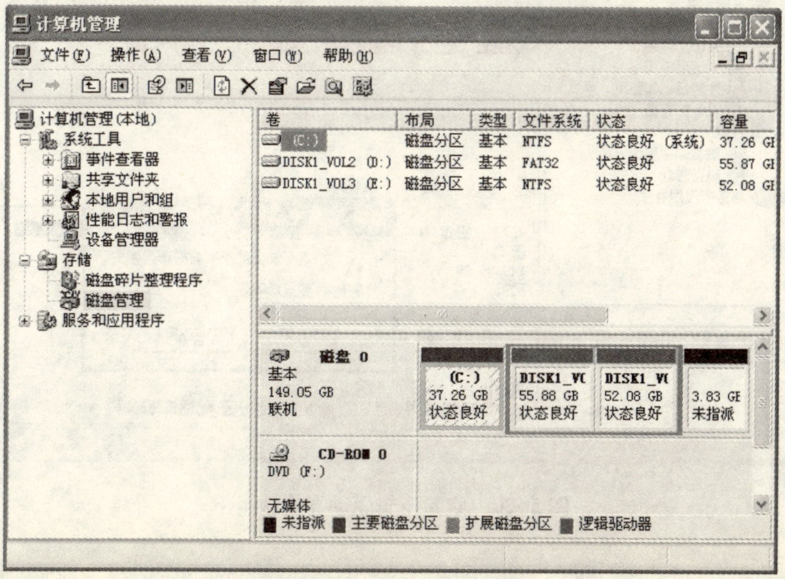

图 5-18　磁盘管理对话框

在右边选择要分区的硬盘。若要为移动硬盘分区，请插入移动硬盘，在移动硬盘盘符上单击鼠标右键，从弹出的快捷菜单中操作即可。若已有分区，可选择“删除逻辑驱动器”命令来重新分区，如图5-19所示。这同样适用于一般的硬盘。单击“删除逻辑驱动器”命令后弹出提示对话框，如图5-20所示。

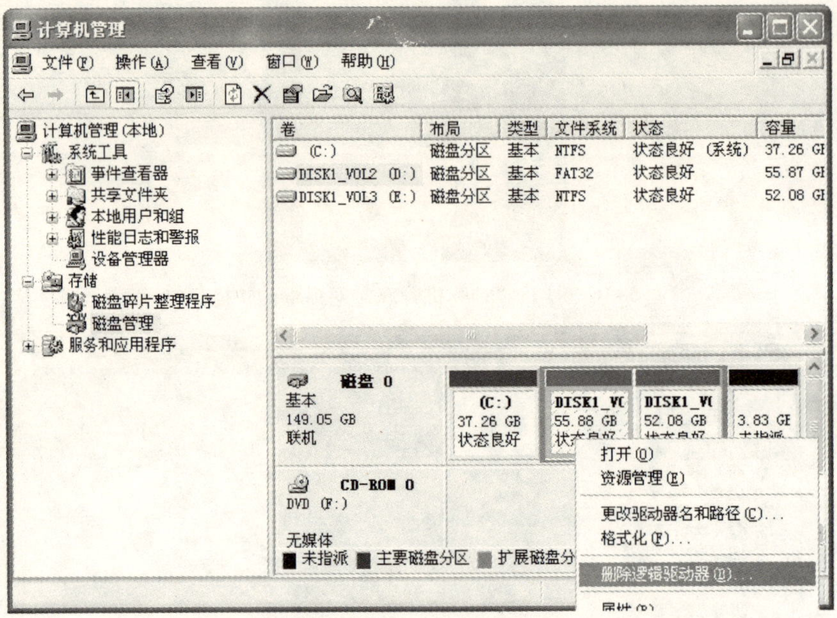

图5-19 磁盘管理快捷菜单

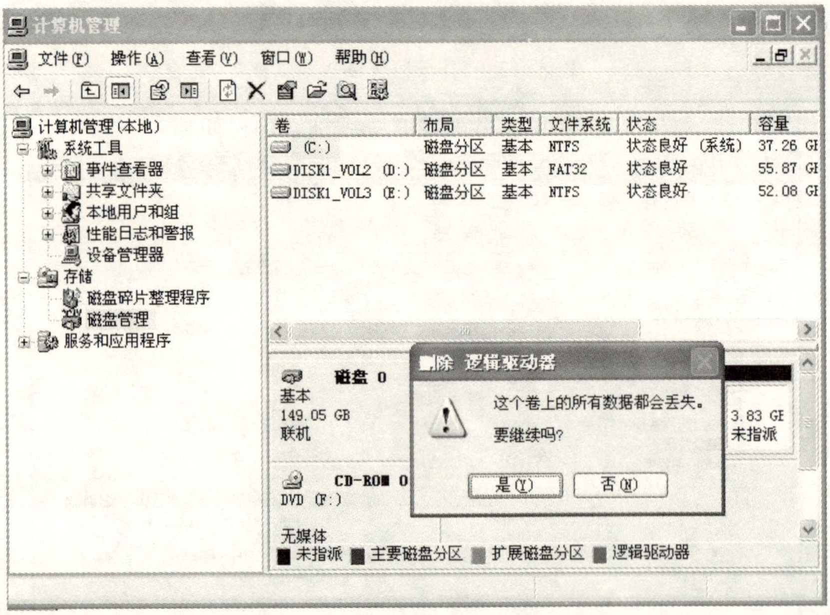

图5-20 删除逻辑驱动器确认提示

第 6 章　安装操作系统与设备驱动程序

6.1　操作系统简介

用户可以根据个人使用习惯及计算机的用途来选择合适的操作系统。现在个人计算机的主流的操作系统仍然是 Windows XP，可以分为家庭版、企业版等。若用户的计算机用于网络服务，那么可以使用 Windows Server 2003 或 Linux，以增强稳定性。下面以 WindowsXP 操作系统为例介绍其安装方法。

表 6-1 列出了 Windows XP 的最低硬件配置要求。当然，硬件配置越高，计算机系统的性能也就越好。目前市场上不能支持 Windows XP 的硬件已经几乎没有了。

表 6-1　Windows XP 的最低硬件配置要求

硬　件	最 低 要 求
CPU	233MHz 以上，建议更高
内存	64MB RAM，建议 128MB 以上
硬盘	最低 1.5GB 磁盘空间，支持 Ultra-ATA66 或 ATA100 规范，至少 256～512KB 缓冲
鼠标	Microsoft 兼容鼠标或其他兼容指针设置
光驱	CD-ROM 或 DVD 驱动器
显示设备	SVGA（800×600 分辨率以上）显卡和显示器，显卡具有不低于 4MB 的显存

6.2　安装 WindowsXP

Windows XP 可以在低版本操作系统（如 Windows98）下升级安装，也可以直接用 Windows XP 安装光盘启动计算机，进行全新安装。这里介绍用 Windows XP 安装光盘进行全新安装的操作步骤。

（1）启动计算机，在 BIOS 设置中将系统启动的第一驱动器设置为光驱，保存并退出 BIOS 设置界面。

（2）重启计算机后把 Windows XP 的安装光盘放入光驱，计算机会自动读取光盘，并启动系统。

（3）当显示屏幕上提示“Press anykey to boot from CD”时，按键盘上的任意键，安装程序会自动对系统进行常规检查，并载入一些安装必备的文件。

（4）安装程序检查完毕，会打开如图 6-1 所示的界面，按回车键继续安装。也可以选择使用 Windows XP 修复平台，以修复计算机上原来安装好但出问题的操作系统。

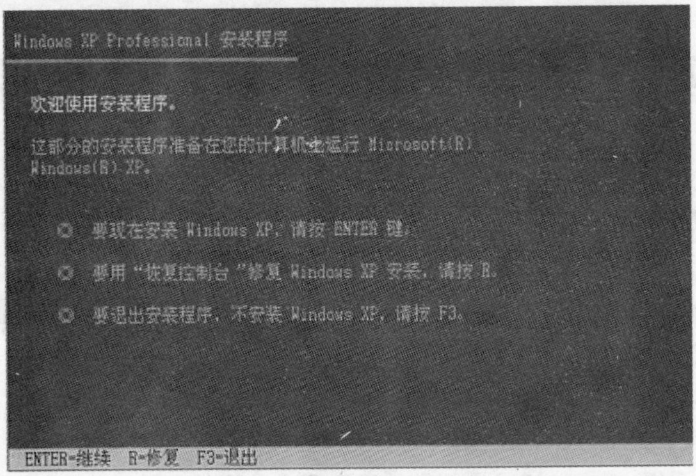

图 6-1 选择安装或修复系统

（5）按回车键后，屏幕上会显示软件安装许可协议，如图 6-2 所示。按“F8”键，接受协议继续安装。如果不同意，则按“Esc”键，退出安装。

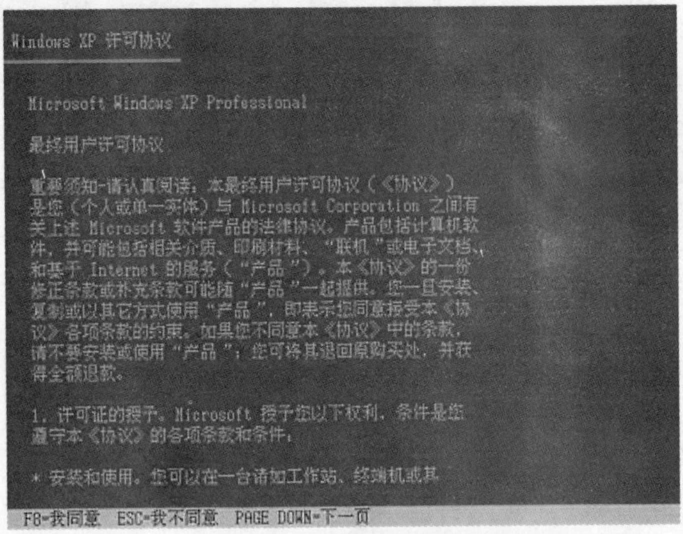

图 6-2 软件安装许可协议

（6）接受软件的安装许可协议，打开如图 6-3 所示的界面。在该界面中需要选择安装 Windows XP 的分区，可以保持原有系统安装，也可以格式化硬盘进行全新安装。

（7）选择“C：分区 1”项按回车键，打开如图 6-4 所示的界面。在其中选择“NTFS 文件系统格式化磁盘”选项，对 C 盘进行格式化。用户也可根据需要选择其他的文件系统。

（8）磁盘格式化完成后，安装程序会检查硬件，并把文件复制到 Windows 安装文件夹，这个过程需要几分钟的时间。

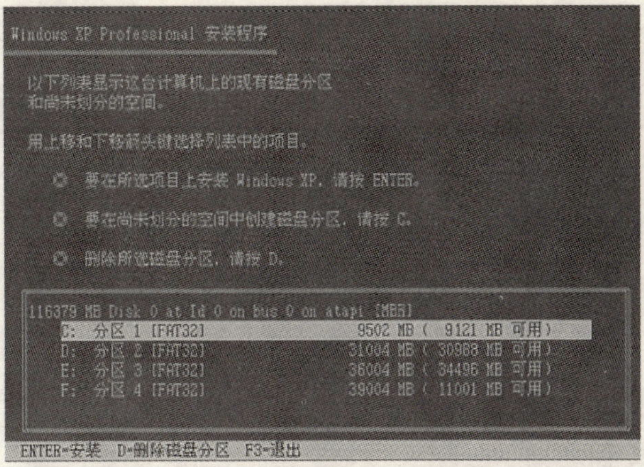

图 6-3　选择安装 Windows XP 的分区

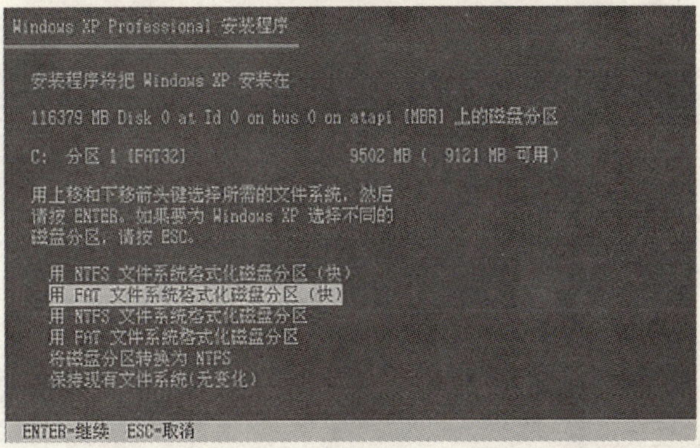

图 6-4　选择格式化磁盘的文件系统

(9) 文件复制完成后，系统会提示用户计算机将在 25s 后重新启动，用户也可按回车键，立刻重新启动计算机。

(10) 计算机重启完毕即可打开如图 6-5 所示的 Windows XP 的安装界面，整个安装过程根据硬件配置大约需要 30 ~ 50min，期间会弹出一些对话框，提示用户设置区域和语言、单位及用户信息、操作系统密钥及计算机管理员密码等，如图 6-6 到图 6-9 所示。

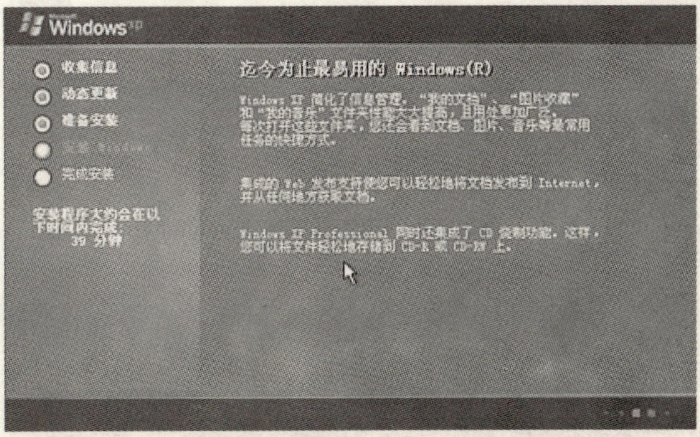

图 6-5　Windows XP 的安装界面

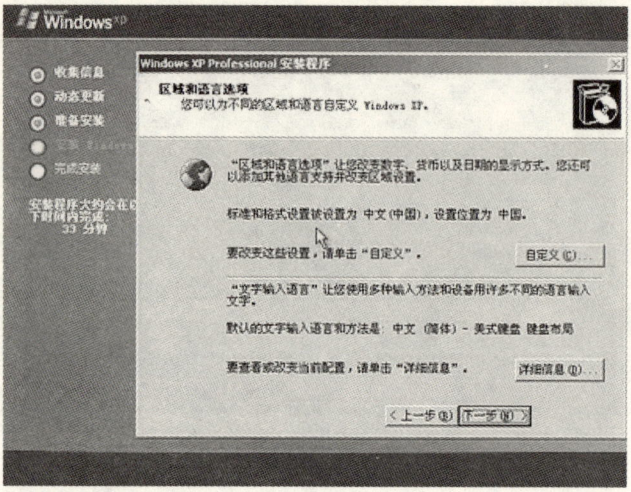

图 6-6　设置区域和和语言

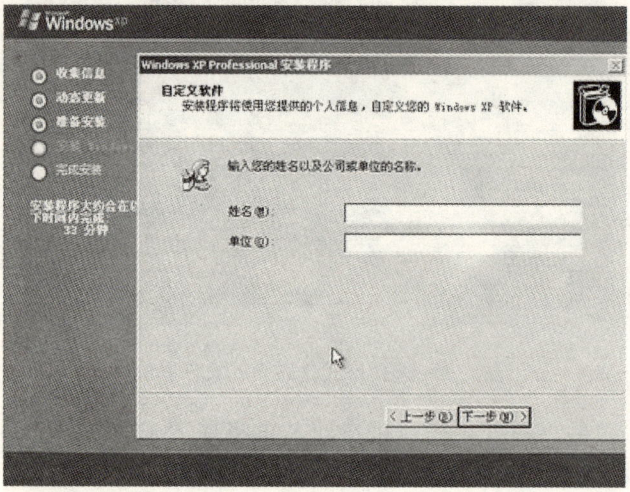

图 6-7　设置单位及用户信息

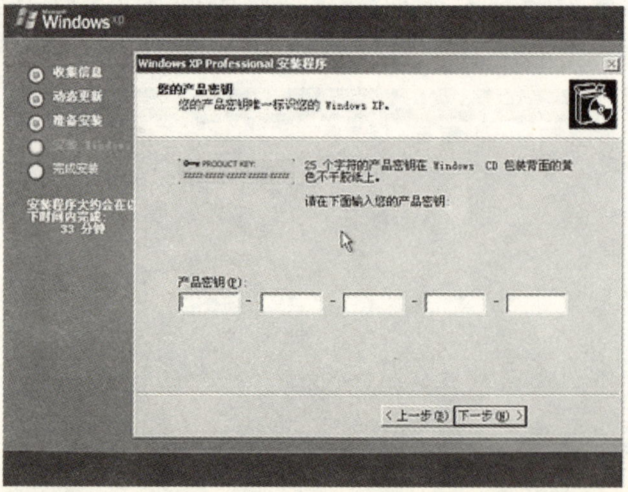

图 6-8　设置操作系统密钥

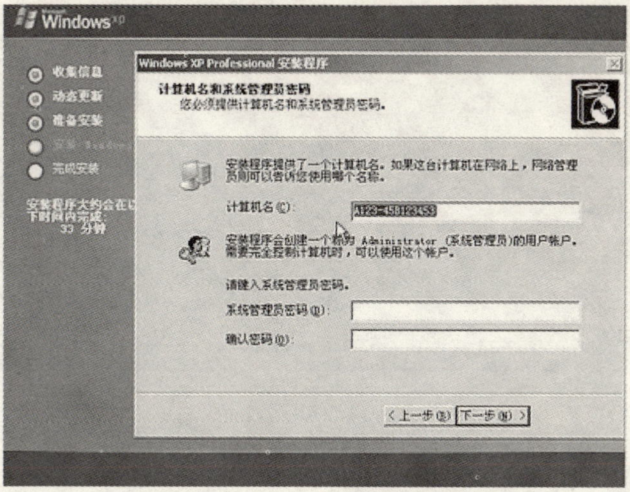

图 6-9　设置计算机管理员密码

（11）当所有的组件完成安装后，系统会自动重新启动计算机。启动完成后 WindowsXP 会弹出一个欢迎使用的界面，用户根据提示设置用户并注册，安装完成后的界面如图 6-10 所示。此时用户便可轻松愉快地使用计算机进行学习、工作和娱乐了。

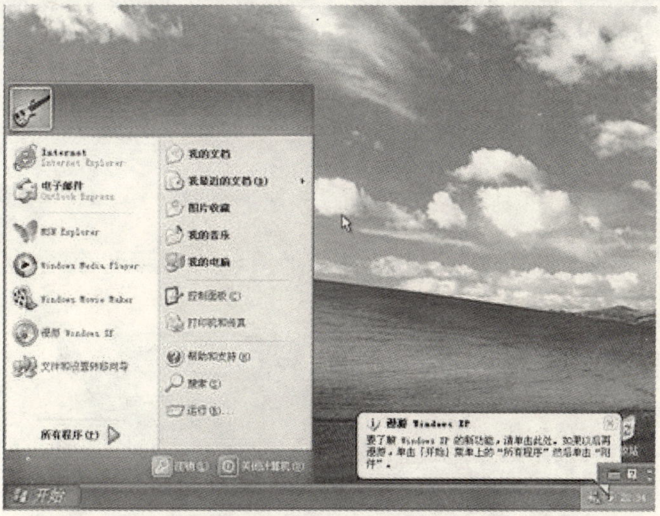

图 6-10　Windows XP 登陆界面

6.3　安装 Windows7 操作系统

首先启动计算机，进入 BIOS 设置，设置从光驱启动，如图 6-11 所示。

将系统盘放入光驱，重新启动计算机后，计算机开始读取光盘文件，即开始载入文件。

当文件载入后，再重新启动计算机。之后的 Windows 启动界面如图 6-12 所示。

进入主界面后即可选择语言、时间、货币格式，键盘和输入方法。这里选择中文（简体）语言。如图 6-13 所示。

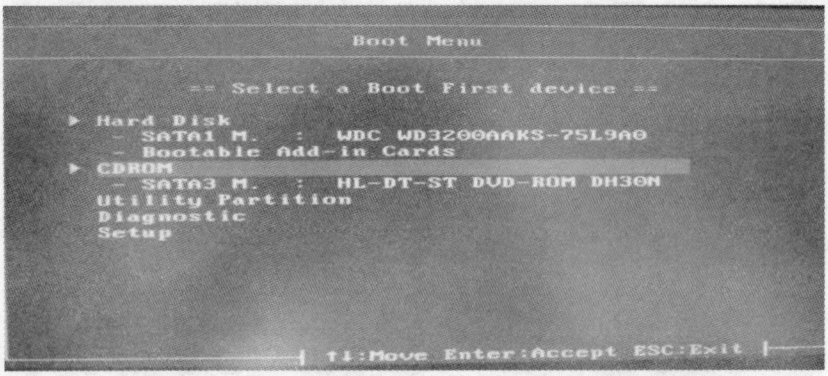

图 6-11 BIOS 设置

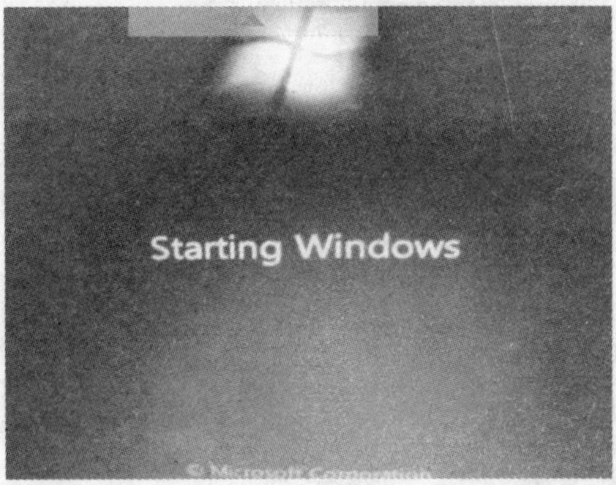

图 6-12 正在重新启动计算机

图 6-13 选择中文（简体）语言

选择好语言后，单击“下一步”按钮，进入如图 6-14 所示界面。单击“现在安装”按钮，开始安装系统。

图 6-14 初始安装界面

启动安装系统后，首先进入安装许可协议界面，阅读许可条款，并选择接受。如图 6-15 所示。

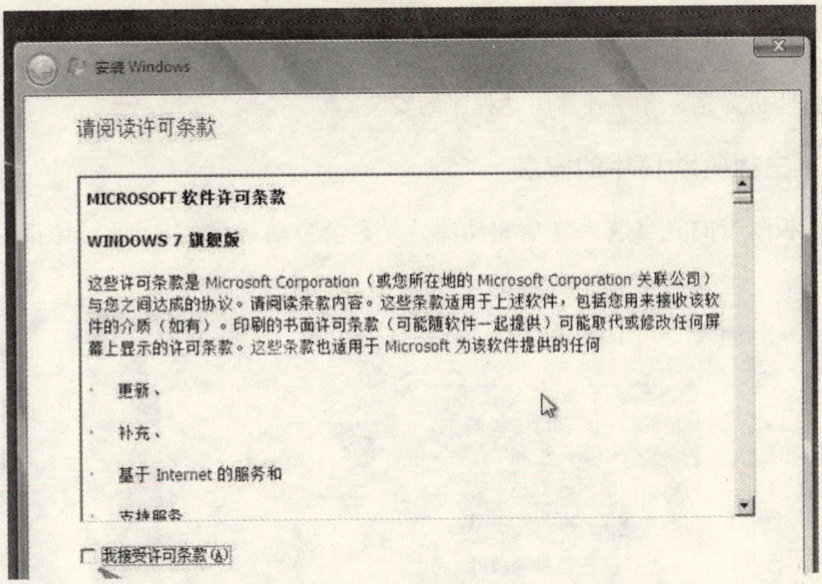

图 6-15　阅读许可条款界面

接受许可条款，单击“下一步”按钮，进入安装类型选择界面，如图 6-16 所示。

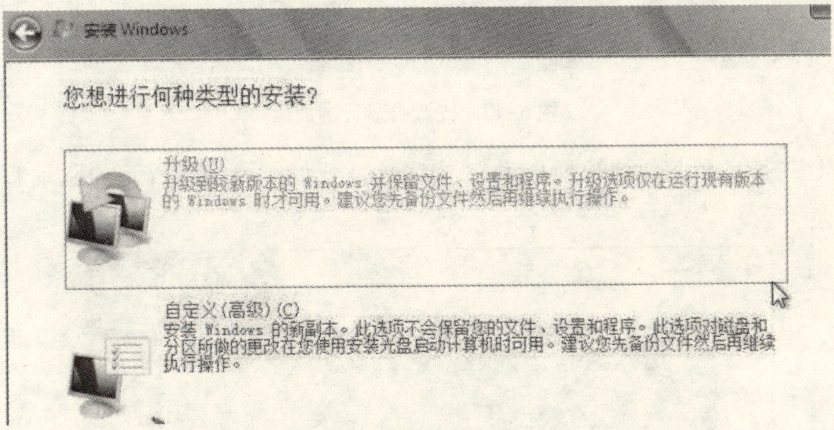

图 6-16　安装类型选择界面

在安装位置界面中选择第一分区，单击“下一步”按钮，出现安装位置提示对话框，单击“确定”按钮，再单击“下一步”按钮，即可进入安装状态。

进入安装状态后，系统将自动执行，直至检查完视频性能后，进入用户名设置界面，输入用户名后进入密码设置界面，然后单击“下一步”按钮，根据需要设置自动更新、时间、网络等。当所有的组件完成安装后，系统会自动重新启动，启动完成后会弹出一个欢迎使用的界面，并进入 Windows7 桌面。此时用户便可轻松愉快地使用计算机进行学习、工作和娱乐了。

6.4　安装设备驱动程序

Windows XP 和 Windows7 支持多种类型和型号的硬件，所以一般硬件的驱动程序会自动加载安装。但硬件生产厂家在新的硬件产品出厂前，会设计更能体现产品性能的驱动程序，所以，使用硬件本身所附带的驱动程序则更能发挥硬件的性能。本节以方正品牌计算机的主板、显卡和打印机为例，介绍硬件驱动程序的安装。

6.4.1 主板驱动程序的安装

(1) 把主板附带的光盘放入光盘驱动器，光盘会自动运行，并弹出如图 6-17 所示的窗口。

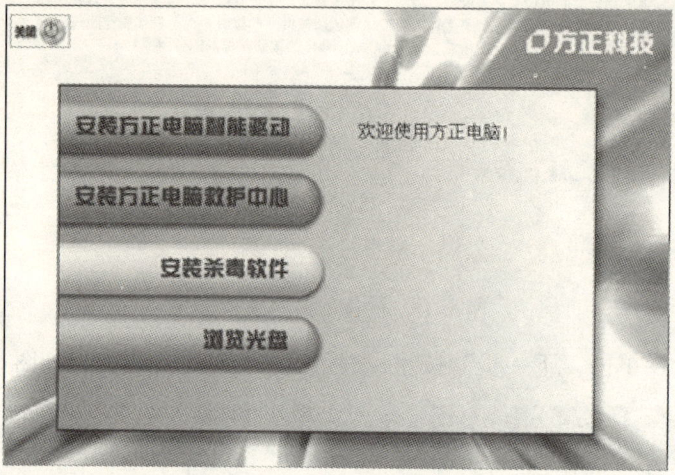

图 6-17 光盘自运行画面

(2) 单击“安装方正电脑智能驱动”按钮，打开如图 6-18 所示的驱动程序安装对话框。

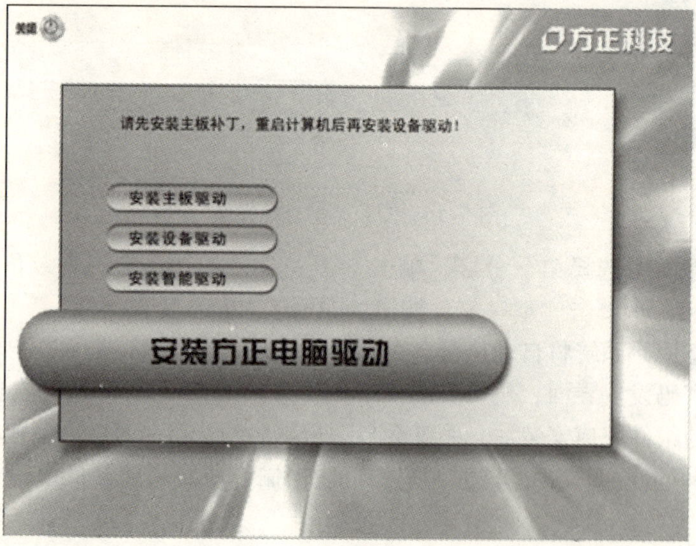

图 6-18 驱动程序安装对话框

(3) 单击“安装主板驱动”按钮，打开如图 6-19 所示的对话框，进行主板驱动程序的安装。

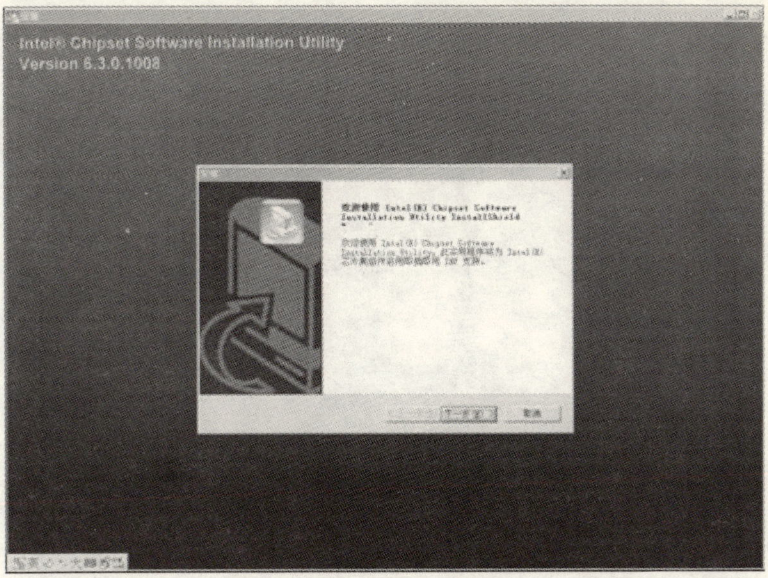

图 6-19　安装主板驱动界面

(4) 单击“下一步”按钮，会打开如图 6-20 所示的对话框，显示安装过程。

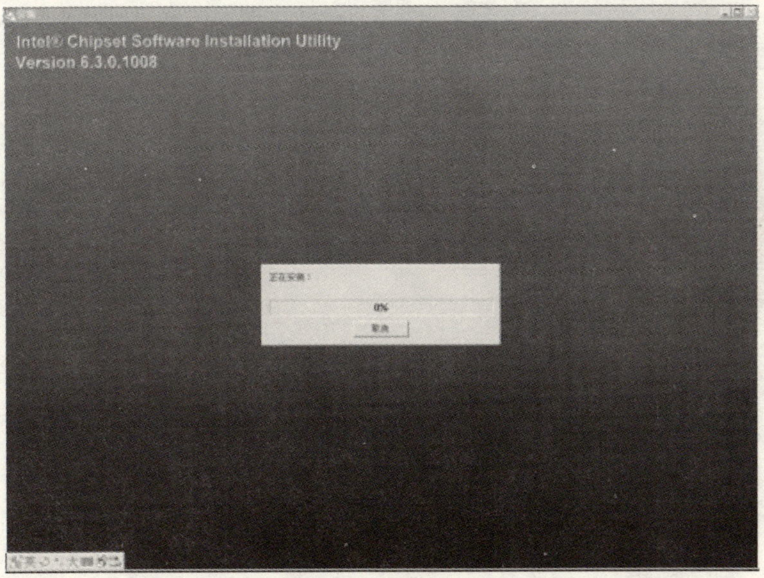

图 6-20　驱动安装中

(5) 安装完成后，自动返回图 6-18 所示的画面。

6. 4. 2　显卡驱动程序的安装

(1) 把显卡的驱动程序光盘放入光驱，自动运行后打开如图 6-21 所示的界面。若不能自动运行，用户可打开光盘驱动器，在里面找到相应的文件并运行。

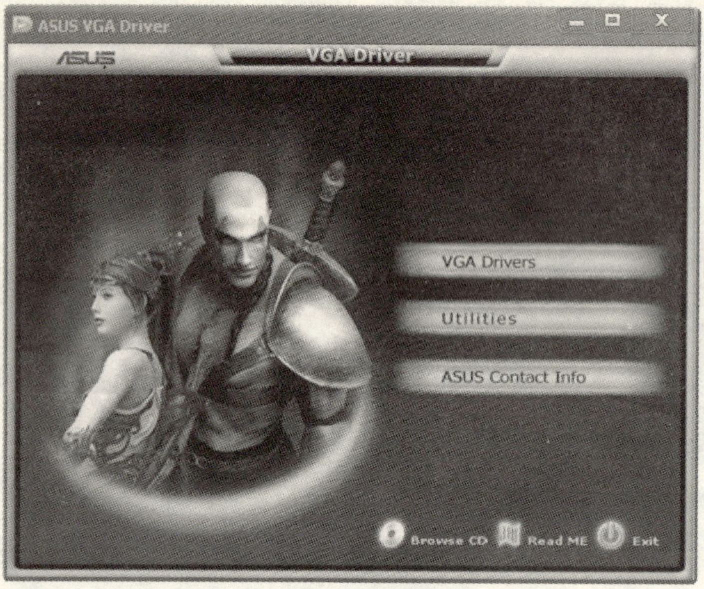

图 6-21 光盘自运行界面

（2）单击“VGA Drivers”按钮，打开如图 6-22 所示的安装对话框。

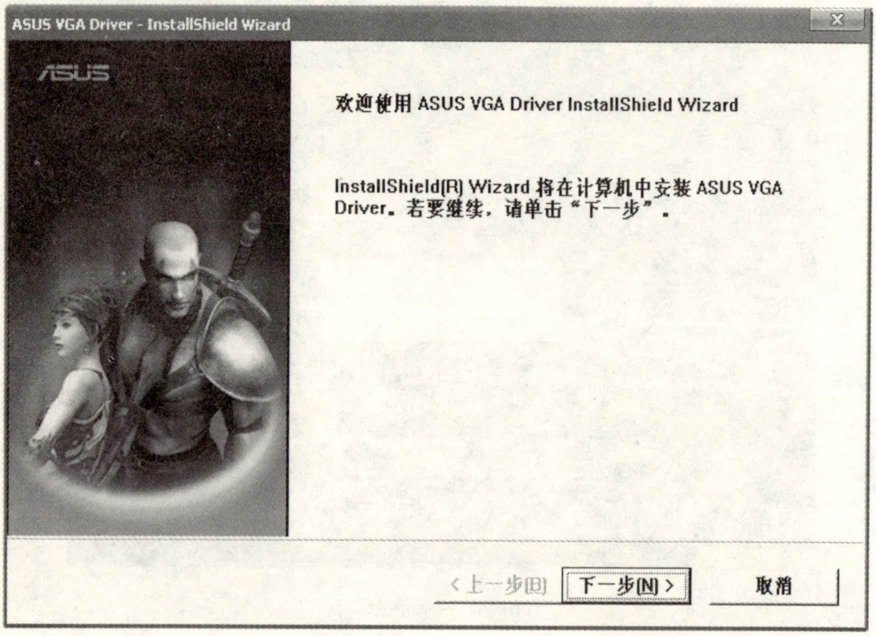

图 6-22 显卡安装对话框

（3）单击“下一步”按钮，在打开的如图 6-23 所示的对话框中单击“安装”按钮，进行驱动程序的安装。

（4）安装显卡驱动程序后，为获得合适的工作环境及好的视觉效果，需要对显卡的工作状态（主要有刷新频率和分辨率）进行设置。刷新频率有 60Hz、72Hz、80Hz、85Hz、120Hz、150Hz 等选项，建议采用高于 75Hz 的垂直刷新频率，以保护眼睛；显示分辨率有

640×480、800×600、1024×768、1600×1200 等选项，目前一般分辨率 1024×768 或 1600×1200 比较常用。

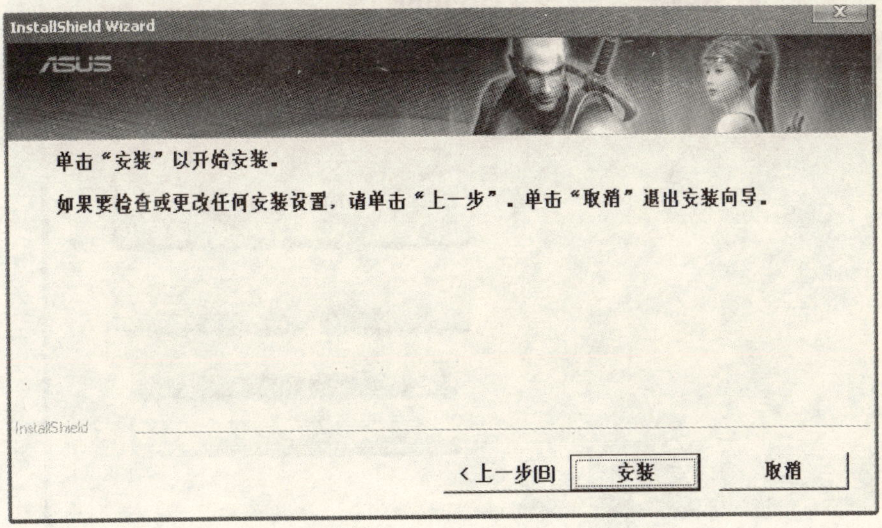

图 6-23　安装显卡驱动程序

6.4.3　打印机驱动程序的安装

若硬件驱动程序未安装，硬件就不能正常运行，在“硬件管理器”窗口中相应的硬件选项后也会打上黄色的问号和惊叹号。

(1) 把打印机与电源、计算机主机连接好，开机后系统会自动检测到该设备，并打开如图 6-24 所示的“找到新的硬件向导”对话框。

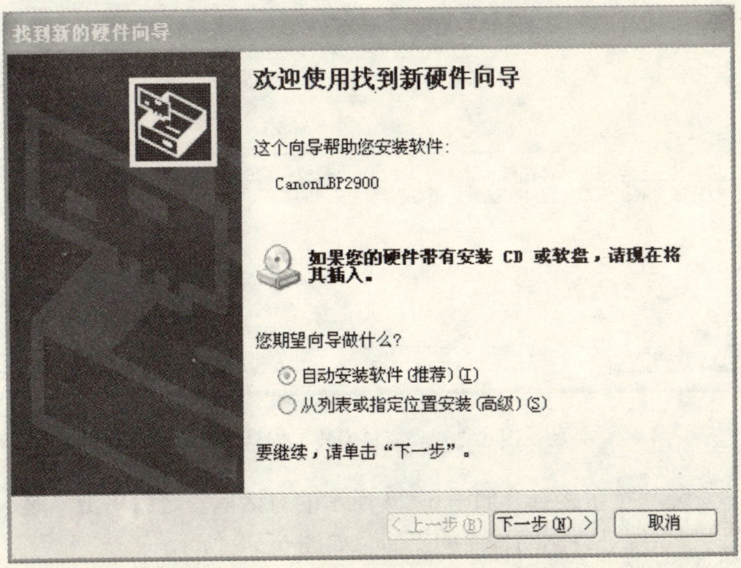

图 6-24　“找到新的硬件向导”对话框

（2）将打印机的驱动光盘放入光驱中，自动弹出如图 6-25 所示的对话框。

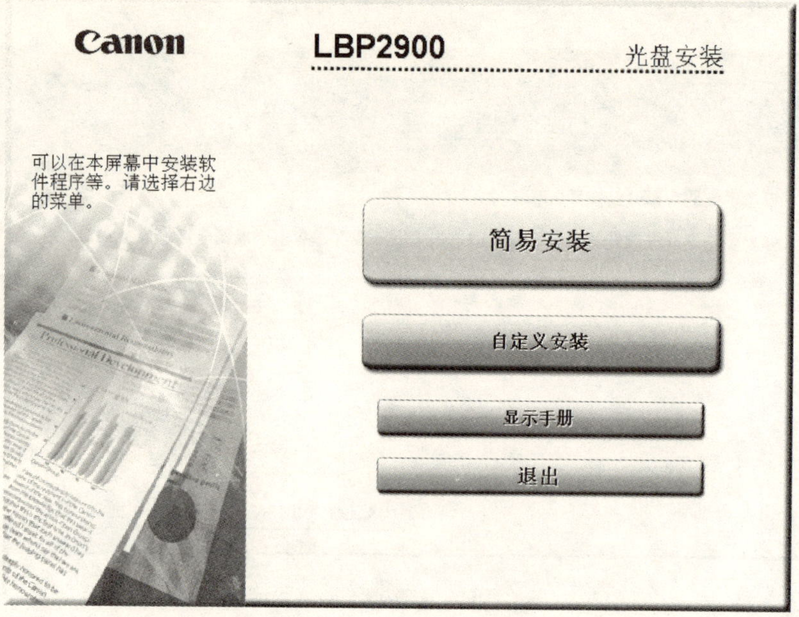

图 6-25 光盘自运行画面

（3）单击“简易安装”按钮，打开如图 6-26 所示的对话框。

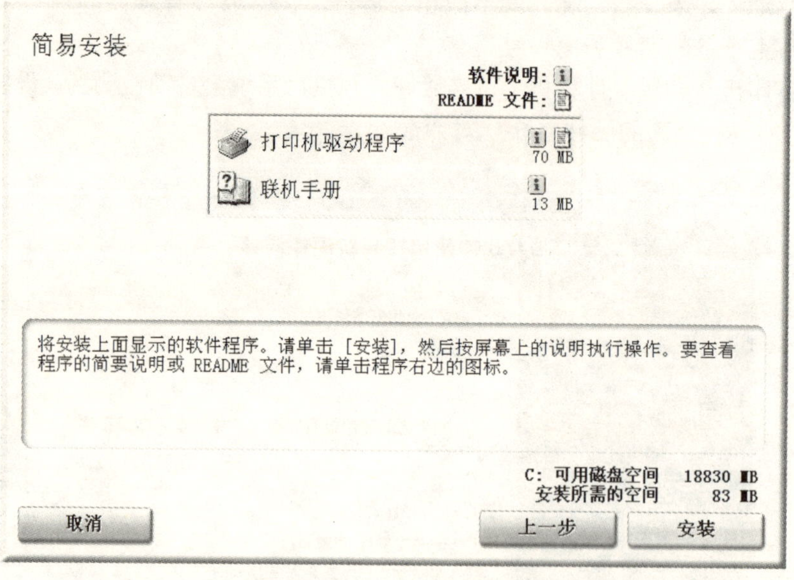

图 6-26 “简易安装”对话框

（4）单击“安装”按钮，打开如图 6-27 所示的对话框。之后单击“是”按钮，同意安装的“许可协议”。系统进行驱动程序的安装，如图 6-28 所示。

（5）安装完成后弹出如图 6-29 所示对话框。单击“下一步”按钮，在弹出的对话框中再单击“重新启动”按钮（如图 6-30 所示）重新启动计算机。打印机便可使用了。

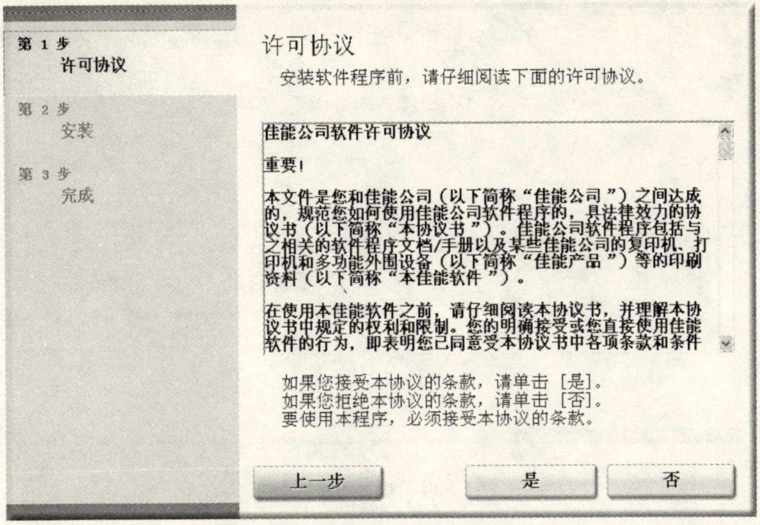

图 6-27　“许可协议”对话框

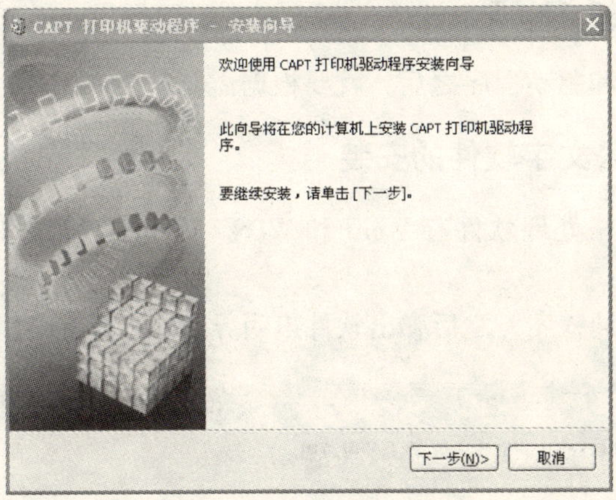

图 6-28　安装打印机驱动

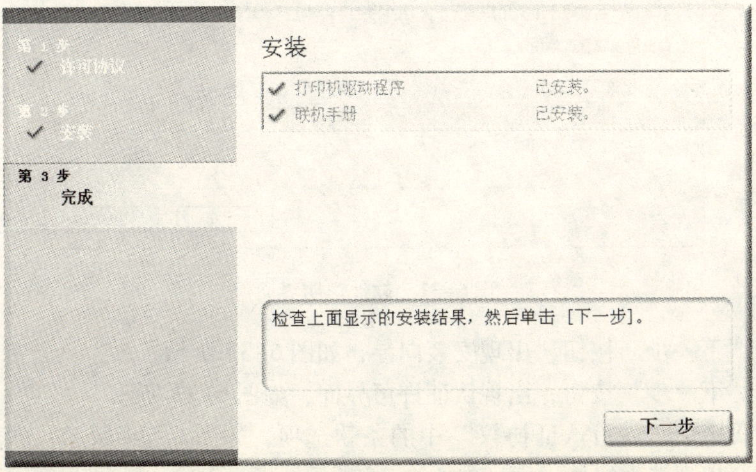

图 6-29　安装完成提示对话框

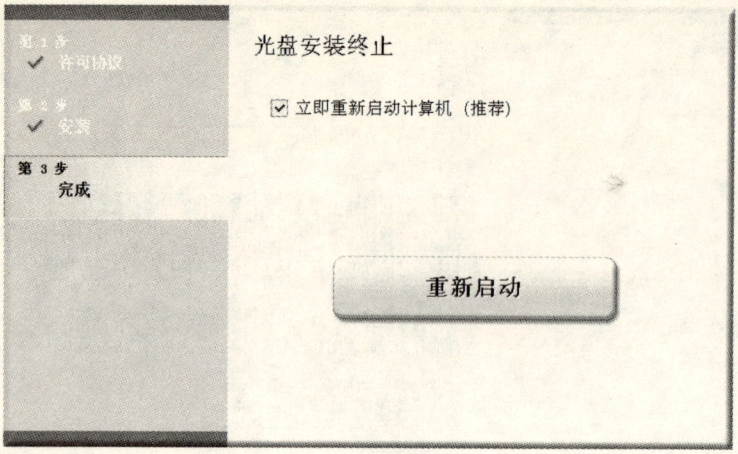

图 6-30 提示重新启动

6.5 常用软件的安装

在安装好操作系统和驱动程序之后，就要根据需要安装应用软件了。

6.5.1 常用办公文字软件的安装

常用的办公文字表格处理软件有 Word 和 WPS。这里以 WPS2005 为例，介绍常用软件的安装过程。

（1）运行软件的安装程序，之后弹出软件声明界面，如图 6-31 所示。

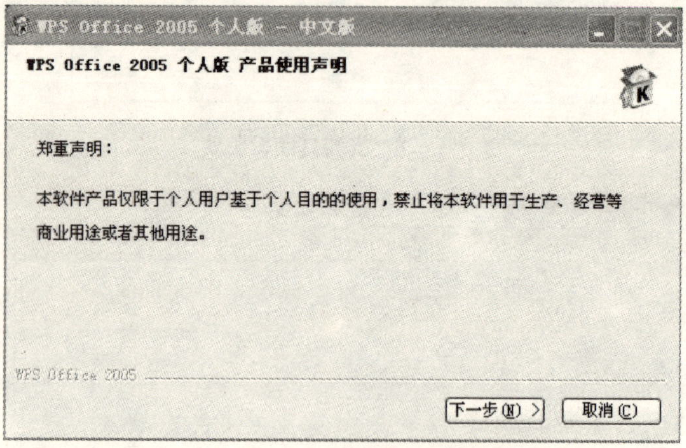

图 6-31 软件声明界面

（2）单击“下一步”按钮，出现安装向导，如图 6-32 所示。

（3）单击“下一步”按钮，出现认证许可界面，如图 6-33 所示。

（4）选择我接受“许可认证协议”中的条款选项，如图 6-34 所示，然后单击“下一步”按钮。就会出现选择组件界面，如图 6-35 所示。

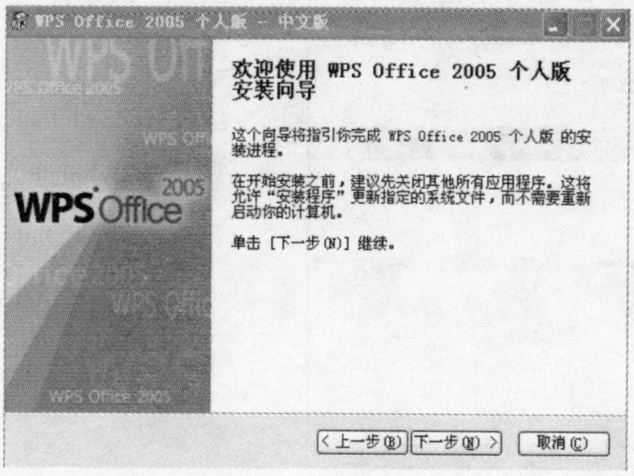

图 6-32　软件安装向导

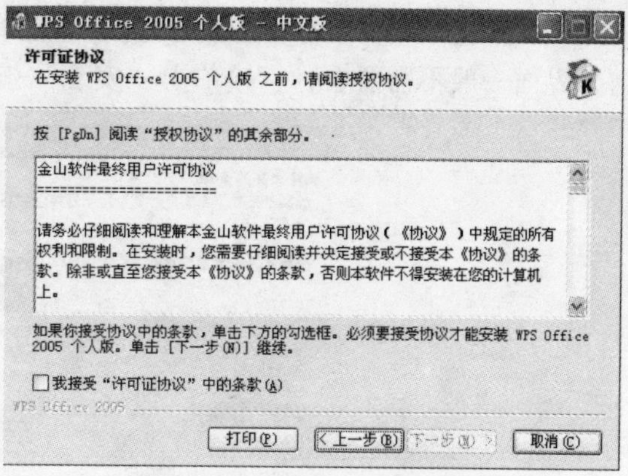

图 6-33　软件认证许可

图 6-34　选择条款

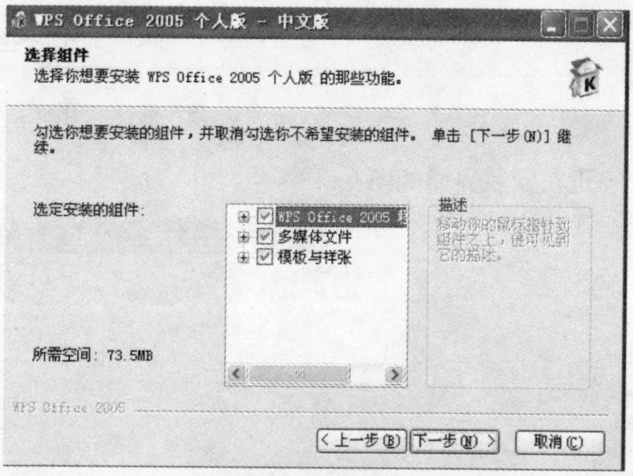

图 6-35　选择组件

（5）选择好组件后单击“下一步”按钮，就会出现选择安装路径界面，如图 6-36 所示。

（6）若出现的默认路径为我们想要的路径，就可以直接单击“下一步”按钮；若要选择其他的路径，单击“浏览”按钮，弹出浏览文件夹界面，如图 6-37 所示，选择好路径之后单击“确定”按钮即可。

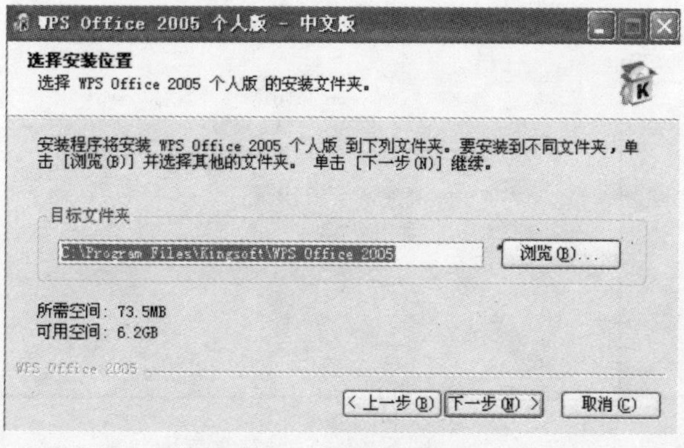

图 6-36　选择安装路径

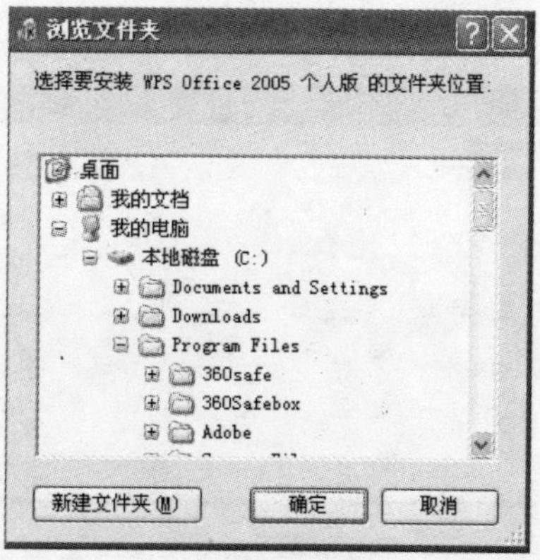

图 6-37　浏览文件夹

(7) 单击“下一步”按钮，就会出现选择“开始菜单”文件夹界面，如图 6-38 所示，这个界面一般不需要看，直接单击“安装”按钮。

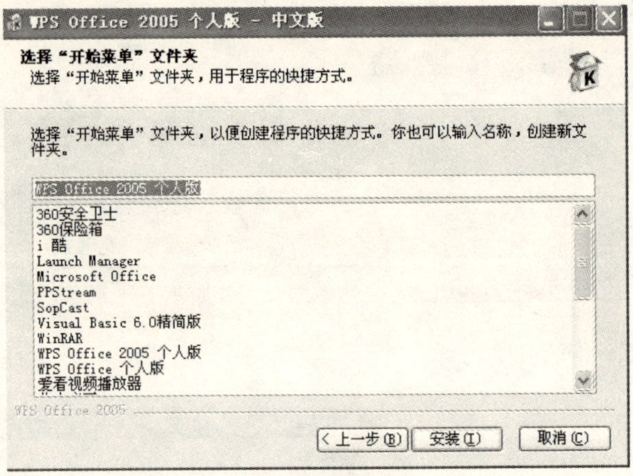

图 6-38 选择“开始菜单”文件夹

正在安装界面如图 6-39 所示。

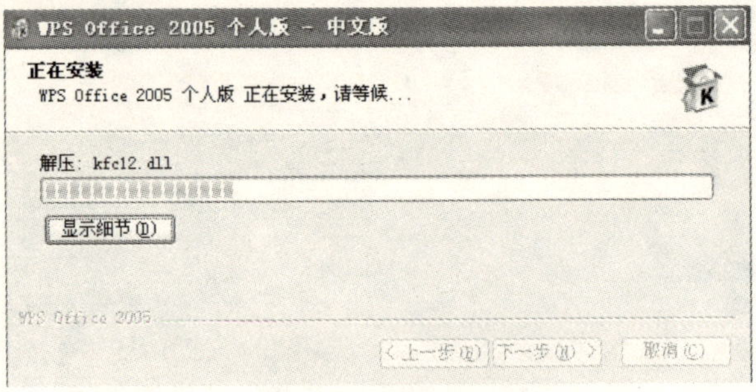

图 6-39 正在安装界面

安装完成后出现安装完成界面，如图 6-40 所示。

(8) 单击“下一步”按钮，就出现确认选项界面，如图 6-41 所示。

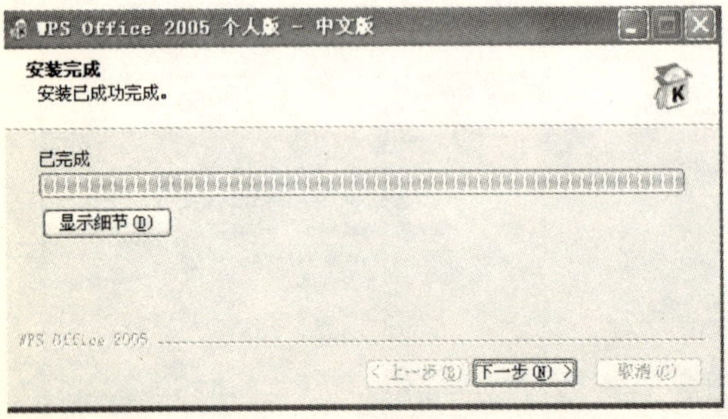

图 6-40 安装完成

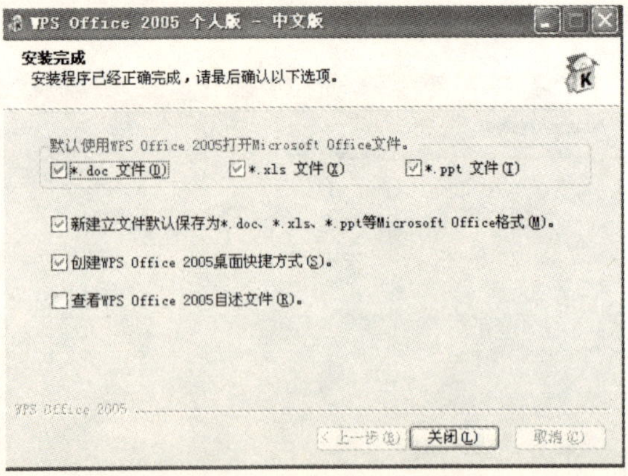

图 6-41 确认选项界面

选择好选项之后单击“关闭”按钮，这样 WPS2005 就安装在计算机里了。

6.5.2　图像处理软件的安装

常用的图形图像处理软件有 Photoshop、3DMAX 等。下面以 Photoshop 为例，介绍其安装过程。

（1）运行 Photoshop 的安装程序，出现 Photoshop 的安装界面，如图 6-42 所示。

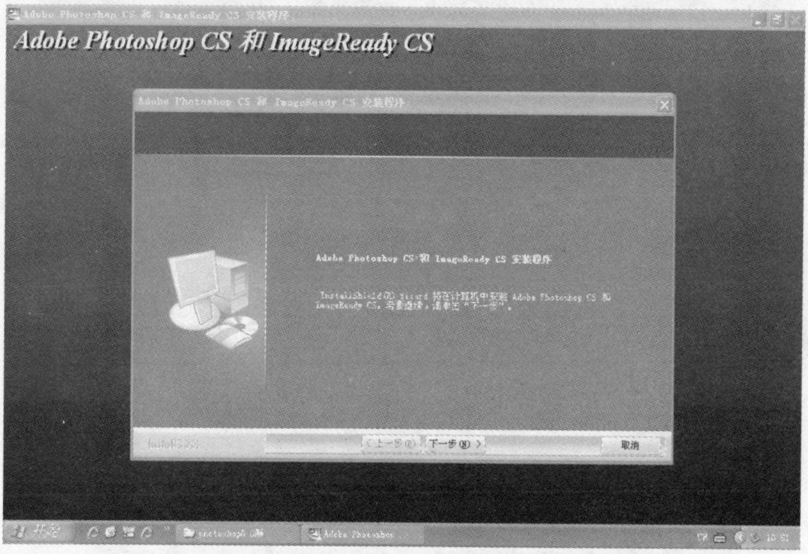

图 6-42　photoshop 的安装界面

（2）单击“下一步”按钮，就会出现 Photoshop 的认证许可协议界面，如图 6-43 所示。

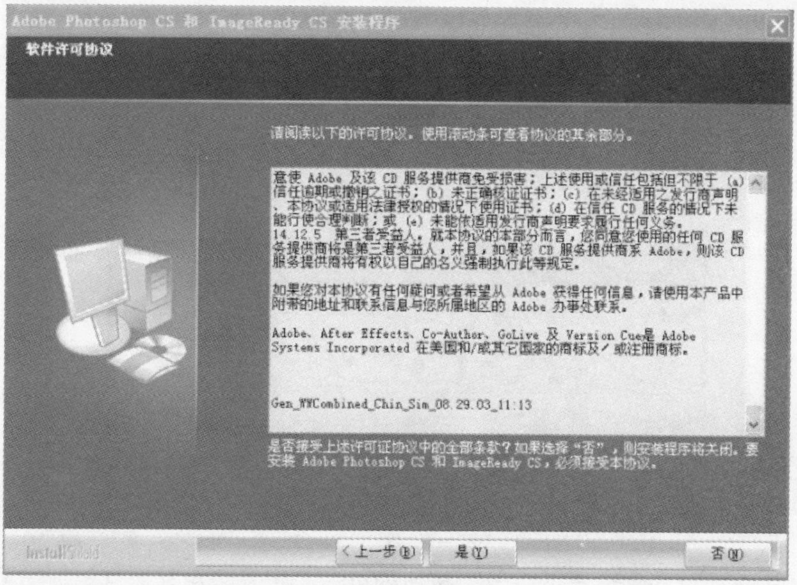

图 6-43　软件许可协议

(3) 单击“是”按钮，就会出现客户信息界面，如图6-44所示，客户信息主要是输入软件序列号，填写完整后单击“下一步”按钮。

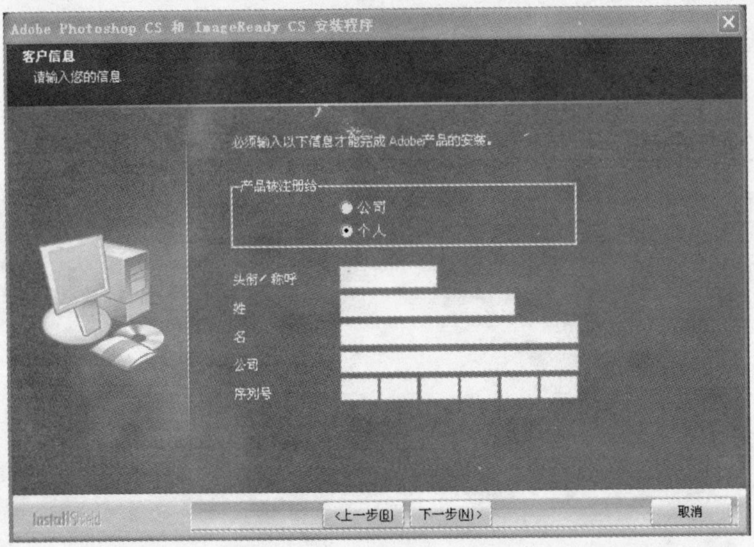

图6-44 填写个人信息

(4) 出现信息确认界面，如图6-45所示。若不填写序列号，就会出现错误信息，如图6-46所示。

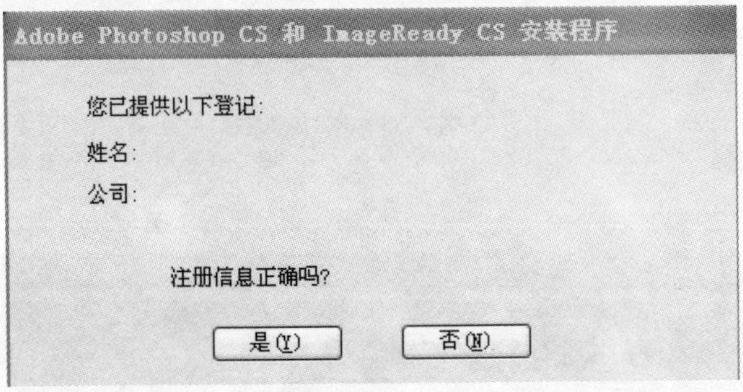

图6-45 信息确认

图6-46 错误信息

(5) 在确认信息界面中单击“是”按钮，就会出现选择安装目录界面，如图6-47所示。

若选择默认的目录，单击“下一步”按钮即可。若想安装在其他目录下，单击“浏览”按钮，出现“选择目标目录”对话框，如图6-48所示。

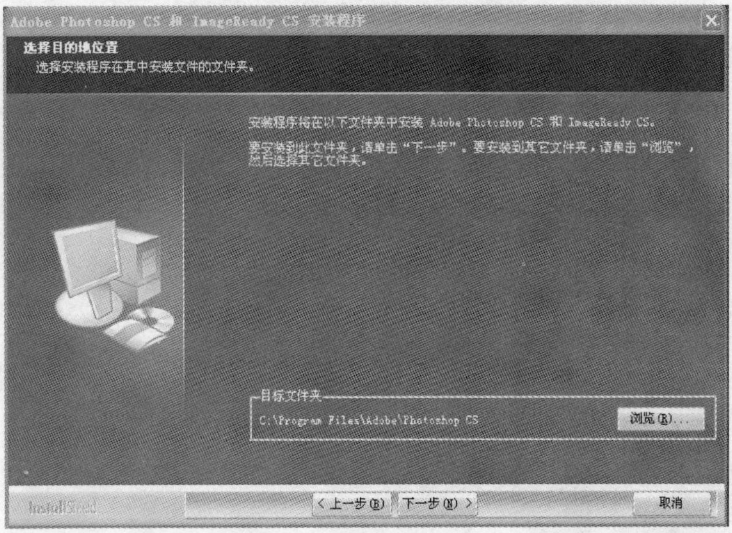

图 6-47　选择安装目录

图 6-48　选择目标目录

选择目录后单击“选择”按钮，返回到选择安装目录界面。

（6）单击“下一步”按钮，会出现文件关联界面，如图 6-49 所示。

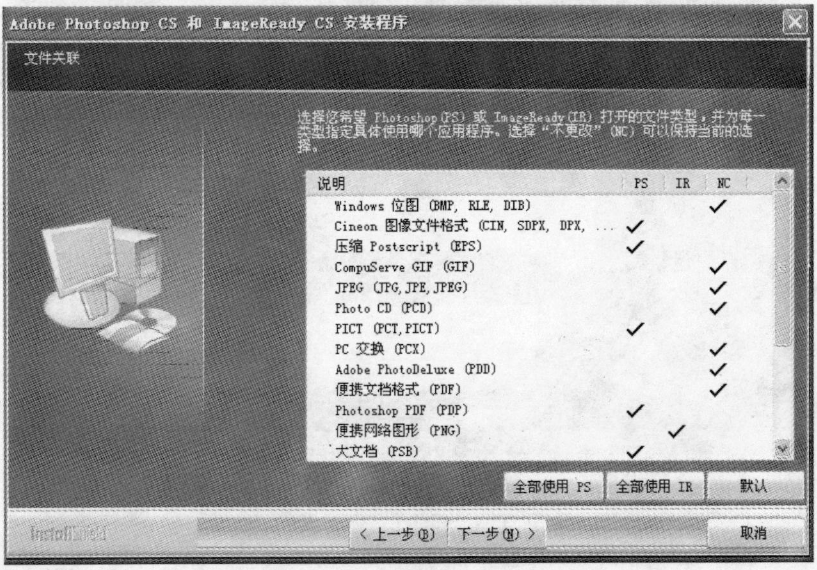

图 6-49　选择文件关联界面

（7）在此对话框中根据需要选择好文件关联，之后单击“下一步”按钮会出现安装信息汇总界面，如图 6-50 所示。

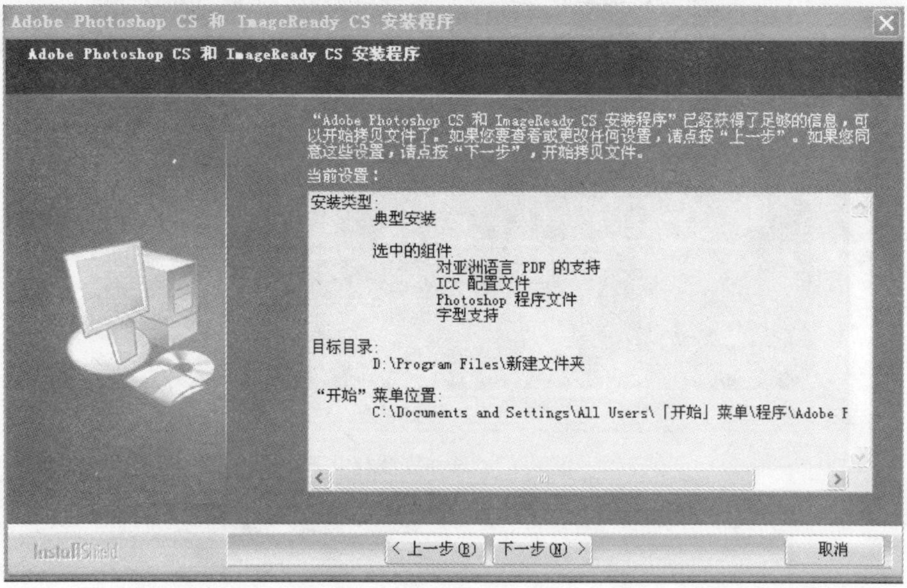

图 6-50　安装信息汇总界面

（8）若出现的安装信息有错误，可以单击“上一步”按钮返回进行修改。若正确，单击“下一步”按钮进行安装，如图 6-51 所示。

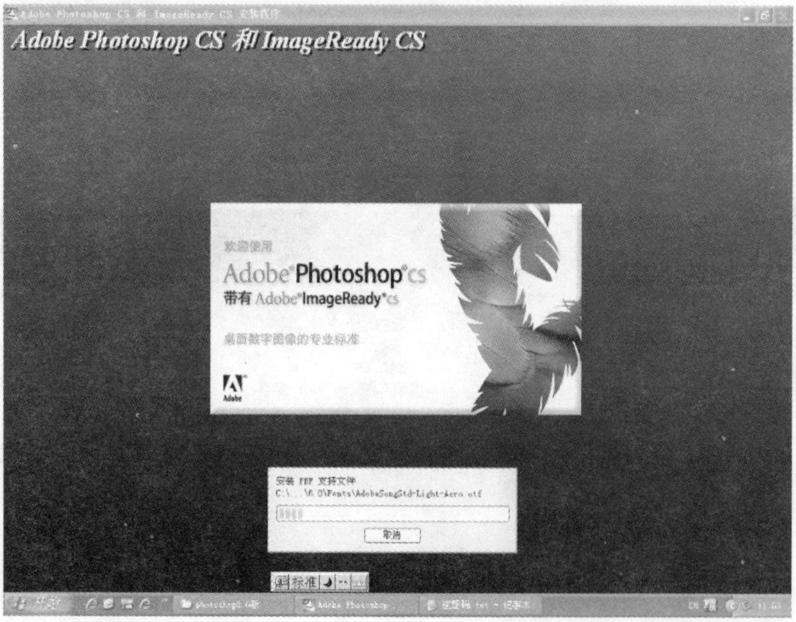

图 6-51　安装进度

（8）安装完成界面如图 6-52 所示。

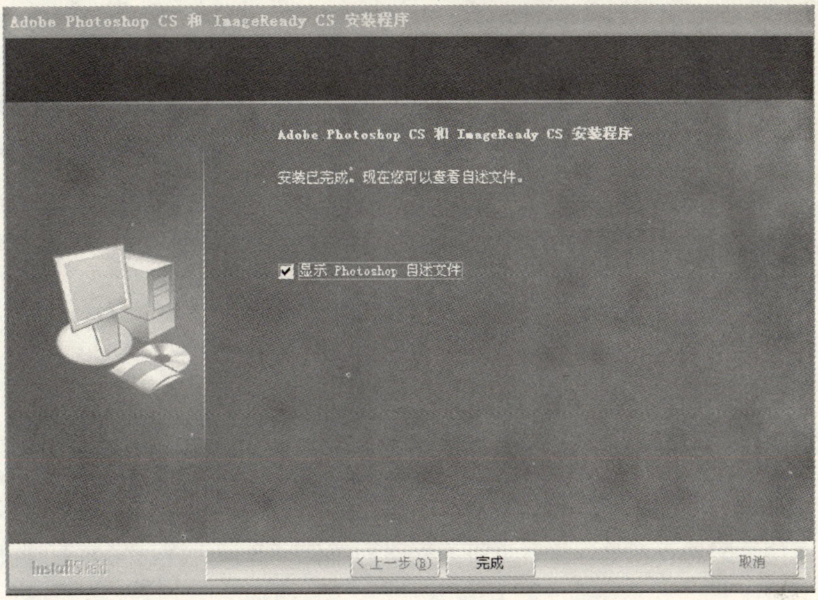

图 6-52　安装完成

（10）单击“完成”按钮后，Photoshop 就安装在计算机上了。

第 7 章　安装计算机网络

7.1　网络设备

网络设备包括路由器、交换机、ADSL 宽带猫、集线器（Hub）及网线。本节主要介绍生活中常用到的路由器的安装与配置。

7.1.1　网卡

网卡是网络接口卡的简称，英文名字为 Network Interface Card，简称 NIC，也被称为网络适配器或通信适配器，它是连接计算机与网络的硬件设备，实物如图 7-1 所示。

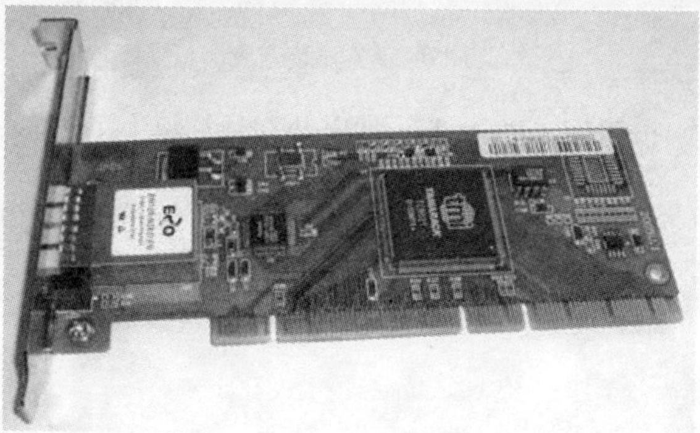

图 7-1　网卡实物

1. 网卡的工作原理

网卡是工作在数据链路层的网路组件，它的主要工作是向网络发送和接收数据。网卡生产厂家在生产网卡时，给每个网卡分配一个唯一的网络节点地址，也叫 MAC 地址或物理地址，它写在网卡的存储器中。

（1）与计算机通信。网卡在完成每个工作周期时首先要与计算机进行数据交流，把计算机存储器内的数据移动到网卡上，这个过程包括通过 I/O 系统（输入/输出系统）、DMA（直接内存访问）和共享内存 3 种方式。

（2）数据缓存。因为计算机内部各个设备处理速度不同，有可能导致需要传送的数据还不完整就开始传送，所以这个过程需要把发送或接收的数据临时存储管理起来，当数据完整以后一并传送给其他计算机或通过内存传输给自身，以提高数据完整性和工作效率。

（3）数据帧格式化。数据帧格式化是网卡工作过程中最重要的一个环节。帧是网络数据传送的基本单位，一个文件在传送过程中分为许多帧，接收时又把这些帧合成为一个文件。一个帧分为 3 段：头段、数据段和尾段。头段包括传送过程中的接收提示信号、目的地址等；数据段包含数据；尾段包括数据错误校验（CRC）。接收方收到数据后使用 CRC 校验算法检查数据是否有误，若发现错误，则返回发送方要求重新发送。网卡在这个环节中参考网络速度把数据格式化分帧。

（4）并行串行数据转换。数据从计算机传送到网卡时采用并行数据格式，同一时间可以包括 8 位、16 位、32 位或 64 位的一种或多种数据。但是，在网线中需要以串行方式（同一时间只能有 8 位、16 位、32 位或 64 位数据中的一种）传送，这个过程需要完成它们之间的转换。

（5）数据调制编码和解调编码。由于网线的电特性，数字信号需要通过调制编码变为模拟信号后才能够进行传输，这个过程就是把处理好的数据帧调制编码成模拟信号后在网线中传输，并把接收到的模拟信号解调成为数字信号发给计算机。通常这个过程使用 CSMA/CD 调制解调方式和 Manchester 编码。

（6）网线通信。这个过程将检测网线连接状态是否为数据并发冲突，检测机制通常固化在网卡主控制芯片上。

（7）信号握手。当两块网卡通信时，首先发送方要将信号的帧包大小、数量等参数发送给接收方，接收方收到参数后调整好工作状态，通知发送方开始发送数据，这个过程就叫信号握手。

（8）数据传送和接收。以上过程完成以后，就开始传送和接收实际需要传输的数据了。

2. 网卡的分类

根据不同的原则和标准，网卡也有各种各样的分类，主要是根据总线接口、网络接口、带宽等参数来划分。

1）按总线接口类型划分

按网卡的总线接口类型划分，一般可分为 ISA 接口网卡、PCI 接口网卡，以及在服务器上使用的 PCI-X 总线接口类型的网卡和笔记本电脑所使用的 PCMCIA 接口类型网卡。

2）按网络接口划分

网卡最终要与网络进行连接，所以必须有一个接口，使网线通过这个接口把网卡与其他计算机网络设备连接起来。不同的网络接口适用于不同类型的网络，目前常见的接口主要有以太网的 RJ-45 接口、细同轴电缆的 BNC 接口和粗同轴电缆 AUI 接口、FDDI 接口、ATM 接口等。有的网卡为了适用于更广泛的应用环境，提供了两种或两种以上类型的接口，如有的网卡会同时提供 RJ-45、BNC 接口或 AUI 接口。

3）按带宽划分

随着网络技术的发展，网络带宽的传输速度也在不断提高，也就需要有不同类型的网卡来适应不同的网络环境，目前主流的网卡主要有 10Mbit/s 网卡、100Mbit/s 以太网卡、10/100Mbit/s 自适应网卡、1 000Mbit/s 以太网卡，以及最近出现的万兆网卡五种。

3. 网卡的性能参数

网卡的性能主要由网卡的主控制芯片、传输速率、总线类型、接口类型等参数决定。

1）主控制芯片

网卡的主控制芯片是网卡的核心器件。一块网卡的性能好坏，主要是看它主控制芯片的质量。网卡的主控制芯片一般采用 3.3V 的低耗能设计、0.35μm 的芯片工艺，从而使网卡能够快速计算流经网卡的数据，以至于减轻 CPU 的负担。以下是常用的网卡主控制芯片。

（1）Realtek 8201BL：Realtek 8201BL 是一种常见的主板集成网络芯片（又称为 PHY 网络芯片）。PHY 芯片将网络控制芯片的运算部分交由处理器或南桥芯片处理，以简化线路设计，从而降低成本。

（2）Realtek 8139C/D：Realtek 8139C/D 是目前使用最多的网卡芯片之一。8139D 主要增加了电源管理功能，其他方面则基本上与 8139C 芯片相同。该芯片支持 10/100Mbit/s 的带宽速度。

（3）IntelPro/100VE：Intel 公司的入门级网络芯片。

（4）nForceMCPNVIDIA/3Com nForce2：内置了两组网络芯片功能，即Realtek8210BLPHY 网络芯片和 BroabcomACl01LPHY 网络芯片。

（5）3Com905C：3Com905C 支持 10/100Mbit/s 的速度。

（6）SIS900：SIS900 原本是单一的网络主控芯片，但现在已经集成到南桥芯片中，支持 100Mbit/s 速度。

2）传输速率

网卡的传输速率是指网卡每秒钟接收或发送数据的多少，单位是 Mbit/s。由于存在多种类型的网络，因此网卡也存在多种传输速率，以适应它所兼容的网络。目前网卡在标准以太网中的传输速度为 10Mbit/s，在快速网络中速度为 100Mbit/s，在千兆网络中的传输速率为 1 000Mbit/s，最近又出现了万兆网卡。

目前市场上的主流网卡有 10Mbit/s 网卡、100Mbit/s 网卡、10/100Mbit/s 自适应网卡、1000Mbit/s 千兆网卡以及最近出现的万兆网卡。

网卡的传输速率决定了网卡接收和发送数据的快慢，10Mbit/s 的网卡价格较低，就目前的应用而言，能满足普通小型共享式局域网的传输要求，考虑性价比的用户可以选择 10Mbit/s 的网卡；在传输频率较高的网络或交换式局域网中，应选用速度较快的 100Mbit/s 网卡或者速度更快的网卡。

3）总线类型

网卡的总线类型主要有 ISA、PCI、PCI-X、PCMCIA、USB 和 EXPRESSCARD。ISA 是早期网卡使用的一种总线类型，现在基本上已经被淘汰；PCI 总线类型的传输速率比较高，目前可实现 66Mbit/s 的工作频率，在 64 位总线宽度下可达到突发（Burst）传输速率为 533 Mbit/s，目前个人计算机上使用的几乎都是这种总线类型的网址：PCI-X 总线类型是目前服务器网卡经常采用的总线类型，它比 PCI 接口具有更快的数据传输速度（2.0 版本最高可达到 266Mbit/s 的传输速率）。

4）接口类型

目前常见的接口主要有以太网的 RJ-45 接口、细同轴电缆的 BNC 接口和粗同轴电缆的 AUI 接口、FDDI 接口、ATM 接口等。

4. 无线网卡

无线网卡是在无线终端之间，或者无线终端和有线网络进行数据传输的设备。它是利用无线电波作为信息传输的媒介与其他计算机进行数据传输的，它与有线网卡的最大的不同在于传输媒介的不同，利用无线电技术取代网线，可以和有线网络互为备份，只是速度较慢。无线网卡实物如图 7-2 所示。

图 7-2　无线网卡实物

按照 IEEE802.11 协议，无线网卡分为媒体访问控制（MAC）层和物理层（PHY Layer）。在两者之间，还定义了一个媒体访问控制——物理（MAC-PHY）子层（Sublayers）。MAC 层提供主机与物理层之间的接口，并管理外部存储器，它与无线网卡硬件的 NIC 单元相对应。

物理层具体实现无线电信号的接收与发射，它与无线网卡硬件中的扩频通信机相对应。物理层提供空闲信道，估计 CCA 信息给 MAC 层，以便决定是否可以发送信号，通过 MAC 层的控制来实现无线网络的 CCSMA/CA 协议，而 MAC-PHY 子层主要实现数据的打包与拆包，把必要的控制信息放在数据包的前面。

IEEE802.11 协议指出，物理层必须有至少一种提供空闲信道估计 CCA 信号的方法。当物理层接收到信号并确认无错后提交给 MAC-PHY 子层，经过拆包后把数据上交 MAC 层，之后判断是否是发给本网卡的数据。若是，则上交；否则，丢弃。

若物理层接收到的发给本网卡的信号有错，则需要通知发送端重发此包信息。当网卡有数据需要发送时，首先要判断信道是否空闲。若空，随机退避一段时间后发送；否则，暂不发送。由于网卡为时分双工工作，因此，发送时不能接收，接收时不能发送。

7.1.2　路由器

1. 路由器简介

路由器是互联网络中必不可少的网络设备之一。路由器是一种连接多个网络或网段的网络设备，它能将不同网络或网段之间的数据信息进行“翻译”，以使它们能够相互“读”懂对方的数据，从而构成一个更大的网络。

路由器的基本功能如下。

（1）网络互连。路由器支持各种局域网和广域网接口，主要用于互连局域网和广域网，实现不同网络互相通信。

（2）数据处理。提供包括分组过滤、分组转发、优先级、复用、加密、压缩和防火墙等功能。

（3）网络管理。路由器提供包括路由器配置管理、性能管理、容错管理和流量控制等功能。

路由器前面板上用于指示设备工作状态的指示灯，从左到右依次是 M1、M2、4 个 LAN 口的指示灯和 WAN 口指示灯，如图 7-3 所示。

机身的后面板提供了一个用于连接上级网络设备的10/100Mbit/s 自适应以太网（WAN）接口，4 个用于连接处于网内计算机的 10/100Mbit/s 自适应以太网（LAN）接口，如图 7-4 所示。

图 7-3　路由器的前面板

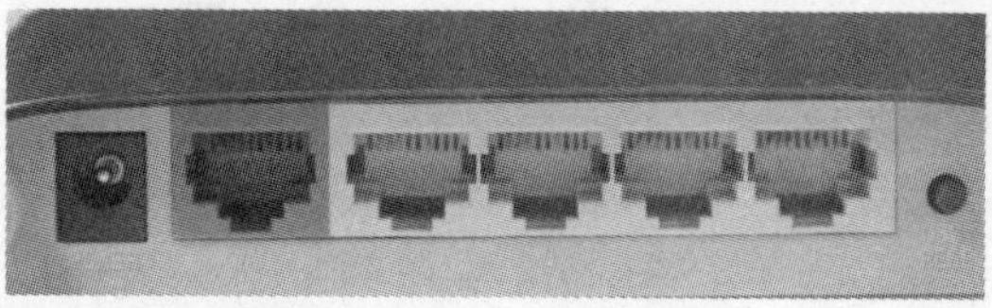

图 7-4　路由器的后面板

2. 路由器的安装

路由器的硬件安装很容易实现。在开始组建家庭网络前，一定要确认计算机、显示器、MODEM 和路由器的电源已经关闭。一切都准备妥当以后，就可以按下面的步骤进行硬件的组装了。

（1）将网线连接到局域网中每台计算机的网卡上，网线的另一端连接到路由器后面板中的 LAN 接口。路由器后面板的 4 个端口可随意供客户机使用，局域网中的计算机可以任意接入这些接口，没有顺序要求。

（2）将 ADSL 宽带的网线与路由器后面的 WAN 端口相连。

（3）将电源插进路由器后面的电源端口。

硬件安装完成后，打开电源启动计算机即可。

图 7-5　连接对话框

3. 认识路由器的主管理界面

（1）在 IE 浏览器“地址栏”输入“192. 168. 1. 1”并按回车键后，会弹出如图 7-5 所示的要求输入用户名和密码的对话框。按 TL-R410 路由器的《用户手册》输入用户名和密码：admin、admin（路由器的用户名和密码一般都写在包装盒上）。

（2）单击“确定”按钮后，进入 TP-LINK TL-R410 路由器的主管理界面，如图 7-6 所示。通过单击路由器主管理界面左侧的菜单列，就可以对路由器的运行情况进行管理控制了。

4. 路由器的基本设置前的准备工作

在配置前行路由器，必须确认使用的宽带接入方式。因为宽带路由器提供多种上网配置模式，如静态 IP、动态 IP 和 PPPOE 方式，要按照使用的具体情况进行配置。若所用的是小区宽带，则选择静态 IP 方式，就需要对静态 IP 地址、子网掩码、网关、首选 DNS 服务器和备用 DNS 服务器等参数进行设置；若使用的是 ADSL，则需要选择 PPPOE 方式，设置用户名和密码。这里以 TL-R410 路由器的《用户手册》为例，把网络连通。

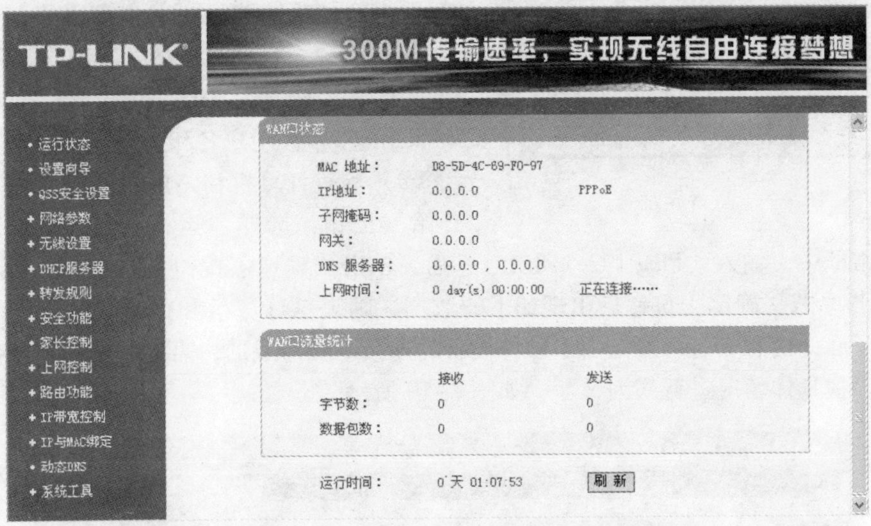

图 7-6　路由器的主管理界面

（1）在架好的局域网中挑一台机器，用右键单击“网上邻居”，选择“属性”选项，在弹出的对话框中双击打开“本地连接”图标，在新对话框中单击“属性”按钮，选中“Internet 协议（TCP/IP）”选项，单击“属性”按钮，如图 7-7 所示。

（2）在弹出的对话框中，选择“使用下面的 IP 地址”，在“IP 地址”后面的文本框输入“192. 168. 1. X”（X 范围 2～254）；“子网掩码”后面输入“255. 255. 255. 0”；“默认网关”后面则输入“192. 168. 1. 1”。填完以后单击“确定”按钮两次即可，如图 7-8 所示。

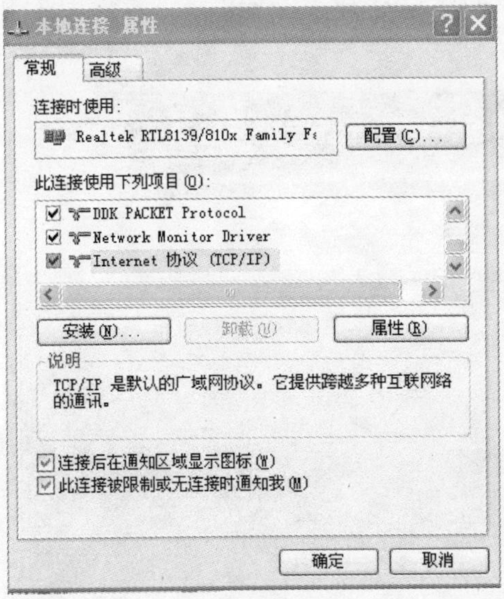

图 7-7　“本地连接属性”对话框

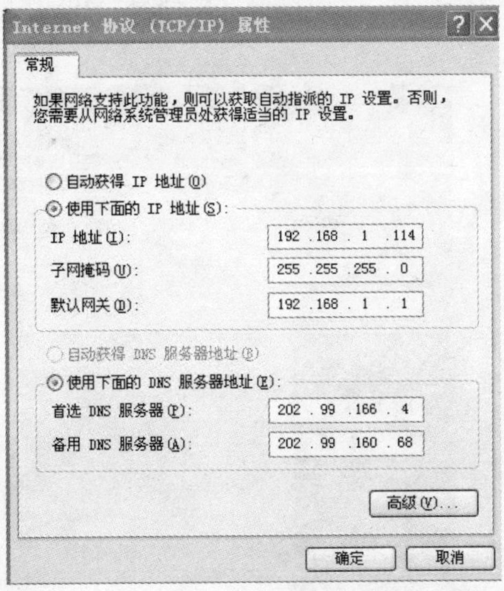

图 7-8　“Internet 协议（TCP/IP）属性”对话框

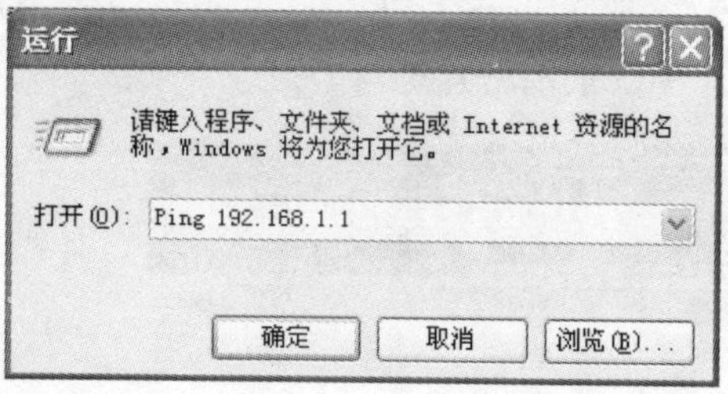

图 7-9　运行界面

注意：不同品牌的路由器，其设置方法也有所不同，在配置路由器前一定要详细阅读路由器的说明书，严格按照说明书中介绍的方法进行设置。在本例中，TL-R410 路由器的出厂默认设置信息为“IP 地址：192.168.1.X；子网掩码：255.255.255.0；用户名和密码：admin、admin”。

（3）检查计算机和路由器的通信情况。单击“开始”按钮，选择“运行”选项，在“打开”右边的文本框中，输入“Ping 192.168.1.1”后，单击“确定”按钮。如图 7-9 所示。

（4）若单击“确定”按钮后出现如下的数据，则表示计算机和路由器连接成功了；若没有出现下面的信息，有可能是由于硬件设备的连接不当造成的，需要查看一下硬件设备的连接情况，视具体情况进行病因诊断，如图 7-10 所示。

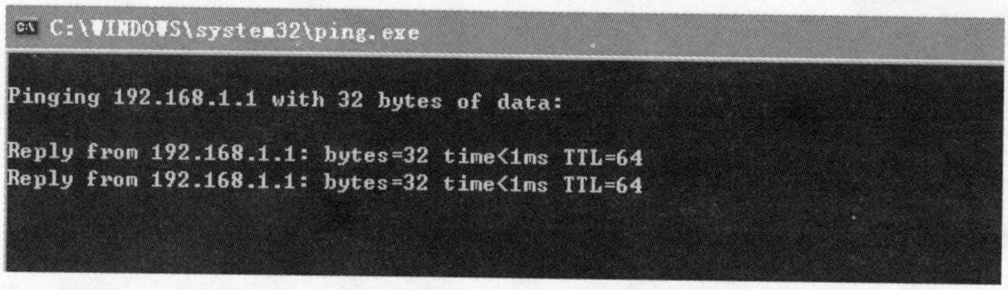

图 7-10　Ping 命令界面

5. 路由器的基本设置

1）运用设置向导进行基本设置

（1）在 IE 浏览器中输入“192. 168. 1. 1”，登录后打开 TL－WR703N 的管理界面，自动弹出“设置向导”，也可以通过单击管理界面的“设置向导”菜单进入，如图 7-11 所示。

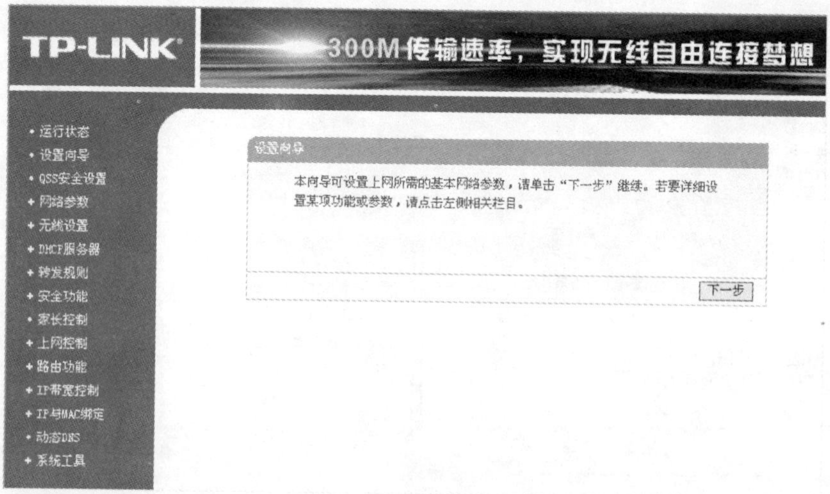

图 7-11　路由器设置向导对话框

（2）单击“下一步”按钮开始设置，弹出上网方式设置页面，如图 7-12 所示。

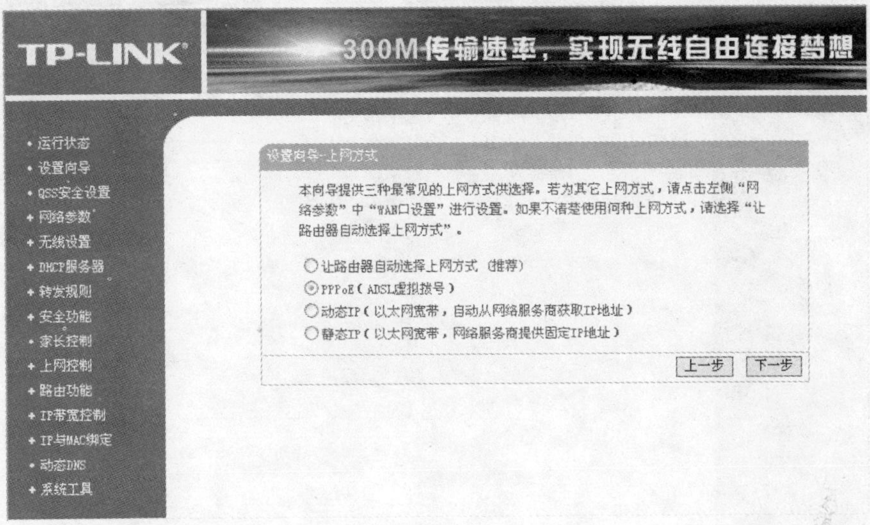

图 7-12　上网方式设置

（3）根据宽带线路决定上网的方式，若不清楚可选择推荐项。这里选择 PPPoE 上网方式，单击“下一步”按钮，弹出如图 7-13 所示页面。

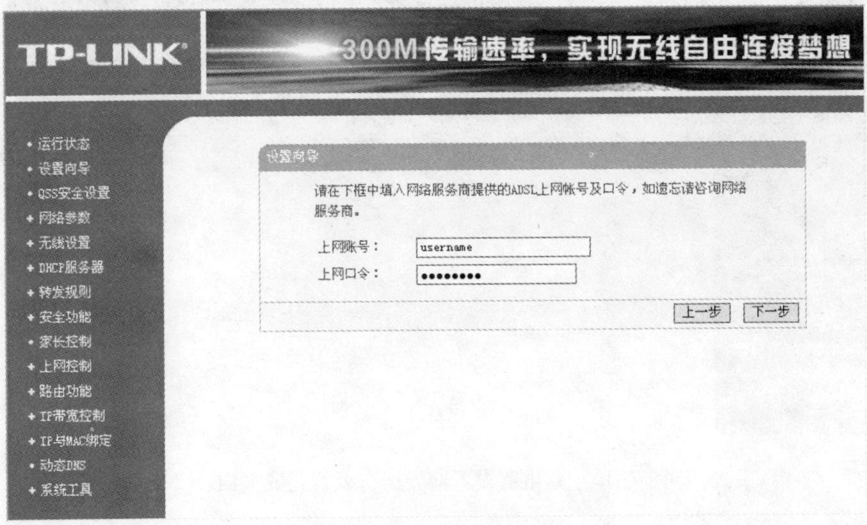

图 7-13　设置上网口令

（4）输入宽带“上网账号”和“上网口令”后，单击“下一步”按钮，进入无线设置页面，如图 7-14 所示。

为防止非法用户蹭网，建议设置无线安全选项，推荐选择“WPA - PSK/WPA2 - PSK”并设置 PS 密码。

（5）设置完成后，单击“下一步”按钮，提示设备需要重新启动，如图 7-15 所示。

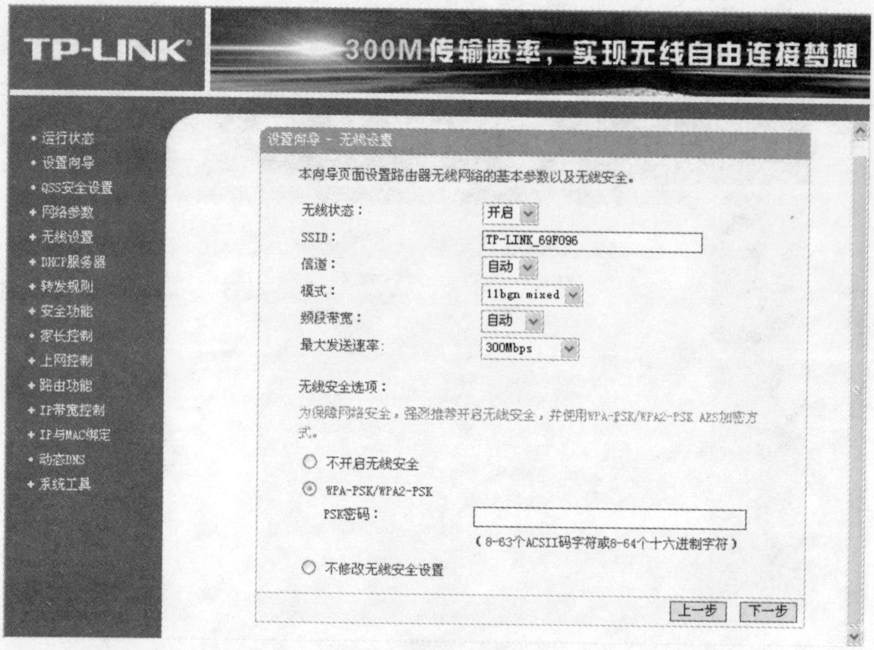

图 7–14　无线设置

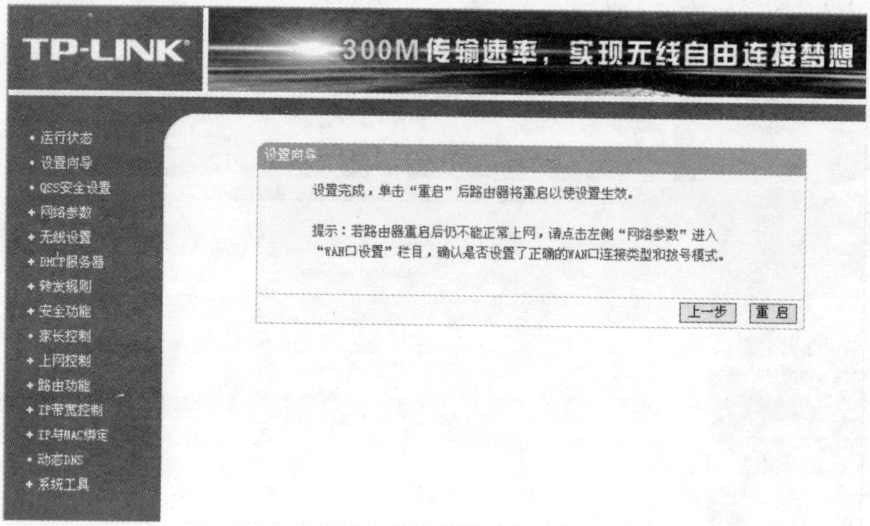

图 7–15　路由器设置向导——设置完成页面

2）LAN 口的设置

单击管理界面的“网络参数”菜单，选择“LAN 口设置”，设置 LAN 口的基本网络参数。一般情况下不用专门设置，只有当 IP 地址与内网 IP 地址有冲突时，才进行修改，如图 7–16 所示。

3）WAN 口的详细设置

单击管理界面的“网络参数”菜单，选择“WAN 口设置”，如图 7–17 所示，按实际情况选择使用的上网方式。

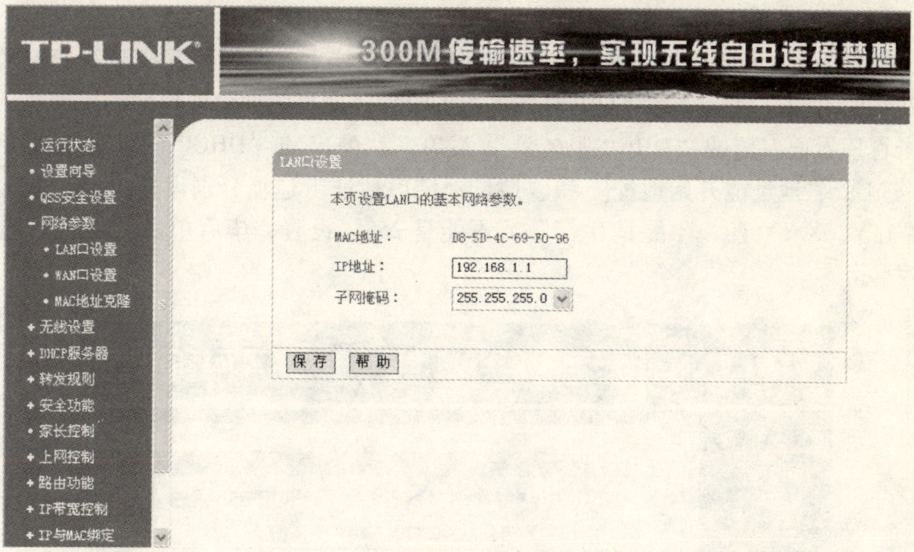

图 7-16　LAN 口设置页面

这里，在“WAN 口连接类型”的下拉列表中，选择“PPPOE”选项，，在“上网账号”和“上网口令”对话框中分别输入对应的用户名和密码。根据情况输入 IP 地址和设置 DNS 服务器的参数。在对应的连接模式中，选择“自动连接”选项，开机后就可以连入网络。

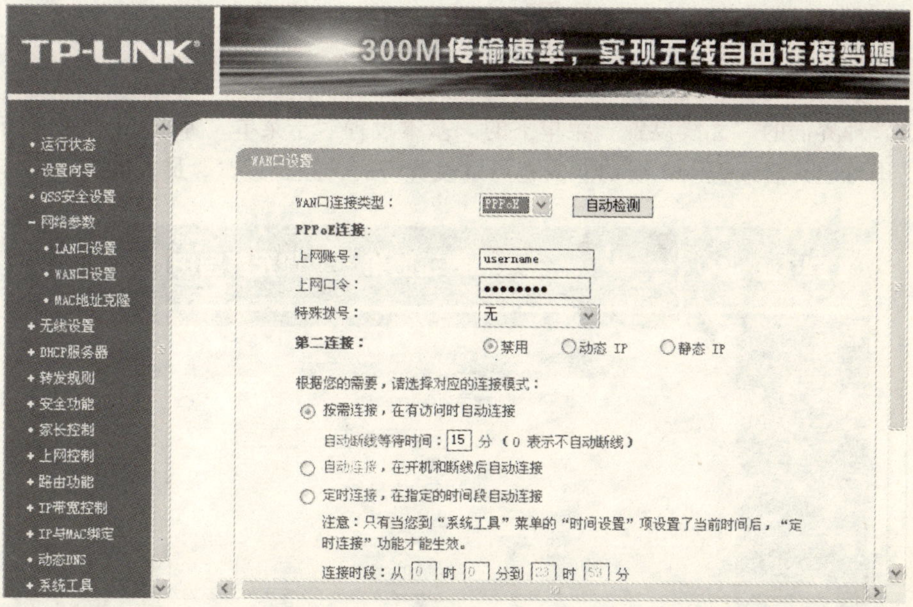

图 7-17　WAN 口设置页面

由于上网方式的多样化，WAN 口的设置也有所不同，需要根据实际情况进行设置。如果遇到问题，及时与网络提供商联系。

4）设置路由器的 DHCP 功能

DHCP 是路由器的一个特殊功能。使用 DHCP 不但能大大缩短配置或重新配置网络中工作站所花费的时间，而且通过对 DHCP 服务器的设置还能灵活地设置地址的租期。

单击管理界面左侧的“DHCP 服务器”菜单，在弹出的“DHCP 设置”页面中，选中“启用”选项。“地址池开始地址”和“地址池结束地址”选项分别设置为 192.168.1.X 和 192.168.1.Y，X < Y 且 X 不能是 0、1，Y 不能是 255。设置完毕后单击“保存”按钮，如图 7-18 所示。

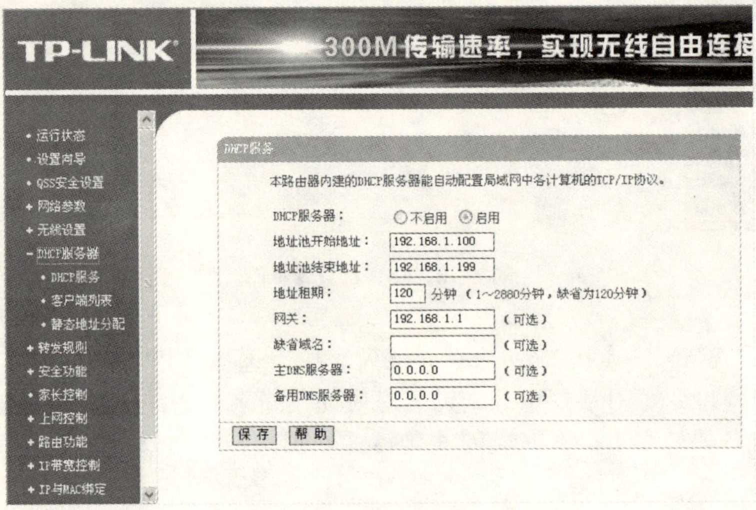

图 7-18 设置路由器的 DHCP 功能

5）无线参数的基本设置

单击管理界面的“无线设置”菜单下的“基本设置”子菜单，弹出如图 7-19 所示的页面。在这里可以开启或关闭无线功能，还可以设置模式、频段带宽、最大发送速率等。

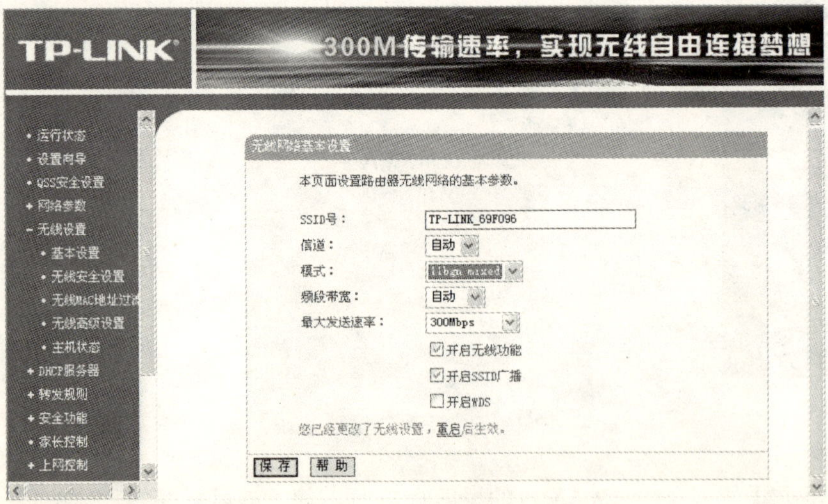

图 7-19 路由器无线网络基本设置页面

单击“无线安全设置”子菜单，弹出如图 7-20 所示的页面。此页面设置路由器无线网络的安全认证选项，可以开启和关闭安全认证，可以选择认证模式并对其修改。

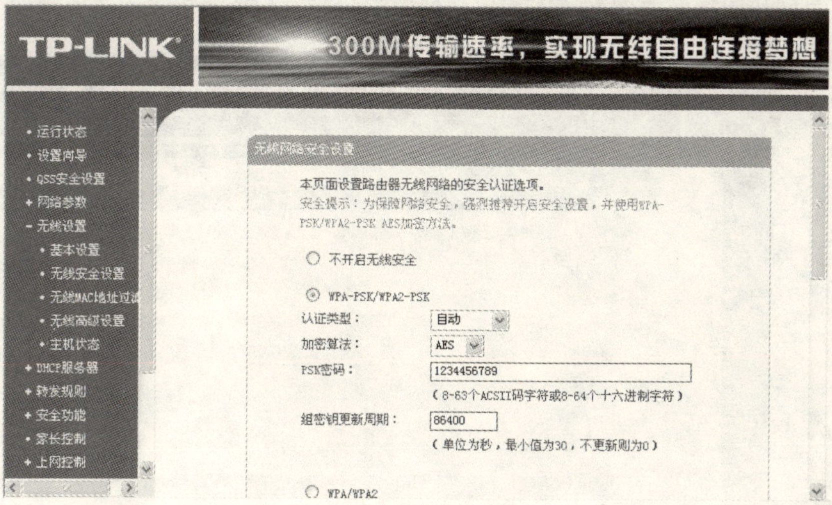

图 7-20 路由器无线网码安全设置页面

6. 路由器的常用功能

路由器的功能不只是实现网络共享那么简单，使用路由器，用户还可以对局域网内部计算机的上网情况进行监控和管理。通过开放不同的权限，可以控制某些计算机屏蔽某些网站和 E-mail。

1）防火墙功能

单击界面左侧的“安全设置”选项，选择“防火墙设置”，打开如图 7-21 所示的“防火墙设置”页面，可以看到这是一个总开关的设置页面。

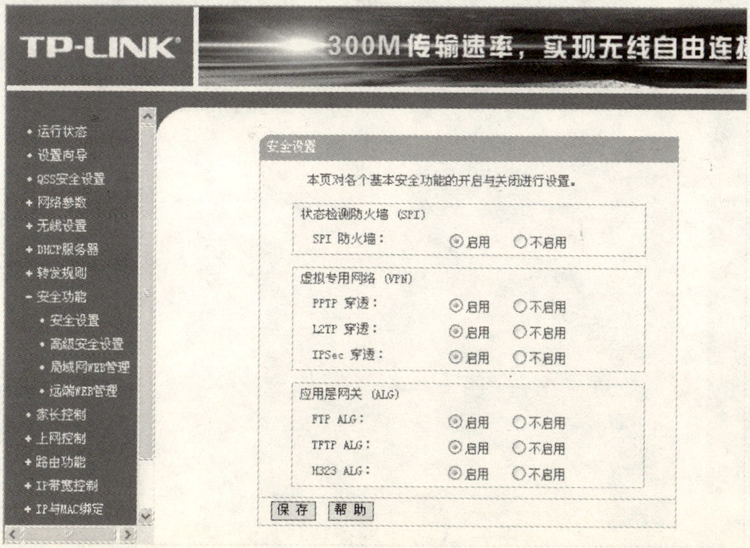

图 7-21 “防火墙设置”页面

2）家长控制

如图 7-22 所示，可以通过本页面进行设置，控制孩子的上网行为，使得孩子的计算机只能在指定时间访问指定的网站。不在规则列表中的非家长计算机将无法上网。

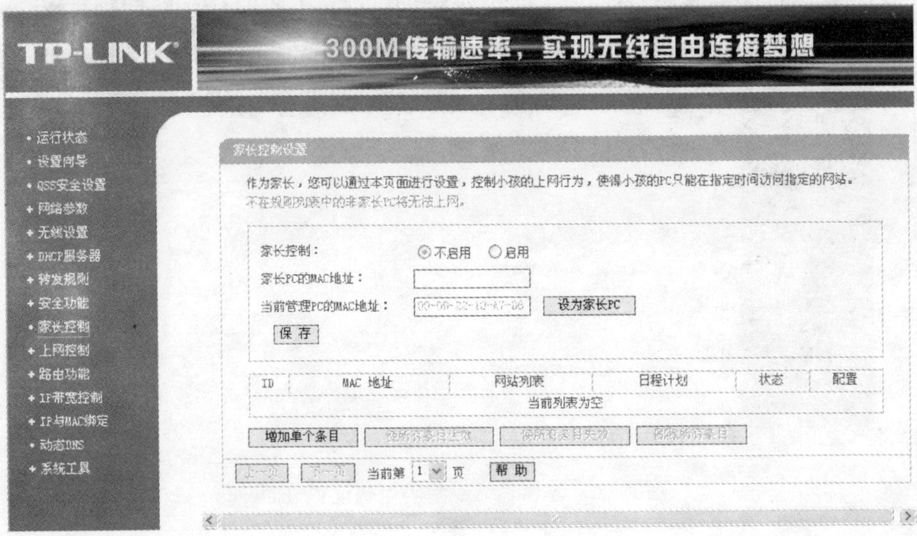

图 7-22 “家长控制”页面

3）上网控制

路由器可以限制内网主机的上网行为，并且可以设定默认的规则。更为有效的是，可以设置灵活的组合规则，通过选择合适的“主机列表”、“访问目标”、“日程计划”，构成完整而又强大的上网控制规则，如图 7-23 所示。

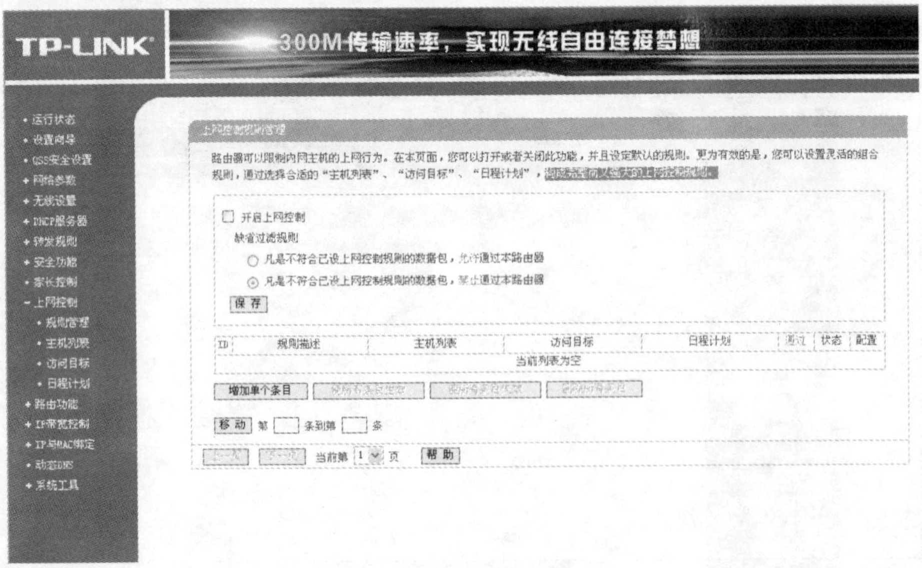

图 7-23 “上网控制”页面

7.1.3　MODEM

MODEM 其实是 Modulator（调制器）与 Demodulator（解调器）的简称，中文称为调制解调器。根据 MODEM 的谐音，人们常称之为“猫”。它能将数字信号转换成模拟信号在电话网传送，也能将接收到的模拟信号转换成数字信号传输给计算机。

MODEM 是计算机与电话线之间进行信号转换的装置，由调制器和解调器两部分组成，调制器是把计算机的数字信号（0、1 组成的数字代码）调制成可在电话线上传输的声音信号的装置，在接收端，解调器再把声音信号转换成计算机能接收的数字信号。通过调制解调器和电话线就可以实现计算机之间的数据通信。

1．MODEM 分类

一般来说，根据 MODEM 的形态和安装方式，可以大致可以分为以下 4 类。

（1）外置式 MODEM，如图 7-24 所示。

外置式 MODEM 放置于机箱外，通过串行通信口与主机连接。这种 MODEM 方便灵巧、易于安装，闪烁的指示灯便于监视 MODEM 的工作状况。但外置式 MODEM 需要使用额外的电源与电缆。这种 MODEM 经常用在小型局域网络中。

图 7-24　外置式 MODEM

（2）内置式 MODEM。

内置式 MODEM 在安装时需要拆开机箱，并且要对中断和 COM 口进行设置，安装较为繁琐。这种 MODEM 要占用主板上的扩展槽，但无需额外的电源与电缆，并且价格比外置式 MODEM 要便宜一些。它的最大弊端就是不能几台计算机同时使用一个端口上网。

（3）PCMCIA 插卡式 MODEM。

插卡式 MODEM 主要用于笔记本电脑，体积纤巧。配合移动电话，可方便地实现移动办公。

（4）机架式 MODEM。

机架式 MODEM 相当于把一组 MODEM 集中于一个箱体或外壳里，并由统一的电源对其进行供电。机架式 MODEM 主要用于 Internet/Intranet、电信局、校园网、金融机构等网络的中心机房。

除以上 4 种常见的 MODEM 外，还有 ISDN 调制解调器和一种称为 Cable MODEM 的调制解调器，另外还有一种 ADSL 调制解调器。Cable MODEM 利用有线电视的电缆进行信号传送，不但具有调制解调功能，还集路由器、集线器、桥接器于一身，理论传输速度更可达 10Mbit/s 以上。通过 Cable MODEM 上网，每个用户都有独立的 IP 地址，相当于拥有了一条个人专线。

2．工作原理

计算机的信息是由“0”和“1”组成的数字信号，而在电话线上传递的信息却只能是模拟电信号。于是，当两台计算机要通过电话线进行数据传输时，就需要一个设备负责把数字信号转换成模拟信号或把模拟信号转换成数字信号。这个数/模转换器就是 MODEM。计算机在发送数据时，先由 MODEM 的调制器把数字信号转换为相应的模拟信号，这个过程称为“调制”。经过调制的信号通过电话载波传送到另一台计算机之前，也要经由接收方的 MODEM 的解调器负责把模拟信号还原为计算机能识别的数字信号，这个过程称为“解调”。正是通过这样一个“调制”与“解调”的数/模转换过程，从而实现了两台计算机之间的远程通信，如图 7-25 所示。

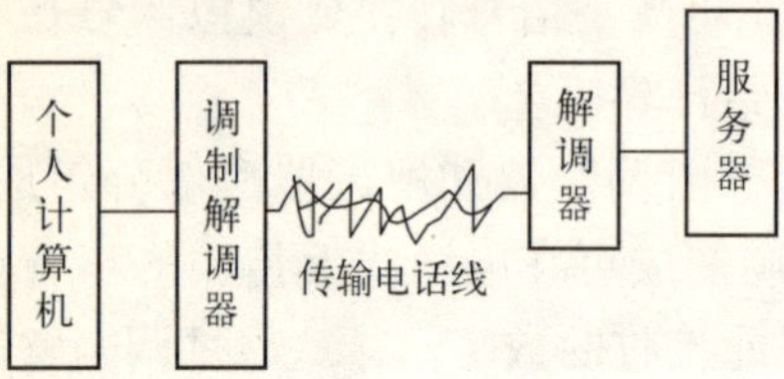

图 7-25　MODEM 工作原理示意图

3. 传输模式

MODEM 最初只是用于数据传输。然而，随着用户需求的不断增长和厂商之间的激烈竞争，目前市场上越来越多的出现了一些“二合一”、“三合一”的 MODEM。这些 MODEM 除了可以进行数据传输以外，还具有传真和语音传输功能。

1）传真模式（Fax MODEM）

通过 MODEM 进行传真，除省下一台专用传真的费用外，好处还有很多。可以直接把计算机内的文件传真到对方的计算机或传真机，而无需先把文件打印出来；可以对接收到的传真方便地进行保存或编辑；可以克服普通传真机由于使用热敏纸而造成字迹逐渐消退的问题；由于 MODEM 使用了纠错的技术，传真质量比普通传真机要好，尤其是对于图形的传真更是如此。目前的 Fax MODEM 大多遵循 V. 29 和 V. 17 传真协议。其中 V. 29 支持 9600bit/s 传真速率，而 V. 17 则可支持 14400bit/s 的传真速率。

2）语音模式（Voice MODEM）

语音模式主要提供了电话录音留言和全双工免提通话功能，真正使电话与计算机融为一体。这里，主要是一种新的语音传输模式——DSVD（Digital Simultaneous Voice and Data）。DSVD 是由 Hayes、Rockwell、U. S. Robotics、Intel 等公司提出的一项语音传输标准，是现有的 V. 42 纠错协议的扩充。DSVD 通过采用数字式语音与数据同传技术，使 MODEM 可以在普通电话线上一边进行数据传输一边进行通话。

DSVD MODEM 保留了 8KB 的带宽（也有的 MODEM 保留 8. 5KB 的带宽）用于语音传送，其余的带宽则用于数据传输。语音在传输前会先进行压缩，之后与需要传送的数据综合在一起，通过电话载波传送到对方用户。在接收端，MODEM 先把语音与数据分离开来，再把语音信号进行解压和数/模转换，从而实现数据/语音的同传。DSVD MODEM 在远程教学、协同工作、网络游戏等方面有着广泛的应用前景。但在目前，由于 DSVD MODEM 的价格比普通的 Voice MODEM 要贵，而且要实现数据/语音同传功能时，需要对方也使用 DSVD MODEM，从而在一定程度上阻碍了 DSVD MODEM 的普及。

4. 传输速率

MODEM 的传输速率指的是 MODEM 每秒钟传送的数据量大小。通常所说的 14. 4bit/s、28. 8bit/s、33. 6bit/s 等指的就是 MODEM 的传输速率。传输速率以 bit（比特/秒）为单位。以 14. 4bit/s 为例，一台 14. 4bit/s 的 MODEM 每秒钟可以传输 14400bit 的数据。也就是说，一台 14.4bit/s 的 MODEM 一秒钟可以传输 14400 个“0”或“1”的数字信号。由于目前的 MODEM 在传输时都对数据进行了压缩，因此 MODEM 的传输速率要比标称的传输速率大。

MODEM 的传输速率，实际上是由 MODEM 所支持的调制协议所决定的。在 MODEM 的包装盒或说明书上看到的 V.32、V.32bis、V.34、V.34+、V.fc 等，指的就是 MODEM 所采用的调制协议。其中，V.32 是非同步/同步 4800/9600bit/s 全双工标准协议；V.32bis 是 V.32 的增强版，支持 14400bit/s 的传输速率；V.34 是同步 28800bit/s 全双工标准协议；而 V.34+则为同步全双工 33600bit/s 标准协议。以上标准都是由 ITU（国际通信联盟）所制定的，而 V.fc 则是由 Rockwell 提出的 28800bit/s 调制协议，但并未得到广泛支持。

在实际使用过程中，MODEM 的传输速率往往不能达到标称值。实际的传输速率主要取决于以下 3 个因素。

（1）电话线路的质量。

因为调制后的信号是经由电话线进行传送的，若电话线路质量不佳，MODEM 将会降低速率以保证准确率。为此，在连接 MODEM 时，要尽量减少连线长度，多余的连线要剪去，勿绕成一圈堆放。另外，最好不要使用分机，连线也应避免在电视机等干扰源上经过。

（2）是否有足够的带宽。

若在同一时间上网的人数很多，就会造成线路的拥挤和阻塞，MODEM 的传输速率自然也会随之下降。因此，ISP 是否能供足够的带宽非常关键。另外，避免在繁忙时段上网也是一个解决方法。尤其是在下载文件时，在繁忙时段与非繁忙时段下载所费的时间会相差几倍之多。

（3）对方的 MODEM 速率。

MODEM 所支持的调制协议是向下兼容的，实际的连接速率取决于速率较低的一方。因此，若对方的 MODEM 是 14.4bit/s 的，即使用的是 56bit/s 的 MODEM，也只能以 14.4bit/s 的速率进行连接。

5. 传输协议

MODEM 的传输协议包括调制协议（Modulation Protocols）、差错控制协议（Error Control Protocols）、数据压缩协议（Data Compression Protocols）和文件传输协议。调制协议前面已经介绍，现在介绍其余的 3 种传输协议。

1）差错控制协议

随着 MODEM 的传输速率不断提高，电话线路上的噪声、电流的异常突变等，都会造成数据传输的出错。差错控制协议要解决的就是如何在高速传输中保证数据的准确率。目前的差错控制协议存在着两个工业标准：MNP4 和 V4.2。其中，MNP（Microcom Network Protocols）是 Microcom 公司制定的传输协议，包括了 MNP1 ~ MNP10。由于商业原因，Microcom 目前只公布了 MNP1 ~ MNP5。而 V4.2 则是国际电信联盟制定的 MNP4 改良版，它包含了 MNP4 和 LAP-M 两种控制算法。因此，一个使用 V4.2 协议的 MODEM 可以和一个只支持 MNP4 协议的 MODEM 建立无差错控制连接；反之，则不能。所以，在购买 MODEM 时，最好选择支持 V4.2 协议的 MODEM。

另外，市面上某些廉价 MODEM 为降低成本，并不具备硬纠错功能，而是使用了软件纠错方式。大家在购买时要注意分清，不要为包装盒上的“带纠错功能”等字眼所迷惑。

2）数据压缩协议

为了提高数据的传输量，缩短传输时间，大多数 MODEM 在传输时都会先对数据进行压缩。与差错控制协议相似，数据压缩协议也存在两个工业标准：MNP5 和 V4. 2bis。MNP5 采用了 Run-Length 编码和 Huffman 编码两种压缩算法，最大压缩比为 2:1。而 V4. 2bis 采用了 Lempel-Ziv 压缩技术，最大压缩比可达 4:1。这就是为什么 V4. 2bis 比 MNP5 要快的原因。要注意的是，数据压缩协议是建立在差错控制协议的基础上，MNP5 需要 MNP4 的支持，V4. 2bis 也需要 V4. 2 的支持。并且，虽然 V4. 2 包含了 MNP4，但 V4. 2bis 却不包含 MNP5。

3）文件传输协议

文件传输是数据交换的主要形式。在进行文件传输时，为使文件能被正确识别和传送，需要在两台计算机之间建立统一的传输协议。这个协议包括了文件的识别、传送的起止时间、错误的判断与纠正等内容。常见的传输协议有以下几种。

- ASCII：这是最快的传输协议，但只能传送文本文件。
- Xmodem：这种古老的传输协议，速度较慢，但由于使用了 CRC 错误侦测方法，传输的准确率可高达 99. 6%。
- Ymodem：这是 Xmodem 的改良版，使用了 1024 位区段传送，速度比 Xmodem 要快。
- Zmodem：Zmodem 采用了串流式（streaming）传输方式，传输速度较快，而且还具有自动改变区段大小和断点续传、快速错误侦测等功能。

除以上几种外，还有 Imodem、Jmodem、Bimodem、Kermit、Lynx 等协议。

6. 安装

MODEM 的安装过程可以分为硬件安装与软件安装两步。

1）MODEM 的硬件安装

（1）外置式 MODEM 的安装。

第一步：连接电话线。把电话线的 RJ11 插头插入 MODEM 的 Line 接口，再用电话线把 MODEM 的 Phone 接口与电话机连接。

第二步：关闭计算机电源，将 MODEM 所配的电缆的一端（25 针阳头端）与 MODEM 连接，另一端（9 针或者 25 针插头）与主机上的 COM 口连接。

第三步：将电源变压器与 MODEM 的 POWER 或 AC 接口连接。接通电源后，MODEM 的 MR 指示灯应长亮。若 MR 灯不亮或不停闪烁，则表示未正确安装或 MODEM 自身故障。对于带语音功能的 MODEM，还应把 MODEM 的 SPK 接口与声卡上的 Line In 接口连接，当然也可直接与耳机等输出设备连接。

以上 3 个步骤调换顺序影响不大。

（2）安装内置式 MODEM。

首先根据说明书的指示，设置好有关的跳线。由于 COM1 与 COM3、COM2 与 COM4 共用一个中断，因此通常可设置为 COM3/IRQ4 或 COM4/IRQ3。

当设置好跳线后，关闭计算机电源并打开机箱，将 MODEM 卡插入主板上任一空置的扩展槽。插好 MODEM，连接电话线。把电话线的 RJ11 插头插入 MODEM 卡上的 Line 接口，再用电话线把 MODEM 卡上的 Phone 接口与电话机连接。此时拿起电话机，应能正常拨打电话。

2）安装 MODEM 的软件

当硬件安装完成后，打开计算机，外置式 MODEM 还应打开 MODEM 的开关。对于大多数 MODEM，Windows 会报告“找到新的硬件设备”。此时，只需选择“硬件厂商提供驱动程序”，并插入 MODEM 的安装盘即可。

7.1.4　其他网络设备

1. 集线器

集线器实际就是一种多端口的中继器。集线器一般有 4、8、16、24、32 等数量的 RJ-45 接口。通过这些接口，集线器便能为相应数量的计算机完成“中继”功能（将已经衰减得不完整的信号进行整理，重新产生出完整的信号再继续传送）。我们平时使用的网线是超五类双绞线，由于它最远距离不得超过 100m，若长距离使用网线的话信号会失真，所以可以在中间位置使用集线器进行中继。由于它在网络中处于一种“中心”位置，因此集线器也叫做“Hub”。

集线器的工作原理很简单，例如有一个具备 8 个端口的集线器，共连接了 8 台计算机。集线器处于网络的“中心”，通过集线器对信号进行转发，8 台计算机之间可以互连互通。假如计算机 1 要将一条信息发送给计算机 8，当计算机 1 的网卡将信息通过双绞线送到集线器上时，集线器并不会直接将信息送给计算机 8，它会将信息进行“广播”——将信息同时发送给 8 个端口，当 8 个端口上的计算机接收到这条广播信息时，会对信息进行检查，若发现该信息是发给自己的，则接收；否则，不予理睬。

2. 交换机

交换机也叫交换式集线器，它通过对信息进行重新生成，并经过内部处理后转发至指定端口，具备自动寻址能力和交换作用。由于交换机根据所传递信息包的目的地址，将每一信息包独立地从源端口送至目的端口，避免了和其他端口发生碰撞。广义的交换机就是一种在通信系统中完成信息交换功能的设备。

在计算机网络系统中，交换机是针对共享工作模式的弱点而推出的。集线器是采用共享工作模式的代表，若把集线器比作一个邮递员，那么这个邮递员是个不认识字的“傻瓜”——要他去送信，他不知道直接根据信件上的地址将信件送给收信人，只会拿着信分发给所有的人，之后让接收的人根据地址信息来判断是不是自己的！而交换机则是一个“聪明”的邮递员——交换机拥有一条高带宽的背部总线和内部交换矩阵。交换机的所有的端口都挂接在这条背部总线上，当控制电路收到数据包以后，处理端口会查找内存中的地址对照表以确定目的 MAC（网卡的硬件地址）的 NIC（网卡）挂接在哪个端口上，通过内部交换矩阵迅速将数据包传送到目的端口。目的 MAC 若不存在，交换机才广播到所有的端口，接收端口回应后交换机会“学习”新的地址，并把它添加入内部地址表中。

可见，交换机在收到某个网卡发过来的“信件”时，会根据上面的地址信息，以及自己掌握的“常住居民户口簿”快速将信件送到收信人的手中。万一收信人的地址不在“户口簿”上，交换机才会像集线器一样将信分发给所有的人，之后从中找到收信人。而找到收信人之后，交换机会立刻将这个人的信息登记到“户口簿”上，这样以后再为该客户服务时，就可以迅速将信件送达了。

7.2 组建局域网

7.2.1 局域网简介

局域网主要用在一个部门内部，常局限于一个建筑物之内。在企业内部利用局域网办公已成为其经营管理活动必不可少的一部分。局域网按其采用的技术可分为不同的种类。如Ether Net（以太网）、FDDI、Token Ring（令牌环）等。按联网的主机间的关系，又可分为两类：对等网和C/S（客户/服务器）网。按使用的操作系统不同又可分为许多种，如Windows网和Novell网。按使用的传输介质又可分为细缆（同轴）网、双绞线网和光纤网等。局域网具有以下特点。

（1）网内主机主要为计算机，是专门适于微机的网络系统。

（2）覆盖范围较小，一般在几公里之内，适于单位内部联网。

（3）传输速率高，误码率低，可采用较低廉的传输介质。

（4）系统扩展和使用方便，可共享昂贵的外部设备和软件、数据。

（5）可靠性较高，适于数据处理和办公自动化。

7.2.2 局域网中的硬件

1. 双绞线

双绞线简称TP，由两根绝缘导线相互缠绕而成，将一对或多对双绞线放置在一个保护套便成了双绞线电缆。双绞线既可用于传输模拟信号，又可用于传输数字信号，如图7-26所示。

双绞线可分为非屏蔽双绞线UTP和屏蔽双绞线STP，适合于短距离通信。

- 非屏蔽双绞线价格便宜，传输速度偏低，抗干扰能力较差
- 屏蔽双绞线抗干扰能力较好，具有更高的传输速度，但价格相对较贵

双绞线需用RJ-45或RJ-11连接头插接。

2. 同轴电缆

同轴电缆由绕在同一轴线上的两个导体组成。具有抗干扰能力强，连接简单等特点，信息传输速度可达每秒几百兆位，是中、高档局域网的首选传输介质，如图7-27所示。

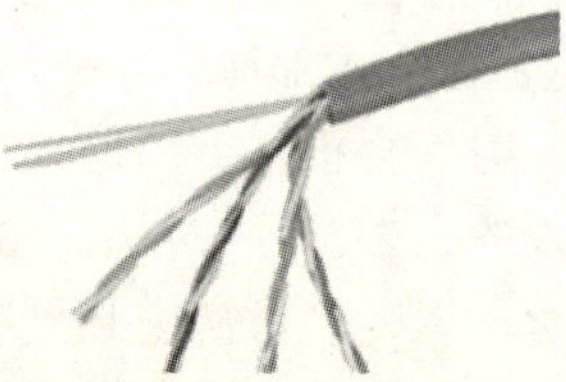

图7-26 双绞线

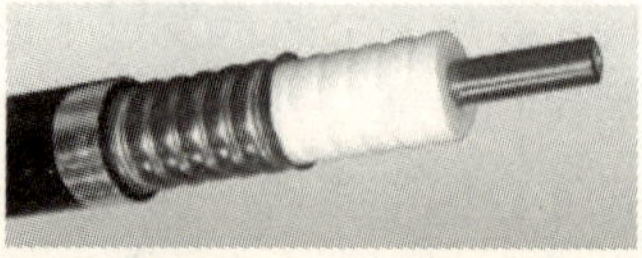

图7-27 同轴电缆

同轴电缆分为50Ω和75Ω两种。50Ω同轴电缆适用于基带数字信号的传输；75Ω同轴电缆适用于宽带信号的传输，既可传送数字信号，也可传送模拟信号。在需要传送图像、声音、数字等多种信息的局域网中，应用宽带同轴电缆。

同轴电缆需用带BNC头的T型连接器连接。

3. 光纤

光纤又称为光缆或光导纤维，由光导纤维纤芯、玻璃网层和能吸收光线的外壳组成。具有不受外界电磁场的影响、无限制的带宽等特点，可以实现每秒几十兆位的数据传送，尺寸小、重量轻，数据可传送几百千米，但价格昂贵，如图7-28所示。

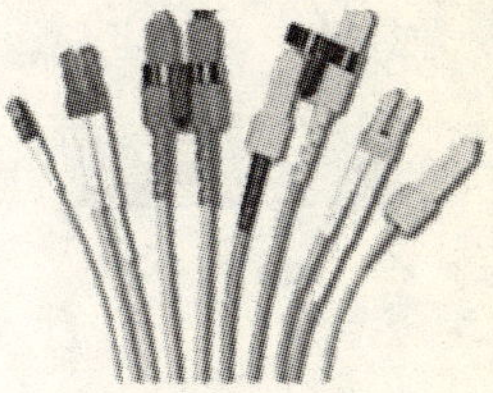

图7-28　光纤

光纤需用ST型头连接器连接。

4. 无线传输媒介

无线传输媒介包括无线电波、微波、红外线等。

7.2.3 配置局域网

这里以使用Windows XP操作系统为例，介绍配置局域网的过程。开始配置之前，首先检查客户机操作系统中是否正确的安装了网卡和TCP/IP网络协议，这是保证正常上网的两个基本条件。

（1）打开“网上邻居”窗口，单击右边的“网络连接”选项，弹出“网络连接”窗口，如图7-29所示。

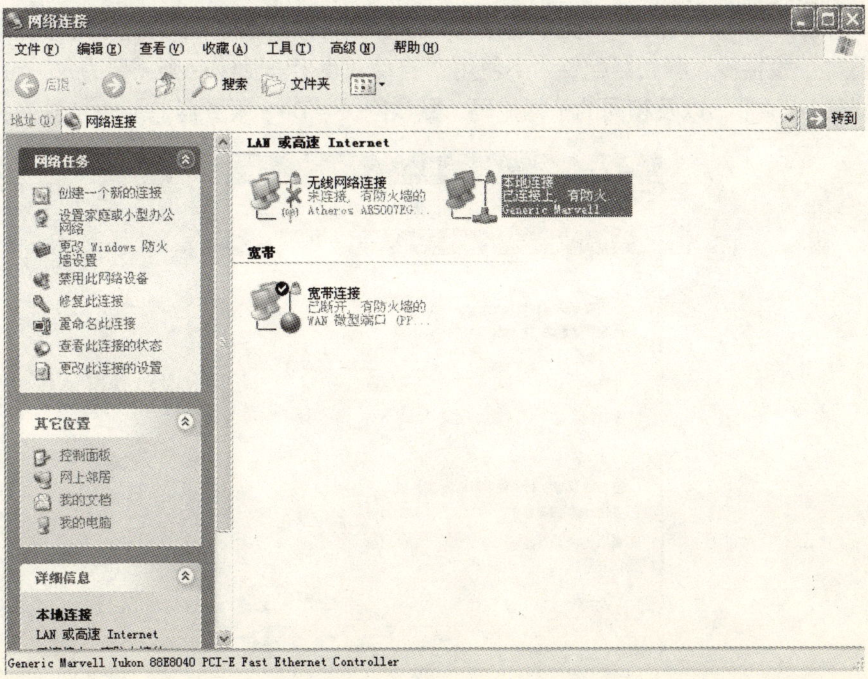

图7-29　“网络连接”窗口

（2）在“本地连接”图标上单击鼠标右键，从弹出的快捷菜单中选择“属性”命令，进入“本地连接 属性”对话框。选中“Internet 协议（TCP/IP）”后，单击“属性”按钮，开始配置 TCP/IP 参数，如图 7-30 所示。

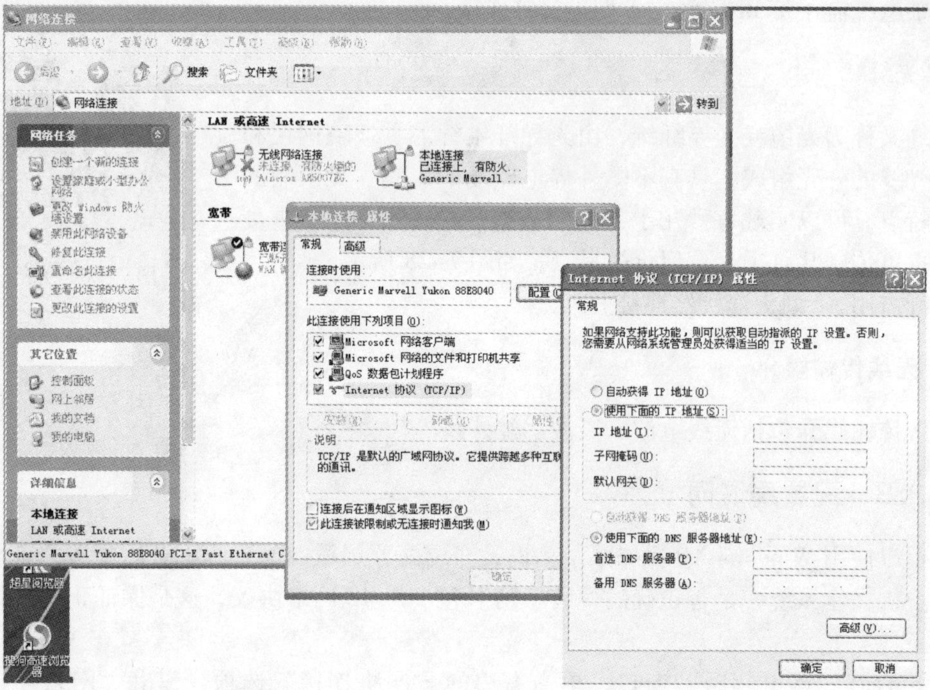

图 7-30 TCP/IP 设置

TCP/IP 属性取决于所用路由器宽带缓存接入服务器的参数配置。下面介绍两种设置方法。

路由器宽带缓存接入服务器配置为不使用“自动获得 IP 地址”，则需要为每一台客户机分别指定不同的 IP 地址，以及相同的子网掩码、默认网关、DNS 服务器地址，如图 7-31 所示。

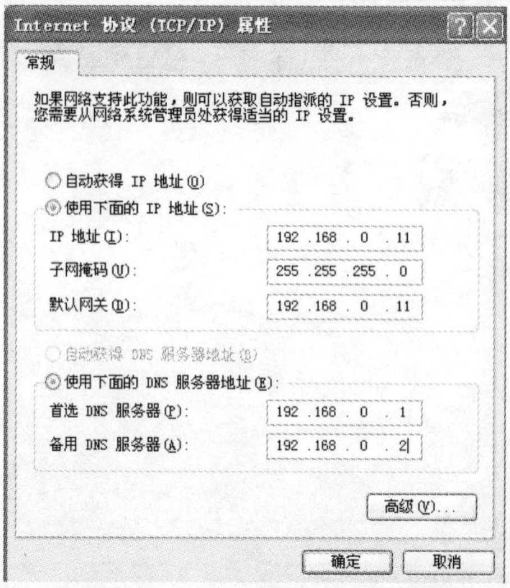

图 7-31 手动设置 TCP/IP 参数

如果选择自动获得 IP 地址，分别选中“自动获得 IP 地址”选项和“自动获得 DNS 服务器地址”选项即可，如图 7-32 所示。

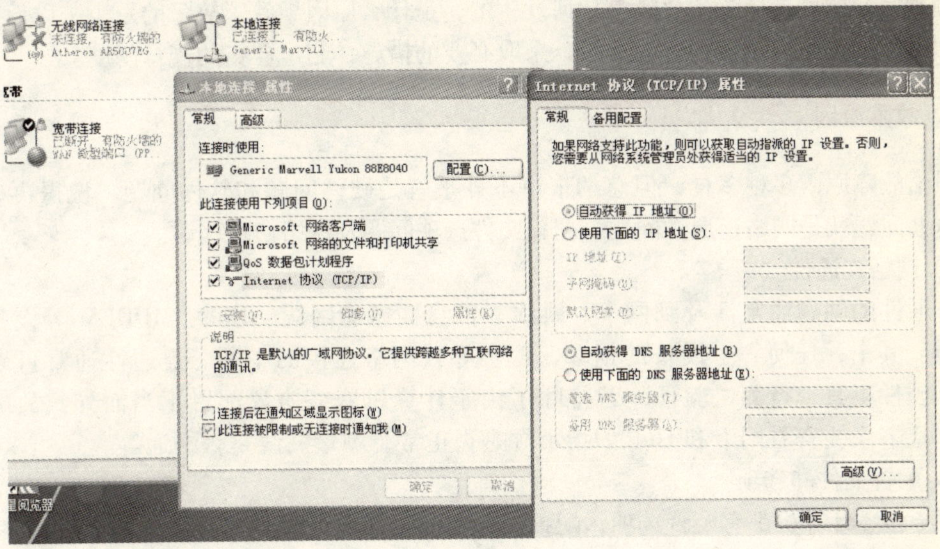

图 7-32　自动获得 IP 地址

7.2.4　局域网故障排除

1. 故障排除过程

1）根据故障现象判断故障

当不能连接局域网时，首先要知道网络上到底出了什么毛病，是否能共享资源？还是找不到另一个计算机？识别故障现象时，应注意以下几个问题。

当故障现象发生时，正在运行什么进程；这个进程以前是否运行过；以前这个进程的运行是否成功；这个进程最后一次成功运行是什么时候；从那时起哪些发生了改变。带着这些疑问来了解问题，才能对症下药来排除故障。

2）准确认识故障现象

只有准确认识故障现象才能够找出问题存在的根本原因。对此在排除故障前，可以按以下步骤执行：收集有关故障现象的信息；对问题和故障现象进行详细的描述；注意细节；把所有的问题都记下来；不要匆忙下结论。

3）列举可能导致错误的原因

导致局域网出现故障的原因包括网卡硬件故障、网络连接故障、网络设备（Hub）故障、TCP/IP 协议设置不当等。可以根据出错的可能性把这些原因按优先级别进行排序，逐个先后排除。

4）缩小搜索范围

对所有列出的可能导致错误的原因逐一进行测试，除了测试之外，还应该看一看网卡、Hub、MODEM、路由器面板上的 LED 指示灯。通常情况下，绿灯表示连接正常（MODEM 需要几个绿灯和红灯都要亮），红灯表示连接故障，不亮表示无连接或线路不通，长亮表示连接短路，指示灯有规律地闪烁才是网络正常运行的标志。

5）故障分析

处理完问题后，搞清楚故障是如何发生的，是什么原因导致了故障的发生，以后如何避免类似故障的发生，拟定相应的对策，采取必要的措施，制定严格的规章制度。

2. 故障原因

虽然故障原因多种多样，但总的来讲不外乎就是硬件问题和软件问题，说得再确切一些，这些问题就是网络连通性问题、配置文件选项问题及网络协议问题。

1）网络连通性

连通性的问题通常涉及到网卡、跳线、信息插座、网线、Hub、MODEM 等设备和通信介质。其中，任何一个设备的损坏，都会导致网络连接的中断。连通性通常可以采用软件和硬件工具进行测试验证。若排除了由于计算机网络协议配置不当而导致故障的可能后，接下来要查看网卡和 Hub 的指示灯是否正常，测量网线是否畅通等。

2）配置文件和选项

服务器、计算机都有配置选项，配置文件和配置选项设置不当，同样会导致网络故障。如服务器权限的设置不当，会导致资源不能共享的故障。计算机网卡配置不当，会导致不能连接的故障。当网络内所有的服务都不能实现时，应当检查 Hub。

3）网络协议

没有网络协议，网络内的网络设备和计算机之间就不能通信，所有的硬件只不过是各自为政的单机，是不能实现资源共享 MODEM 上网的。

7.3 网线的制作详解

由于光纤一般只在主干网上使用，并且必须有专用仪器制作过程复杂，平时很少用，在此不作介绍。同轴电缆已经接近淘汰，做小型局域网一般都是双绞线连接的以太网，所以同轴电缆制作也不作介绍。

双绞线又分直连双绞线和交叉对联双绞线。直连双绞线主要应用在不同种接口互联时，如交换机和计算机连接、路由器和交换机相连等；交叉对联双绞线主要用在同种接口互联时，例如两台计算机直接相连。

国际上排线标准主要有两种：

- 标准 568B：橙白—1，橙—2，绿白—3，蓝—4，蓝白—5，绿—6，棕白—7，棕—8
- 标准 568A：绿白—1，绿—2，橙白—3，蓝—4，蓝白—5，橙—6，棕白—7，棕—8

注意：双绞线一共有 8 根线分别两两绞合到一块起到抵消磁场作用（单一导线在通电时会产生磁场）。

制作直连双绞线所需工具包括网箝、测线器，如图 7-33 所示上面介绍制作直连双绞线的过程。

（1）用钳子下口把线剪齐，如图 7-34 所示。

（2）用钳子中间有缺口的地方剥线去掉外面绝缘皮（2cm 左右），如图 7-35 所示。

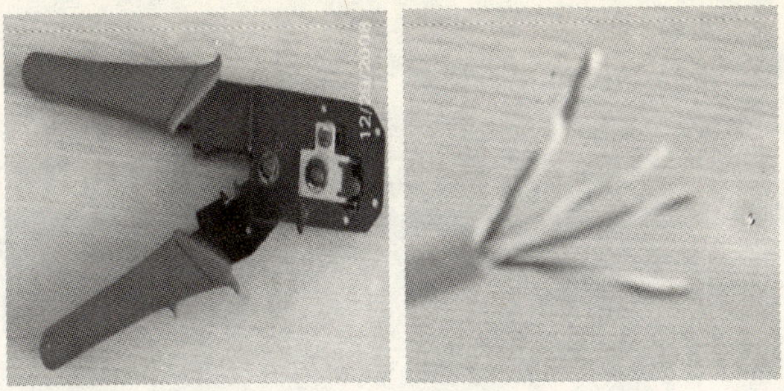

图 7-33　制作网线的工具

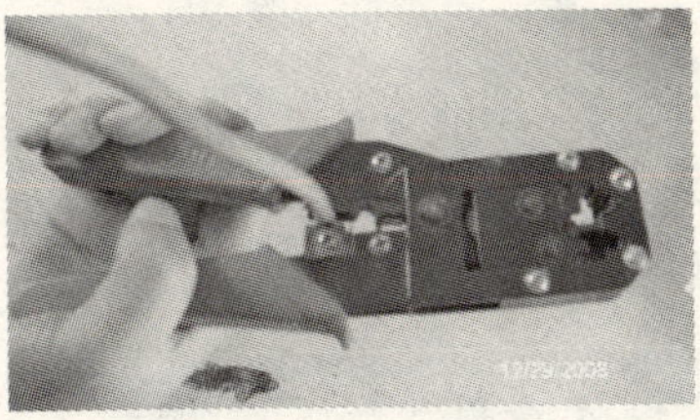

图 7-34　剪线

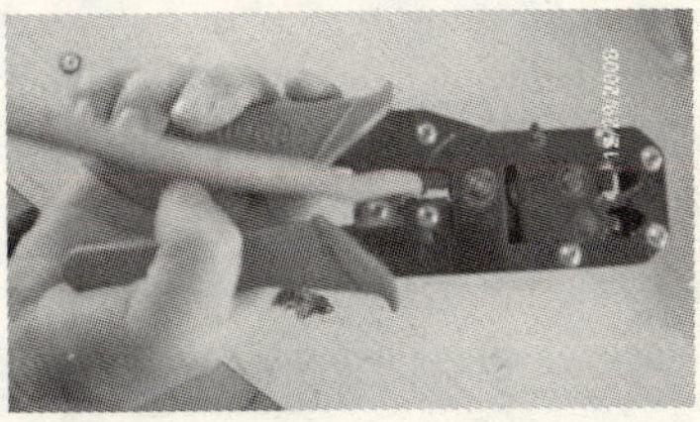

图 7-35　剥线

（3）用手把线捋直，按照标准 568B 或标准 568A 排列线序（一套网络中的线要统一为一种标准），如图 7-36 所示。

（4）拿一个水晶头簧片对着自己，双绞线自下而上插入水晶头，如图 7-37 所示。

图 7-36　排列线序

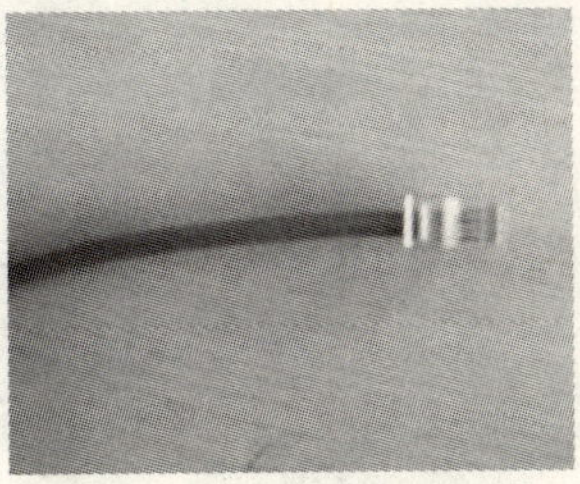

图 7-37　插入水晶头

（5）将水晶头放入网箝的压线部位使劲压下，如图 7-38 所示。

（6）这时候网线就算是做好了，接着进行网线测试，如图 7-39 所示。

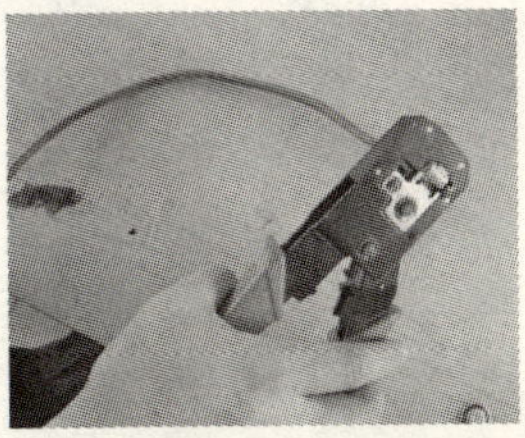

图 7-38　压线

图 7-39　测试网线

当测线器顺序亮灯且 1 ~ 8 全亮则网线制作成功，若有那一个没亮灯，则证明对应的那一根线断开或没接好，重新做。

交叉对连双绞线一头用 568A 标准，另一头用 568B 标准即可，制作方法有连双绞线。

第 8 章　系统自动更新测试与管理

8.1　系统自动更新

1. 打开自动更新

设置自动更新的方法有好多，这里介绍两种比较常用的方法。

1）从控制面板设置自动更新

（1）从“开始”菜单打开控制面板，如图 8-1 所示。

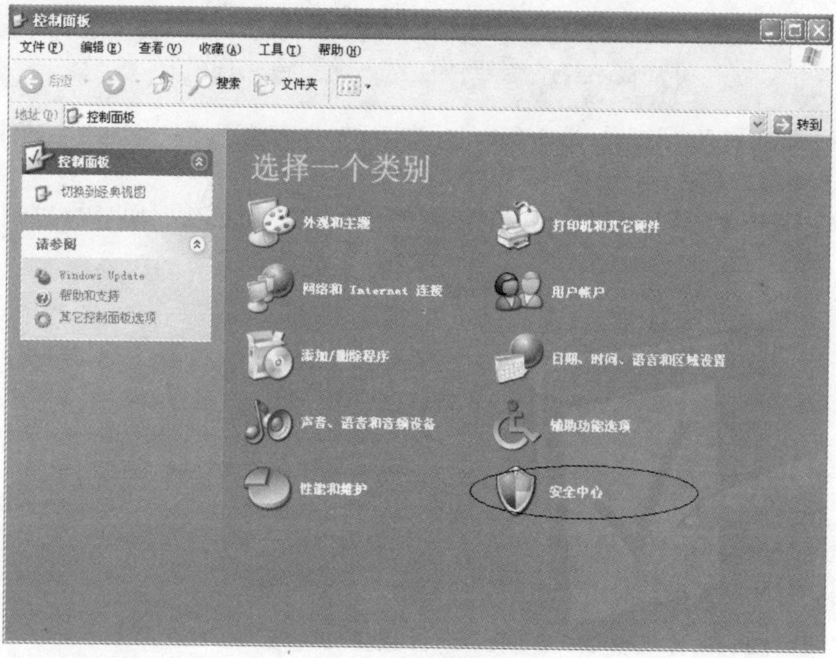

图 8-1　控制面板

（2）单击“安全中心”，弹出 Windows 安全中心界面，如图 8-2 所示。

（3）单击“自动更新”，弹出自动更新，如图 8-3 所示。在“自动更新”对话框，根据需要进行设置。

2）从系统属性设置自动更新

（1）用鼠标右键单击“我的电脑”，从弹出的快捷菜单中选择“属性”选项，弹出“系统属性”对话框，如图 8-4 所示。

单击“自动更新”标签，弹出“自动更新”标签页，如图 8-5 所示。

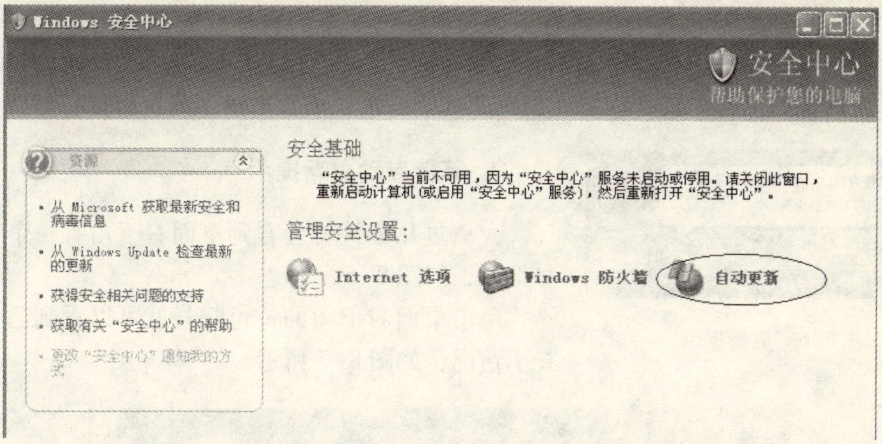

图 8-2　安全中心

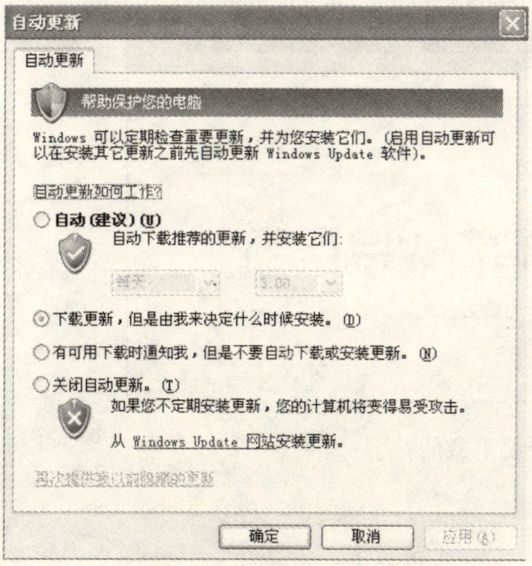

图 8-3　“自动更新”对话框

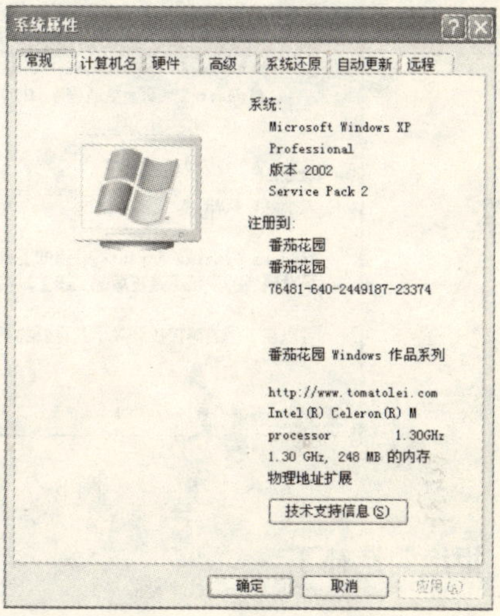

图 8-4　“系统属性”对话框

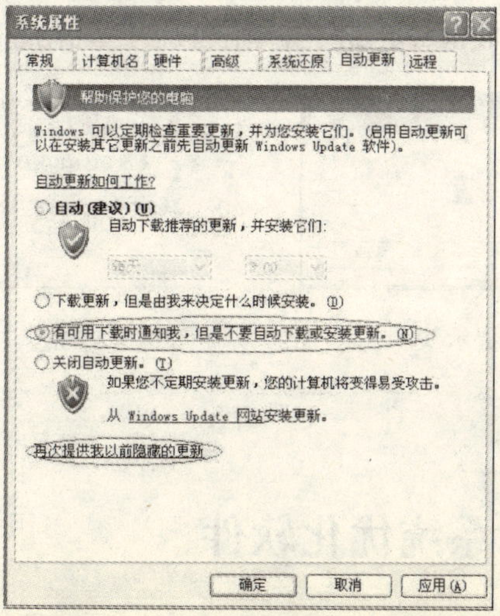

图 8-5　“系统属性”对话框的“自动更新”标签页

在“自动更新”标签页中一共有 4 个选项：第 1 个为自动，最好不用这个，因为有的补丁不需要，自动安装之后会带来不必要的麻烦；第 2 个为自动下载，更新时由用户决定；第 3 个是若出现新的补丁后就会通知用户的选项；第 4 个为不更新。这里选择第 3 个选项。

2. 等待自动更新提示

大概过几分钟就会看到桌面右下角有一个黄色的叹号提示，如图 8-6 所示。

单击桌面右下角的黄色叹号就可以看到已检测到的补丁情况，如图 8-7 所示。

图 8-6　更新提示

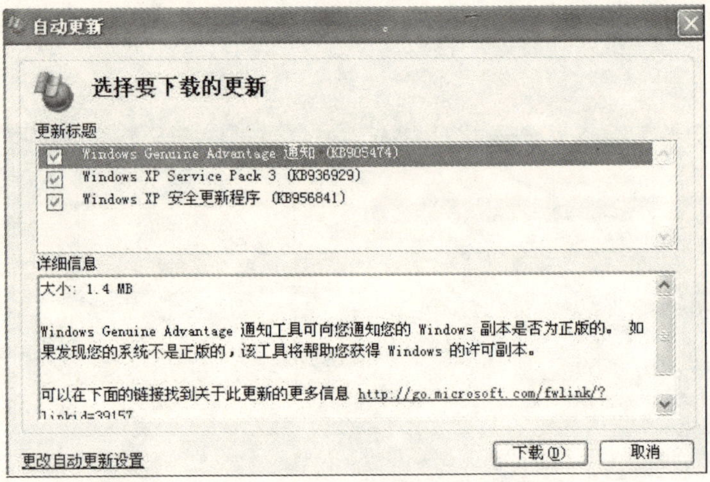

图 8-7　选择要下载的补丁

3. 拒绝勾选补丁

有些补丁不需要，如 Windows Genuine Advantage，去掉“Windows Genuine Advantage”前面的勾，之后单击“下载”按钮，接着会弹出“隐藏更新”提示，如图 8-8 所示。

之后勾选“不要再次通知我这些更新”；否则，以后还会出现下载提示，如图 8-9 所示。

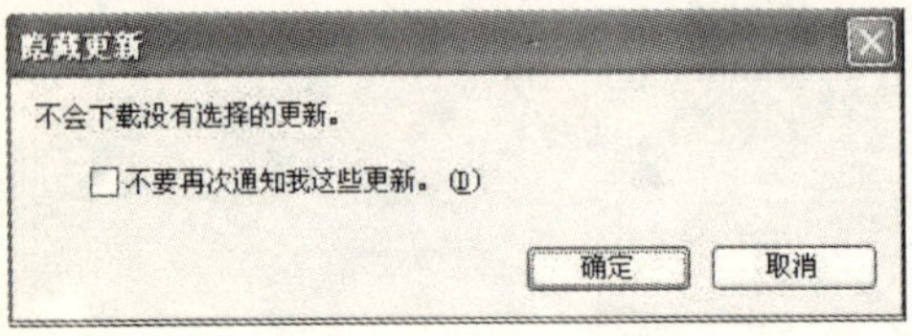

图 8-8　隐藏更新提示

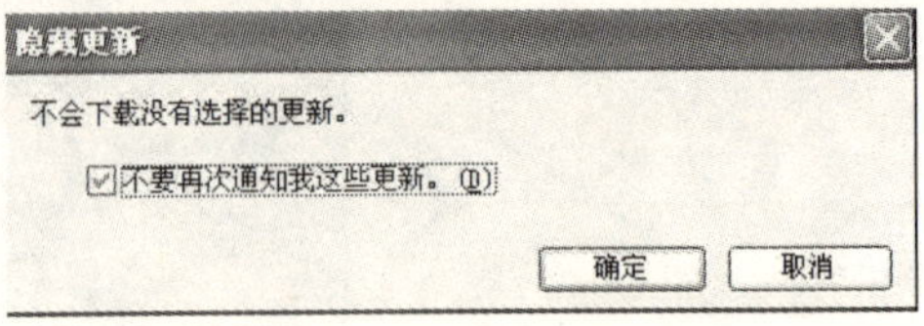

图 8-9　勾选“不要再次通知我这些更新”

单击“确定”按钮即可。

8.2　Windows 操作系统优化软件

操作系统用的时间久了，就会产生一些无用的文件，还有一些在用户不知情的情况下安装的插件，使系统的运行速度降低。这时，就需要用一些系统优化软件来清理这些文件和插件，以提高系统的运行速度。经常用到的优化软件有 Windows 优化大师和超级兔子，这里介绍一下超级兔子的使用方法。

超级兔子是一个功能非常强大的优化软件。它的功能包括清理文件、优化系统、CPU 测速、整理内存和系统个性化设置等。这里介绍其中两种经常用到的功能——清理文件和优化系统。

1. 清理垃圾文件

（1）运行超级兔子进入“工具”界面，如图 8-10 所示。

图 8-10　超级兔子工具界面

（2）单击“清理天使”工具，进入“清理天使”界面，如图 8-11 所示。

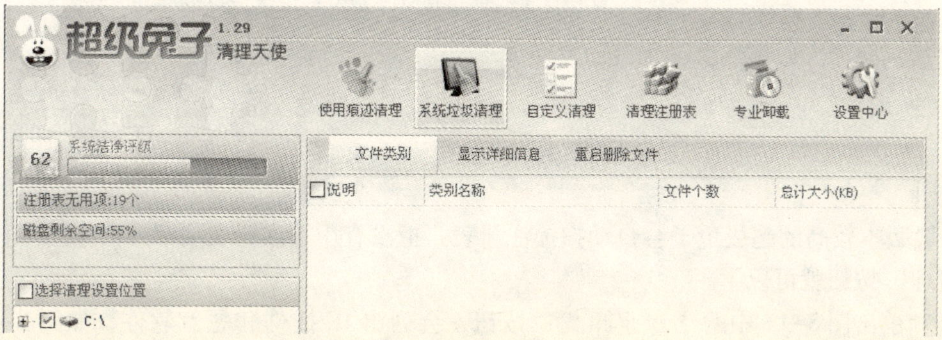

图 8-11　“清理天使”界面

(3) 单击“系统垃圾清理”按钮，然后单击“扫描”按钮，过几分钟后，扫描完毕会弹出“扫描文件”对话框，如图 8-12 所示。

(4) 可以单击“手动清除”按钮，来选择要清理的文件。在这里选择“自动清除”，也就是把所有扫描出来的文件全部删除。删除完之后就会出现完成提示，如图 8-13 所示。

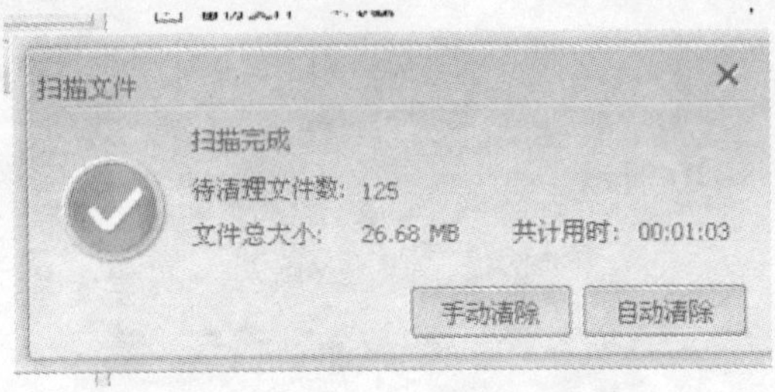

图 8-12 选择清除方式

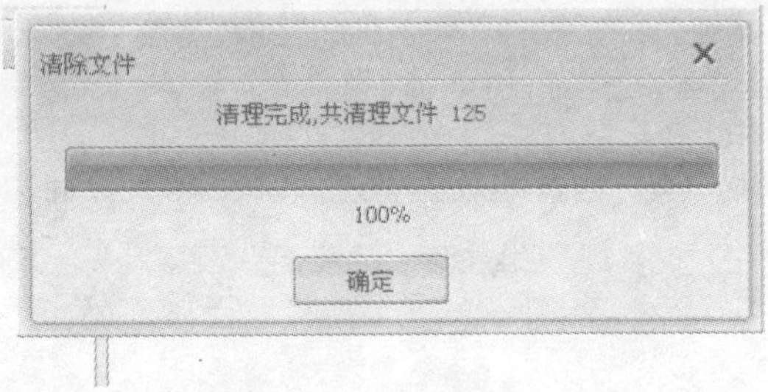

图 8-13 完成提示

(5) 这样系统的垃圾文件就清理了。之后单击图 8-10 中的“清理注册表”按钮，会弹出注册表垃圾及信息，如图 8-14 所示。

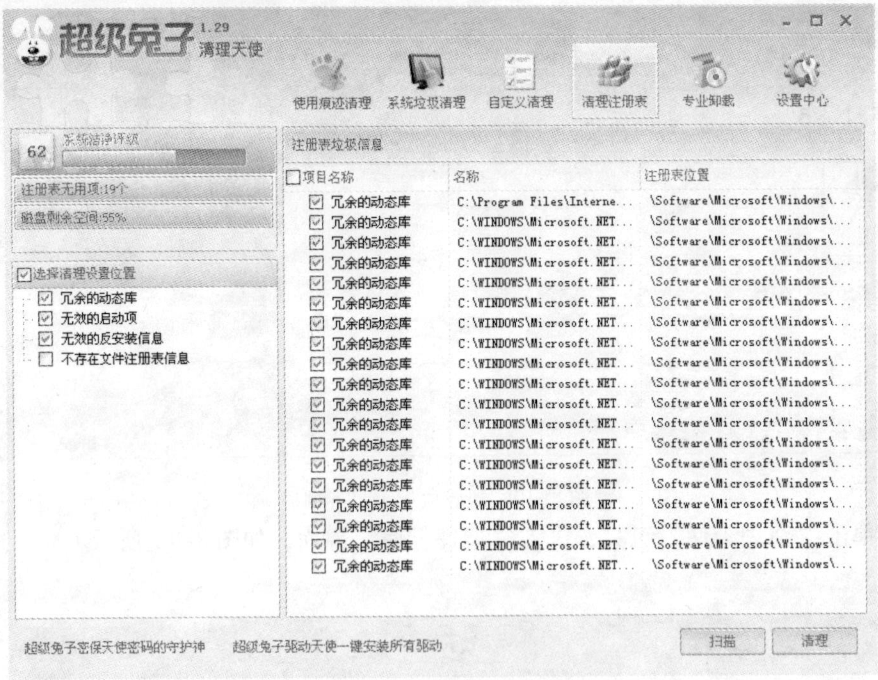

图 8-14 无用的注册表项

一般版本较高的超级兔子会自动扫描注册表，把没有用的注册表项都列出来了。直接单击“清理”按钮就可以了。

(6) 单击图 8-11 中的“专业卸载”按钮，会列出 IE 插件和恶意软件，如图 8-15 所示。选择好要清理的插件和软件后单击“清理”按钮就可以了。

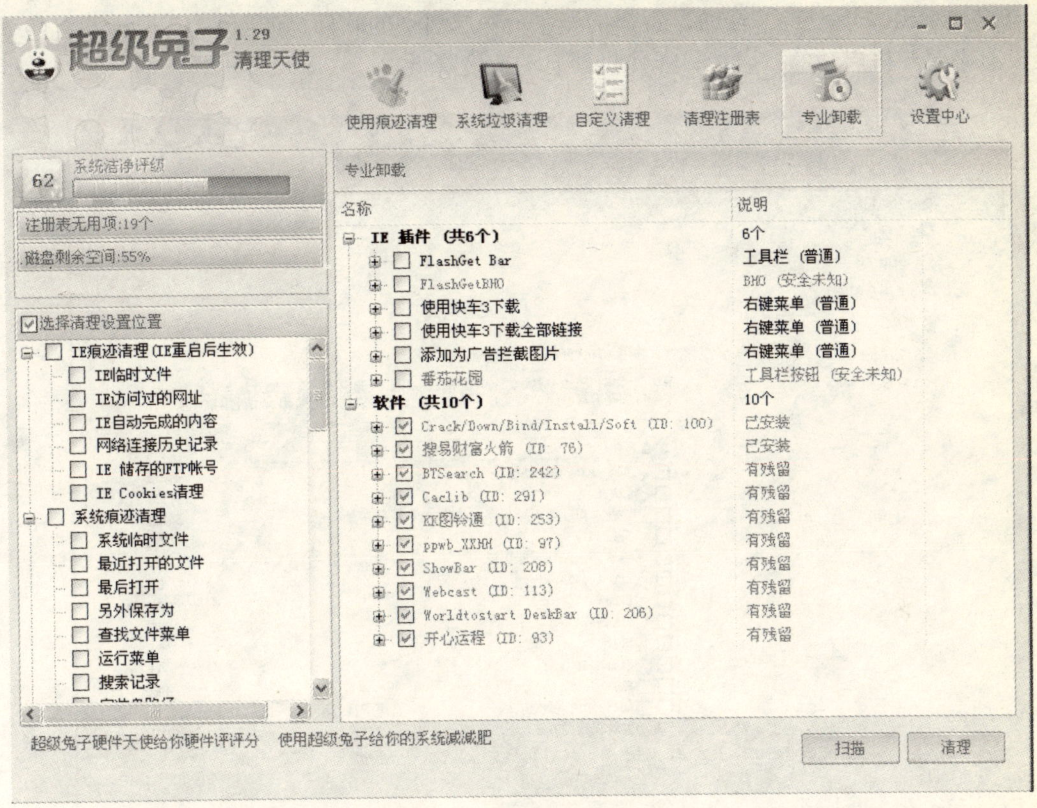

图 8-15　IE 插件和恶意软件

2. 优化系统

(1) 回到超级兔子工具界面，单击“魔法设置”工具，会弹出优化系统界面，如图 8-16 所示。

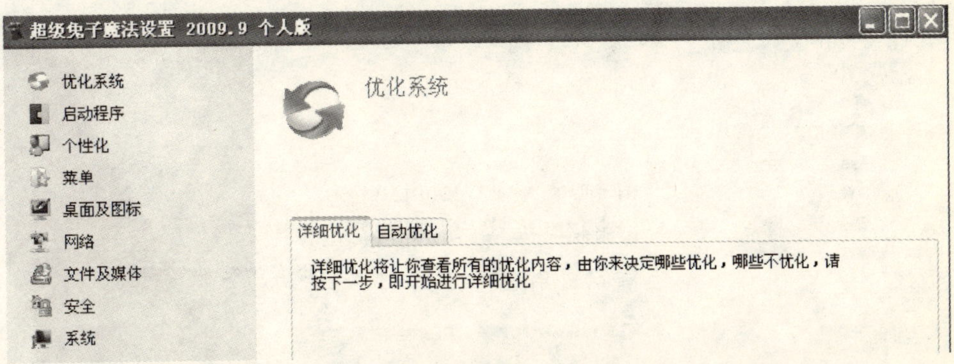

图 8-16　优化系统界面

系统优化有两种方式：“详细优化”和“自动优化”，这里以“自动优化”方式为例做介绍。

（2）单击“下一步”按钮，会弹出和系统一起启动的软件，如图 8-17 所示。有些软件是没有必要开机启动的，启动只能使机器启动速度降低。

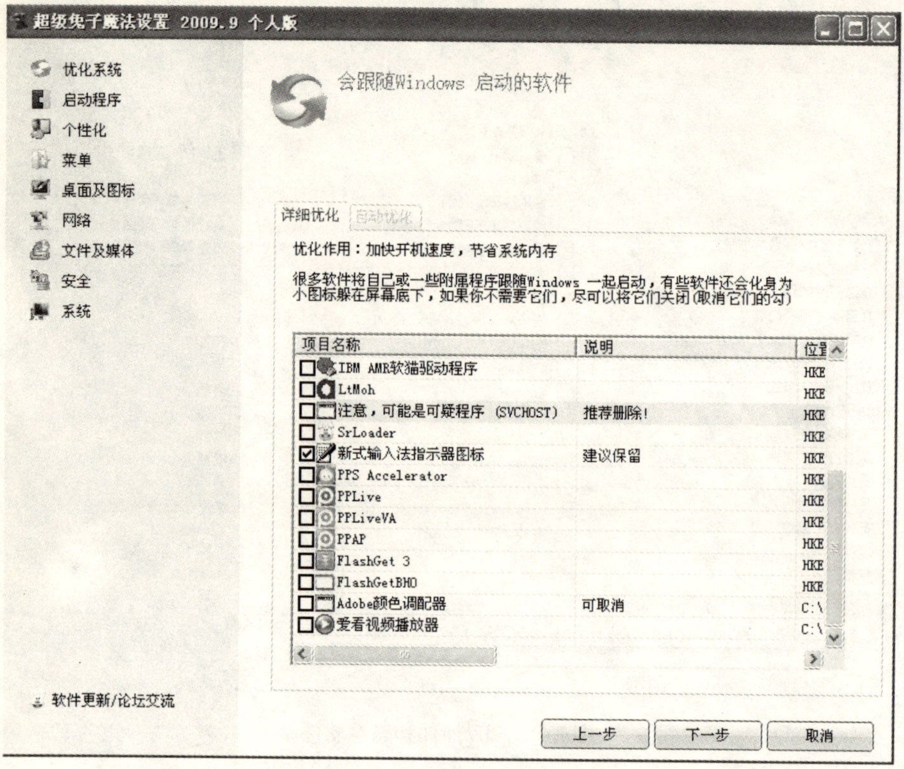

图 8-17 随系统启动的软件

（3）选择好之后单击“下一步”按钮，会出现开机优化界面，如图 8-18 所示。

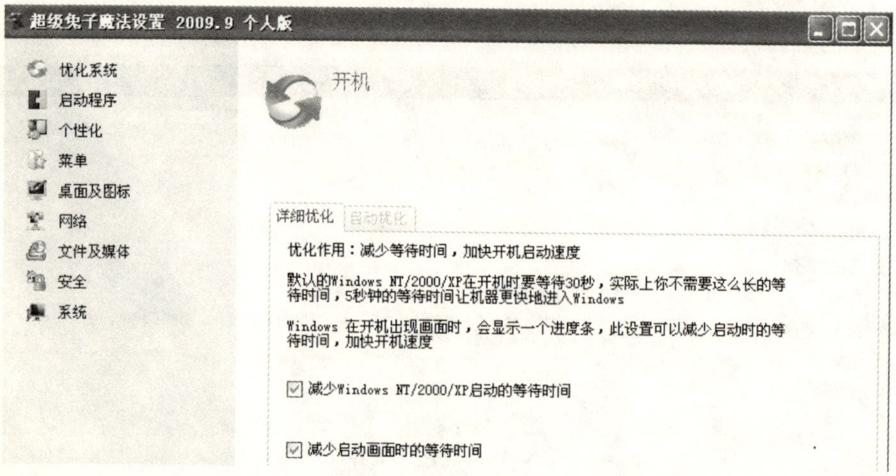

图 8-18 开机优化

（4）设置好之后单击“下一步”按钮，会出现关机优化界面，如图 8-19 所示。

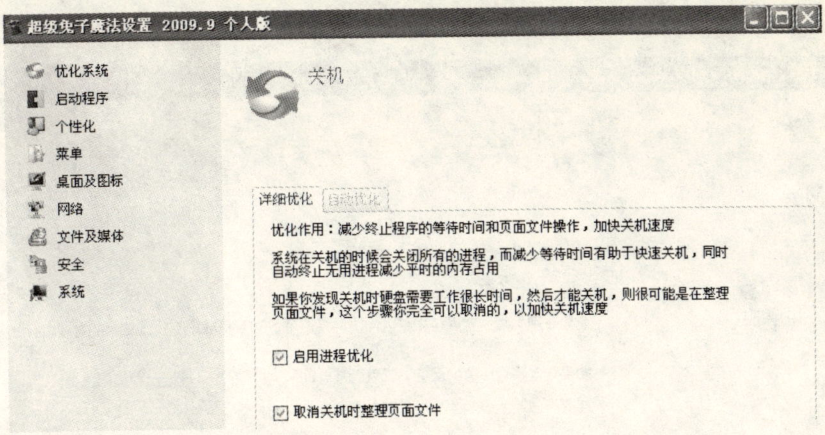

图 8-19　关机优化

（5）设置好之后单击“下一步”按钮，进入对错误的处理设置界面，如图 8-20 所示。

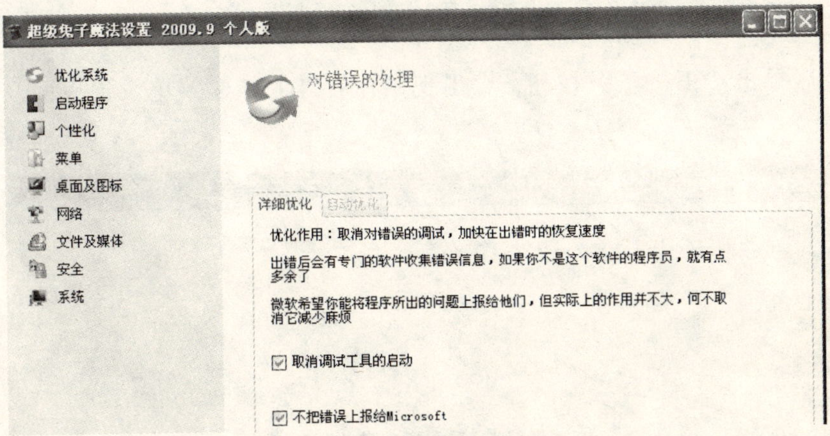

图 8-20　对错误的处理

（6）设置好之后单击“下一步”按钮，会出现系统错误设置界面，如图 8-21 所示。

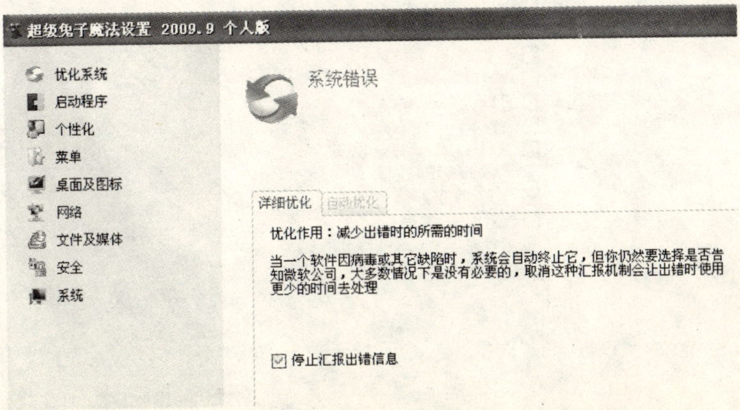

图 8-21　系统错误

（7）之后单击“下一步”按钮，会出现网络优化界面，如图 8-22 所示。

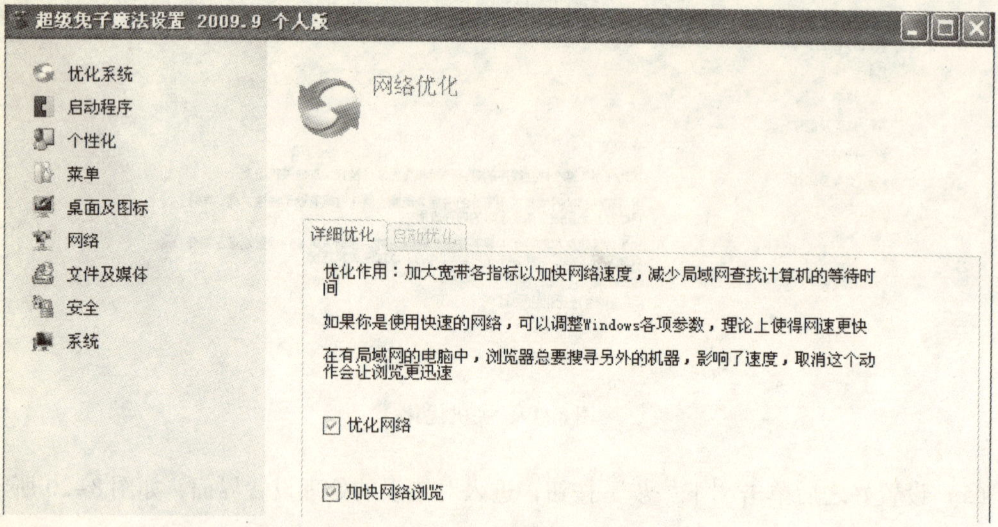

图 8-22 网络优化

（8）之后单击“下一步”按钮，会出现鼠标右键的新建菜单设置界面，如图 8-23 所示。

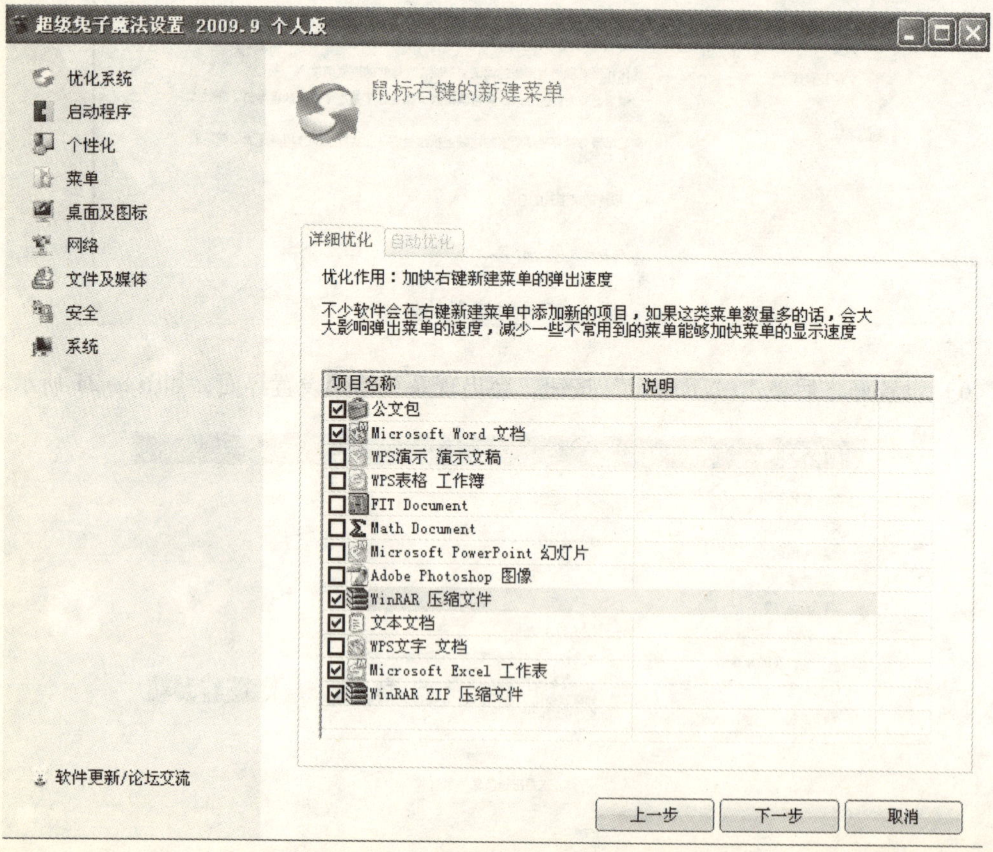

图 8-23 鼠标右键的新建菜单设置界面

（9）好之后单击“下一步”按钮，会出现添加新的右键菜单设置界面，如图 8-24 所示。

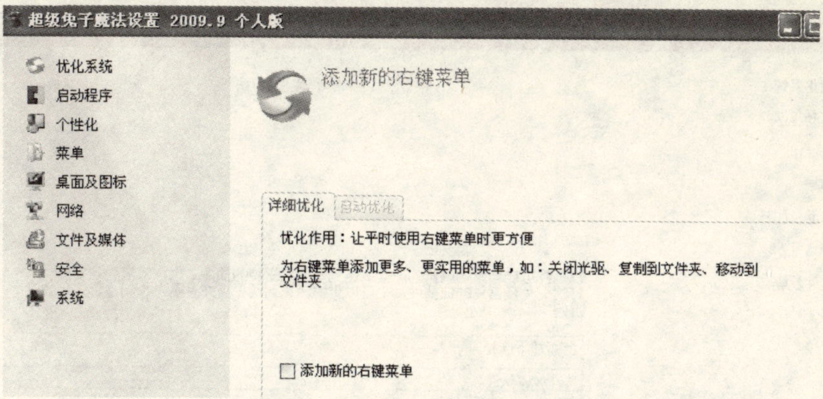

图 8-24　添加新的右键菜单

（10）之后单击“下一步”按钮，会出现清除木马黑客程序界面，如图 8-25 所示。

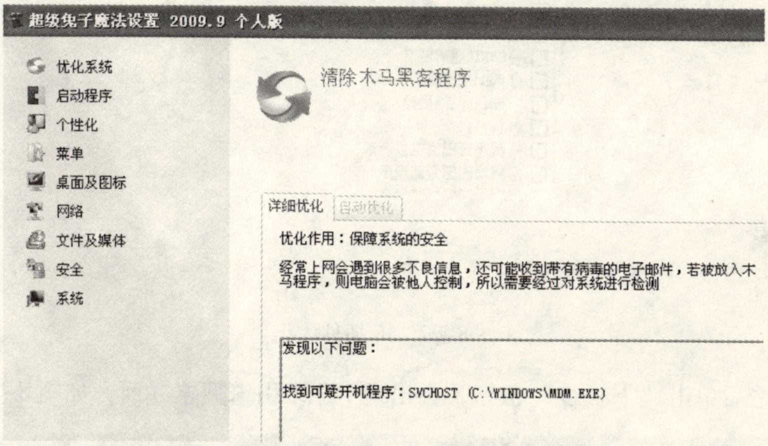

图 8-25　清除木马黑客程序

（11）之后单击“下一步”按钮，会出现 IE 浏览器优化界面，如图 8-26 所示。

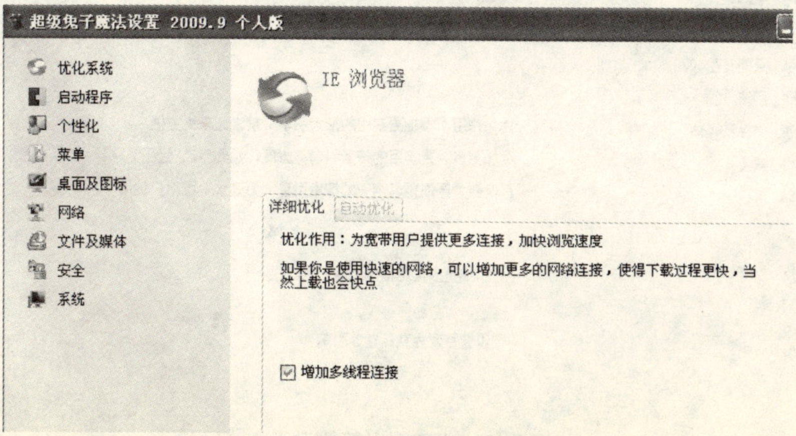

图 8-26　IE 浏览器优化

(2) 之后单击“下一步”按钮，会出现 IE 插件优化界面，如图 8-27 所示。

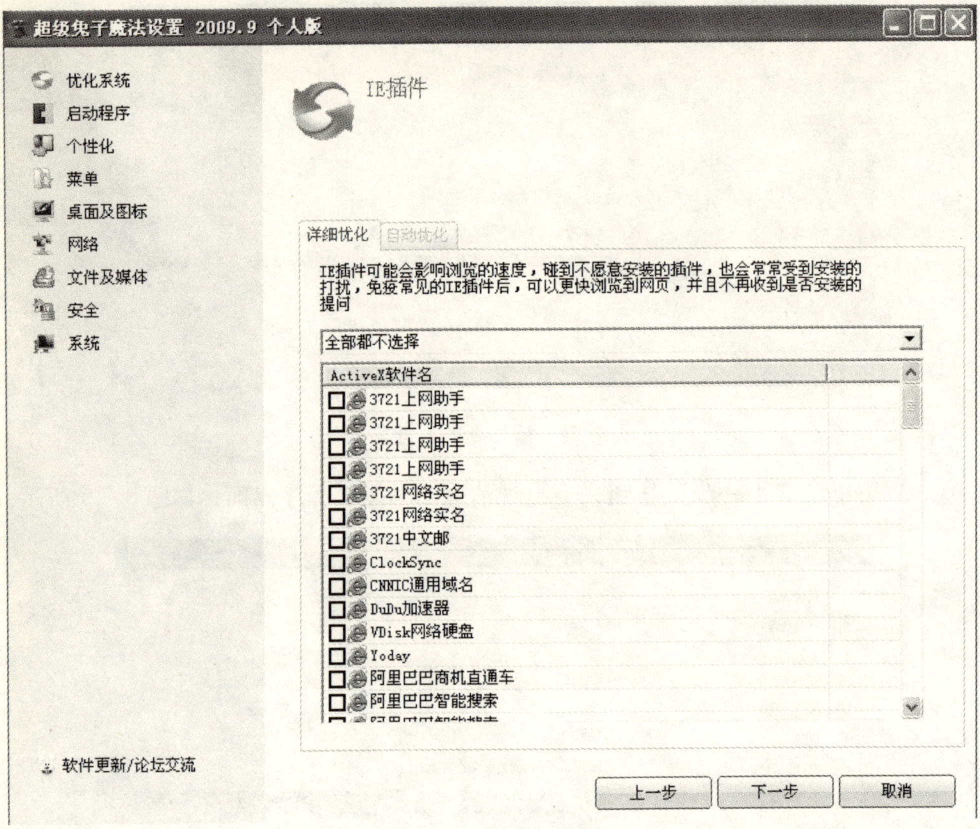

图 8-27 IE 插件优化

(13) 好之后单击“下一步”按钮，会出现 IE7 多引擎搜索界面，如图 8-28 所示。

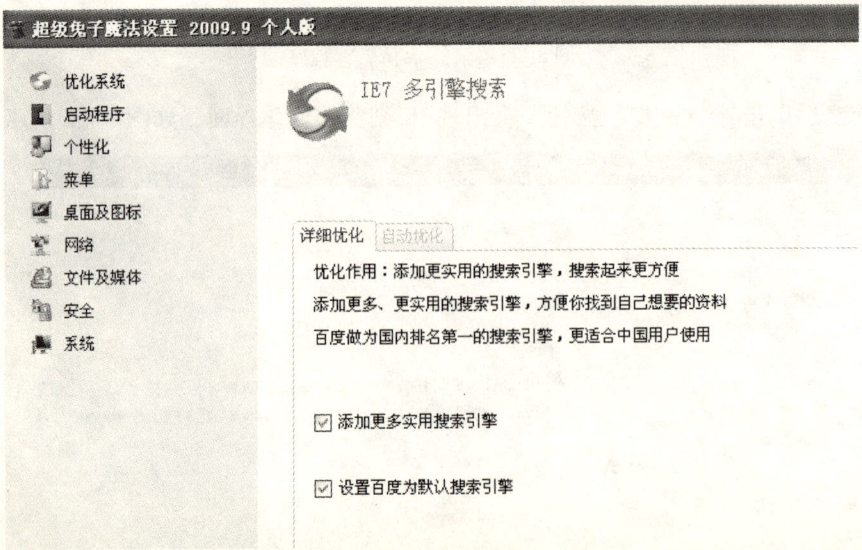

图 8-28 IE7 多引擎搜索优化

（14）之后单击“下一步”按钮，会出现 RealPlayer RM 影音播放器优化界面，如图 8-29 所示。

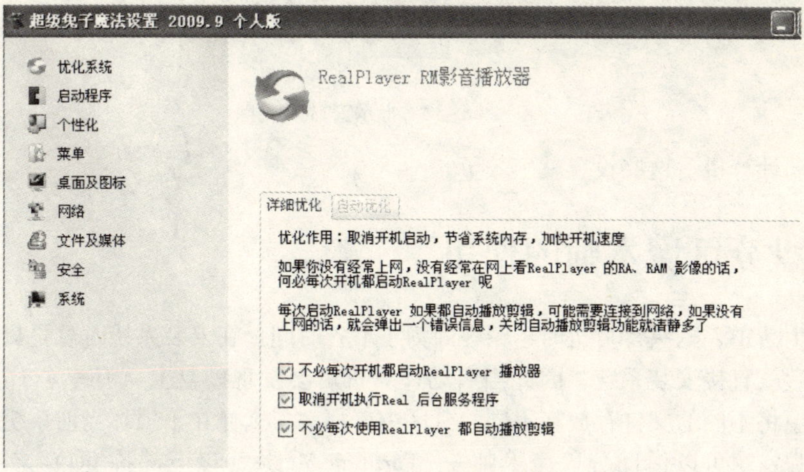

图 8-29　RealPlayer RM 影音播放器优化

（15）好之后单击“下一步”按钮，会出现媒体播放器优化界面，如图 8-30 所示。

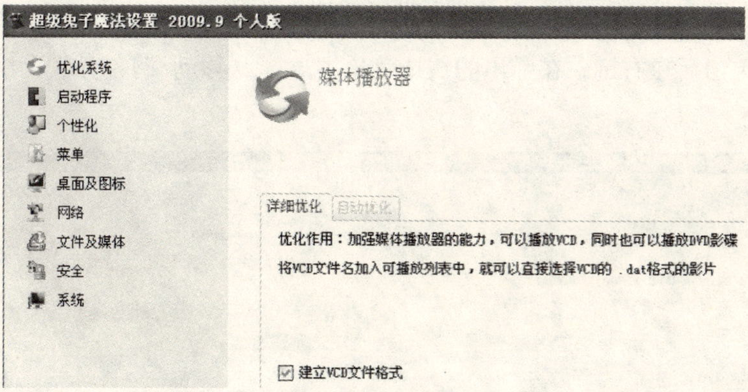

图 8-30　媒体播放器优化

（16）之后单击“下一步”按钮，会出现“完成”界面，如图 8-31 所示。

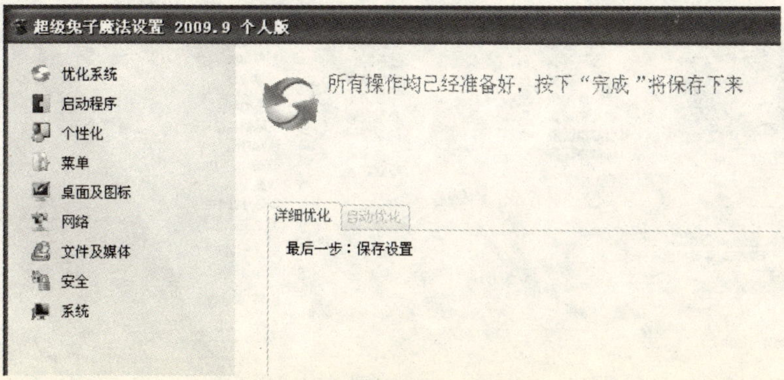

图 8-31　“完成”界面

单击“完成”按钮后会弹出现提示，如图 8-23 所示。

图 8-32　提示窗口

重新启动计算机后这些设置就生效了。

8.3　硬盘分区魔术师的使用

在实际生活中，购买计算机时，销售商为了节省时间，在安装系统时总是只给硬盘分一个分区，之后就直接安装系统，因此当启动计算机后会发现硬盘上就有一个 C 盘。由于日常需要，总想将不同的文件存放在不同的分区中，那么怎么样在不损坏当前系统的情况下更改硬盘分区呢？这可以借助分区魔术师——Partition Magic（以下简称 PQ）来进行硬盘分区。不过，硬盘中若有数据的话，需要先整理磁盘再分区。

1. 调整分区容量

(1) 启动 PQ，在调整分区时首先从当前分区中划分一部分空间，只要在分区列表中选中当前分区并单击后在右键，在弹出的快捷菜单中选择“移动/调整分区大小”命令即可，如图 8-33 所示。

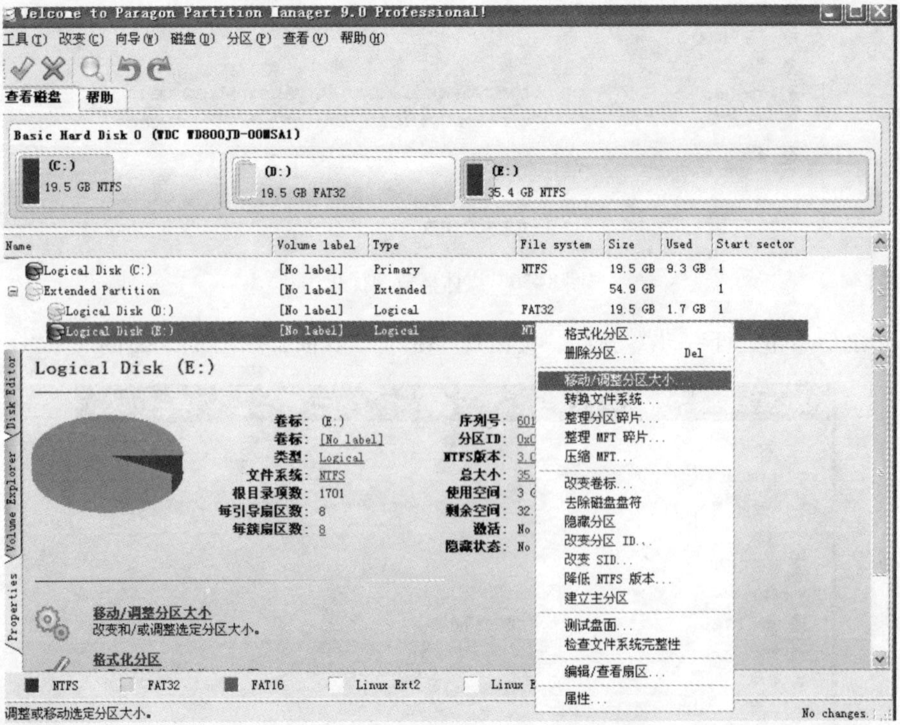

图 8-33　选择“移动/调整分区大小”命令

（2）之后弹出“调整容量/移动分区”对话框。在“新建容量”设置框中输入该分区的新容量，并在“自由空间之后”设置框中会自动出现剩余分区的容量，该剩余容量即是要划分出来的容量，调整后单击“确定”按钮即可，如图8-34所示。

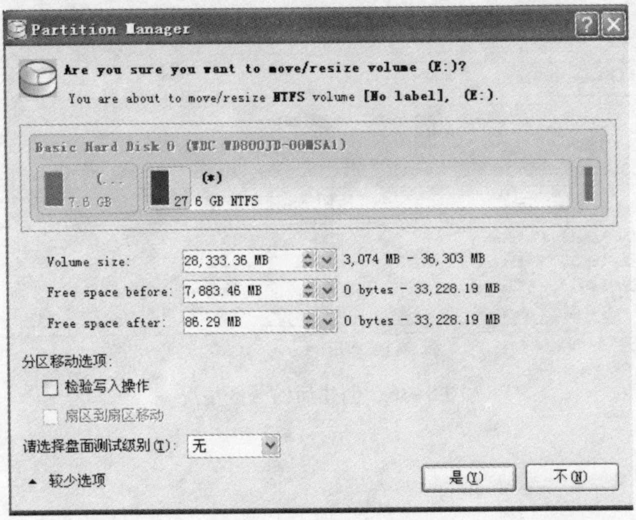

图8-34　设置容量

小提示：调整分区时，也可以用直接拖动该对话框最上面的分区容量滑块直接来调整。

（3）这时可以看到在PQ已经划出了一段未分配的空间，要想使用这块剩余空间，单击左侧“分区操作”项中的“创建分区”命令，随后弹出“创建分区”对话框。在“分区类型”中选择分区格式，在“卷标”处输入该分区的卷标名称。在“容量”中输入配置分区的容量，如图8-35所示。

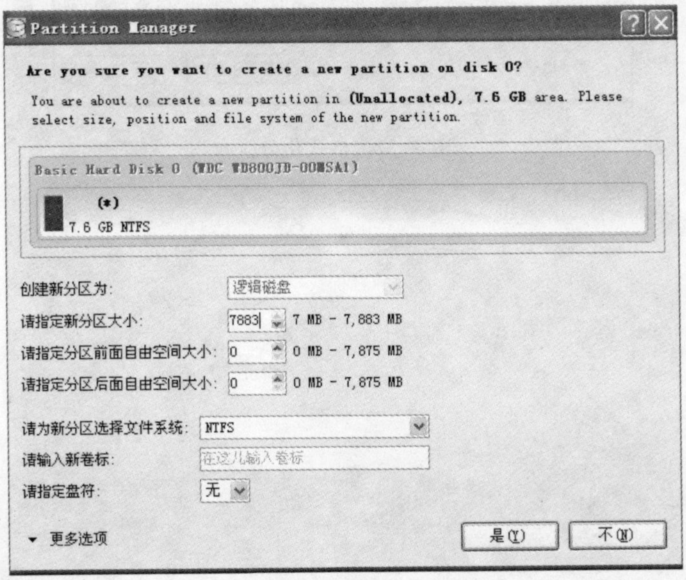

图8-35　创建分区

小提示：程序默认为整个未配置的空间大小创建为一个分区，若想将这块未配置的空间配置为多个分区，在此输入配置分区的大小即可。

（4）单击“是”按钮即可新创建一个分区，如图8-36所示。按照此方法可以继续创建其他分区。

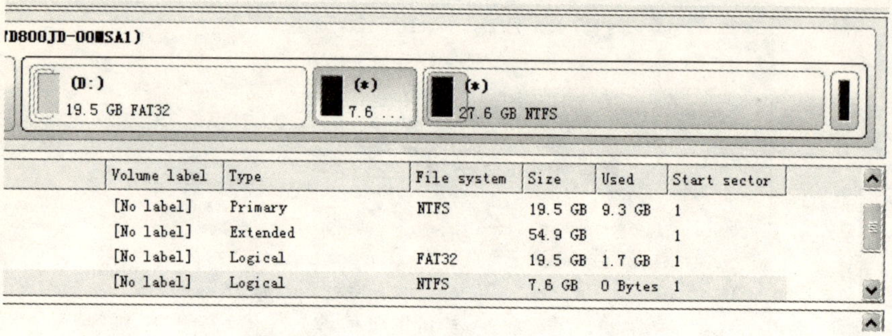

图8-36 创建后的分区情况

2. 格式化分区

分区创建成功后，新创建的分区要进行格式化才能使用，选择需格式化的分区，单击鼠标右键选择“格式化”命令，弹出“格式化分区”对话框，在此选择分区类型和卷标，随后单击“格式”按钮即可，如图8-37所示。

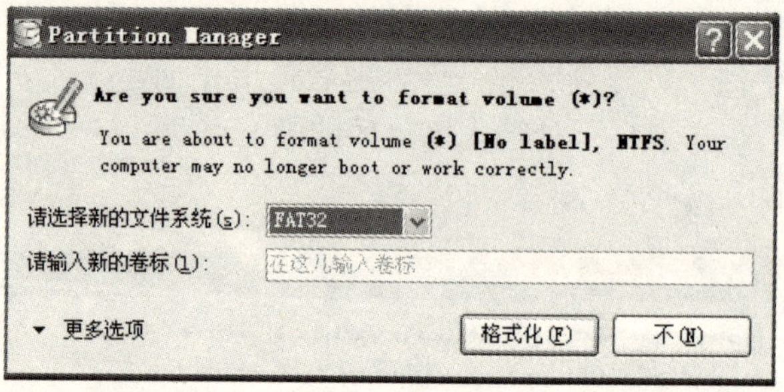

图8-37 格式化分区

第 9 章　计算机病毒防治

9.1　计算机常见病毒简介

9.1.1　计算机病毒的概念

1. 计算机病毒

计算机病毒是编制者在计算机程序中插入的破坏计算机功能或数据，影响计算机使用且能够自我复制的一组计算机指令或程序代码。它们能把自身附着在各种类型的文件上。当文件被复制或从一个用户传送到另一个用户时，它们就随同文件一起蔓延开来。当一个被计算机病毒感染的程序执行时，病毒也可以一起被执行。计算机病毒的另一个特性就是一个被病毒感染的程序能够传送病毒载体。

2. 计算机病毒具有长期性

病毒往往会利用计算机操作系统的弱点进行传播，因此提高系统的安全性是防病毒的一个重要方面。也就是说，要经常对操作系统漏洞进行修补，但过于强调提高系统的安全性将使系统多数时间用于病毒检查，使系统失去了可用性、实用性和易用性。病毒与反病毒将作为一种技术对抗长期存在，两种技术都将随计算机技术的发展而得到长期的发展。也就是说，计算机病毒在不断更新，反病毒技术也在更新。

3. 计算机病毒的产生

计算机病毒的产生要经过程序设计→传播→潜伏→触发→运行→实施攻击等过程。现在流行的病毒是人为故意编写的，多数病毒可以找到作者和产地信息。

9.1.2　计算机病毒的特点

1. 寄生性

计算机病毒是寄生在其他程序之中的。运行带病毒的程序时，病毒就起破坏作用，而在未启动这个程序之前，则不易被人发觉。

2. 隐蔽性

计算机病毒具有很强的隐蔽性，有的可以通过病毒软件检查出来，有的根本就查不出来，有的时隐时现、变化无常，这种病毒处理起来通常很困难。

3. 破坏性

计算机中毒后，可能会导致正常的程序不能运行，把计算机内的文件删除或受到不同程度的损坏。通常表现为增、删、改、移。

4. 传染性

病毒的基本特征是传染性。计算机病毒不但具有破坏性，更有害的是具有传染性。一旦病毒被复制或产生变种，其速度之快令人难以预防。计算机病毒也会通过各种渠道从已被感染的计算机扩散到未被感染的计算机，在某些情况下造成被感染的计算机工作失常甚至瘫痪。计算机病毒是一段人为编制的计算机程序代码，这段程序代码一旦进入计算机并得以执行，它就会搜寻其他符合其传染条件的程序或存储介质，确定目标后再将自身代码插入其中，达到自我繁殖的目的。计算机病毒可通过软盘、计算机网络等渠道去传染其他的计算机。病毒程序通过修改磁盘扇区信息或文件内容并把自身嵌入到其中的方法达到病毒的传染和扩散。被嵌入的程序叫做宿主程序。

5. 潜伏性

计算机病毒程序进入系统之后一般不会马上发作，可以在几周或几个月内甚至几年内隐藏在合法文件中，对其他系统进行传染，而不被人发现。潜伏性越好，其在系统中的存在时间就会越长，病毒的传染范围就会越大。例如黑色星期五病毒，不到预定时间一点都觉察不出来。潜伏性的第一种表现是，病毒程序不用专用检测程序是检查不出来的，因此病毒可以静静地躲在磁盘或磁带里呆上几天，甚至几年，一旦时机成熟，得到运行机会，就又要四处繁殖、扩散，继续为害。潜伏性的第二种表现是，计算机病毒的内部往往有一种触发机制，不满足触发条件时，计算机病毒除了传染外不做什么破坏，触发条件一旦得到满足，有的在屏幕上显示信息、图形或特殊标志，有的则执行破坏系统的操作，如格式化磁盘、删除磁盘文件、对数据文件做加密、封锁键盘及使系统死锁等。

6. 可触发性

为了隐蔽自己，病毒必须潜伏，少做动作。若完全不动，一直潜伏的话，病毒既不能感染也不能进行破坏，便失去了杀伤力。病毒既要隐蔽又要维持杀伤力，它必须具有可触发性。病毒的触发机制是用来控制感染和破坏动作的频率的。病毒具有预定的触发条件，这些条件可能是时间、日期、文件类型或某些特定数据等。病毒运行时，触发机制检查预定条件是否满足，若满足，启动感染或破坏动作，使病毒进行感染或攻击；若不满足，使病毒继续潜伏。

9.1.3 计算机病毒的发展

在病毒的发展史上，IT 行业普遍认为，从最原始的单机磁盘病毒到现在逐步进入人们视野的手机病毒，计算机病毒主要经历了 6 个重要的发展过程。

（1）原始病毒。1986 ~ 1989 年之间，由于当时计算机的应用软件少，而且大多是单机运行，因此病毒没有大量流行，种类也很有限，病毒的清除工作相对来说较容易。主要特点是攻击目标较单一；主要通过截获系统中断向量的方式监视系统的运行状态，并在一定的条件下对目标进行传染；病毒程序不具有自我保护的措施，容易被人们分析和解剖。

（2）混合型病毒。1989～1991年之间，是计算机病毒由简单发展到复杂的过程。由于计算机局域网开始应用与普及，给计算机病毒带来了第一次流行高峰。这一过程病毒的主要特点为攻击目标趋于混合；采取更为隐蔽的方法驻留内存和传染目标；病毒传染目标后没有明显的特征；病毒程序往往采取了自我保护措施；出现许多病毒的变种等。

（3）多态性病毒。其主要特点是，在每次传染目标时，放入宿主程序中的病毒程序大部分都是可变的。因此防病毒软件查杀非常困难，如1994年在国内出现的“幽灵”病毒就属于这种类型。

（4）网络病毒。从20世纪90年代中后期开始，随着国际互联网的发展，依赖互联网络传播的邮件病毒和宏病毒等大量涌现，病毒传播快、隐蔽性强、破坏性大。

（5）主动攻击型病毒。典型代表为2003年出现的“冲击波”病毒和2004年流行的“震荡波”病毒。这些病毒利用操作系统的漏洞进行进攻性的扩散，并且不需要任何媒介或操作，用户只要接入互联网络就有可能被感染。

（6）手机病毒。随着移动通信网络的发展及移动终端——手机功能的不断强大，计算机病毒开始从传统的互联网络走进移动通信网络世界。与互联网用户相比，手机用户覆盖面更广、数量更多。

9.1.4 计算机病毒分类

1. 根据病毒存在的媒体

根据病毒存在的媒体，可以划分为网络病毒、文件病毒、引导型病毒。网络病毒通过计算机网络传播感染网络中的可执行文件，以达到病毒入侵个人计算机的目的。文件型病毒是文件感染者，也称为寄生病毒。它运行在计算机存储器中，通常感染扩展名为COM、EXE、SYS等类型的文件。引导区型病毒主要通过软盘在操作系统中传播，感染引导区，蔓延到硬盘，并能感染到硬盘中的“主引导记录”，目前这种病毒主要通过移动硬盘传染。还有这3种情况的混合型，它具有引导区型病毒和文件型病毒两者的特点。例如，多型病毒（文件和引导型）感染文件和引导扇区两种目标，这样的病毒通常都具有复杂的算法，它们使用非常规的办法侵入系统，同时使用了加密和变形算法。

文件病毒依据传染方式的不同，又分成非常驻型和常驻型两种。非常驻型病毒将自己寄生在 *.COM、*.EXE 或 *.SYS 的文件中。当这些中毒的程序被执行时，就会尝试去传染给另一个或多个文件。常驻型病毒躲在内存中，又称为“蠕虫病毒”。常驻型病毒往往对磁盘造成更大的伤害。一旦常驻型病毒进入了内存中，只要执行文件被执行，它就对其进行感染的动作，其效果非常显着。将它赶出内存的唯一方式就是冷开机（完全关掉电源之后再开机）。

2. 按连接方式分

（1）源码型病毒。它攻击高级语言编写的源程序，在源程序编译之前插入其中，并随源程序一起编译、连接成可执行文件。源码型病毒较为少见，也难以编写。

（2）入侵型病毒。入侵型病毒可用自身代替正常程序中的部分模块或堆栈区。因此这类病毒只攻击某些特定程序，针对性强。一般情况下也难以被发现，清除起来也较困难。

（3）操作系统型病毒。操作系统型病毒可用其自身部分加入或替代操作系统的部分功能。因其直接感染操作系统，这类病毒的危害性也较大。

（4）外壳型病毒。它通常将自身附在正常程序的开头或结尾，相当于给正常程序加了个外壳。大部分的文件病毒都属于这一类

3. 根据病毒破坏的能力划分

（1）无害型：除了传染时减少磁盘的可用空间外，对系统没有其他影响。

（2）无危险型：这类病毒仅仅会占用内存、显示图像、发出声音及同类音响。

（3）危险型：这类病毒在计算机系统操作中造成严重的错误。

（4）非常危险型：这类病毒删除程序、破坏数据、清除系统内存区和操作系统中重要的信息。这些病毒对系统造成的危害，是当它们传染时会引起不能预料的和灾难性的破坏。由病毒引起其他的程序产生的错误也会破坏文件和扇区。一些现在的无害型病毒也可能会对新版的 DOS、Windows 和其他操作系统造成破坏，使数据丢失。

9.1.5 计算机病毒的传染途径

计算机病毒和其他任何程序都是一样的，只要不被运行，就不会有任何破坏性操作。一般情况下，病毒的运行是由于系统的漏洞或使用者的疏忽而造成的。

1. 软盘或移动硬盘

病毒经常通过使用外界被感染的软盘或移动硬盘传染。例如，不同渠道来的系统盘、来历不明的软件、游戏盘等是最普遍的传染途径。由于使用带有病毒的软盘，使机器感染病毒发病，并传染给未被感染的“干净”的软盘。大量的软盘交换，合法或非法的程序拷贝，不加控制地随便在机器上使用各种软件都会造成病毒感染。

2. 硬盘

通过硬盘传染也是重要的渠道，由于带有病毒机器移到其他地方使用、维修等，将干净的硬盘传染并扩散。

3. 光盘

因为光盘容量大，存储了海量的可执行文件，大量的病毒就有可能藏身于光盘。对于只读式光盘，不能进行写操作，因此光盘上的病毒不能清除。而盗版光盘的泛滥给病毒的传播带来了很大的便利。

4. 网络

这种传染扩散极快，能在很短时间内传遍网络上的机器。目前网络是病毒传播的最大渠道，要想防止计算机中病毒，要尽量浏览正规网站，或者在上网时开启杀毒软件。

9.1.6 计算机病毒的症状

1. 系统运行速度减慢甚至死机

如冲击波等蠕虫病毒，由于病毒发作后会开启上百线程扫描网络，或者利用自带的发信模块向外狂发带毒邮件，大量消耗系统资源，因此会使操作系统运行得很慢，严重时甚至死机。

2. 文件病毒感染文件后会增加文件长度

若发现文件长度莫名其妙地发生了变化，就可能是感染了病毒。同时，病毒在感染文件过程中不断复制自身，占用硬盘的存储空间，若发现在没有安装任何文件的情况下，硬盘容量不断减少（一些系统中存在的缓存文件和网页残留信息不是病毒），即为文件病毒感染。

3. 其他症状

如丢失文件或文件损坏；计算机屏幕上出现异常显示；计算机系统的蜂鸣器出现异常声响；磁盘卷标发生变化；系统不识别硬盘；文件不能正确读取、复制或打开；命令执行出现错误；系统或打开文件时异常要求用户输入密码；系统虚假报警；系统异常重新启动；系统时间倒转，逆向计时；有不明程序对存储系统异常访问；键盘输入异常；文件的日期、时间、属性等发生变化；Windows 操作系统无故频繁出现错误；一些外部设备工作异常，如打印机常打出一些乱码；Word 或 Excel 提示执行“宏”等。

9.1.7 几种危害严重的病毒

1. Melissa

Melissa 是最早通过电子邮件传播的病毒之一，当用户打开一封电子邮件的附件，病毒会自动发送到用户通信簿中的前 50 个地址，因此这个病毒在数小时之内传遍全球。

2. Love Bug（2000 年）

通过电子邮件附件传播，Love Bug 顾名思义，它把自己伪装成一封求爱信来欺骗收件人打开。这个病毒以其传播速度和范围让安全专家吃惊。在数小时之内，这个小小的计算机程序征服了全世界范围之内的计算机系统。

3. “冲击波”（2003 年）

冲击波病毒的英文名称是 Blaster，还被叫做 Lovsan 或 Lovesan，它利用了 Mircsoft 软件中的一个缺陷，对系统端口进行疯狂攻击，可以导致系统崩溃。

4. “震荡波”（2004 年）

与冲击波类似的，震荡波是又一个利用 Windows 缺陷的蠕虫病毒，震荡波可以导致计算机崩溃并不断重启。

5. “熊猫烧香”（2007 年）

熊猫烧香会使所有程序图标变成熊猫烧香，并使它们不能应用。

6. “扫荡波”（2009 年）

同冲击波和震荡波一样，也是利用漏洞从网络入侵的程序。而且正好在黑屏事件，大批用户关闭自动更新以后，这更加剧了这个病毒的蔓延。这个病毒可以导致被攻击者的机器被完全控制。

7. “木马下载器”（2009 年）

中毒后会产生 1000 ~ 2000 不等的木马病毒，导致系统崩溃，短短 3 天变成 360 安全卫士首杀榜前 3 名。

8. Nimda

尼姆达（Nimda）是历史上传播速度最快的病毒之一，在上线之后的 22min 之后就成为传播最广的病毒。

9. Conficker

Conficker. C 病毒原来要在 2009 年 3 月进行大量传播，之后在 4 月 1 日实施全球性攻击，引起全球性灾难。不过，这种病毒实际上没有造成什么破坏。

9.2 计算机常用杀毒软件

1. 安装方法

这里介绍瑞星杀毒软件的具体安装步骤。

（1）下载瑞星杀毒软件网络版客户端，之后双击下载的 Rising. exe 图标，打开瑞星客户端安装界面，如图 9-1 所示。

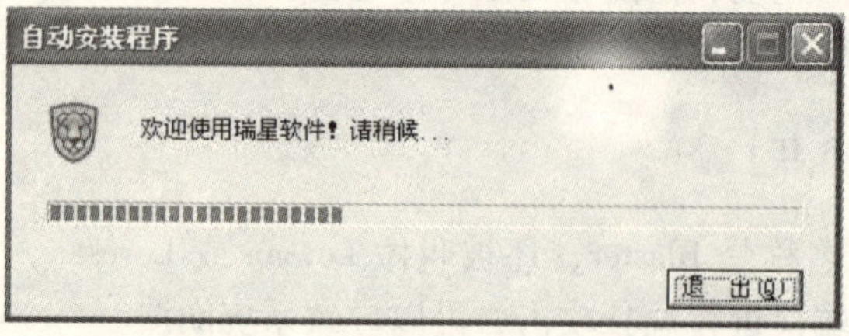

图 9-1 瑞星客户端安装界面

（2）选择“安装瑞星杀毒软件客户端”，如图 9-2 所示，之后单击“下一步”按钮，在最终用户许可协议界面选择“我接受”选项，如图 9-3 所示。

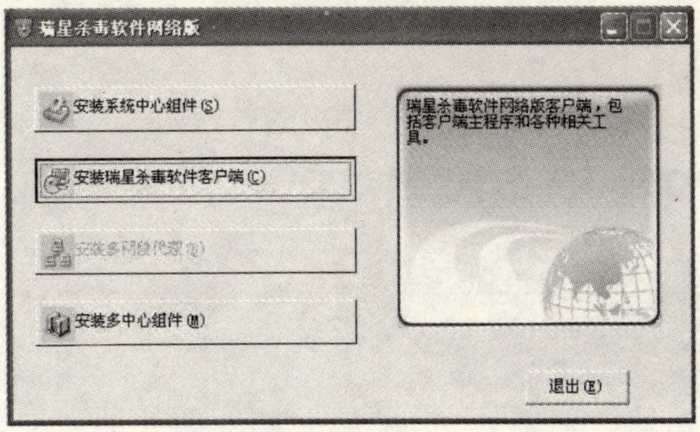

图 9-2　选择“安装瑞星杀毒软件客户端”

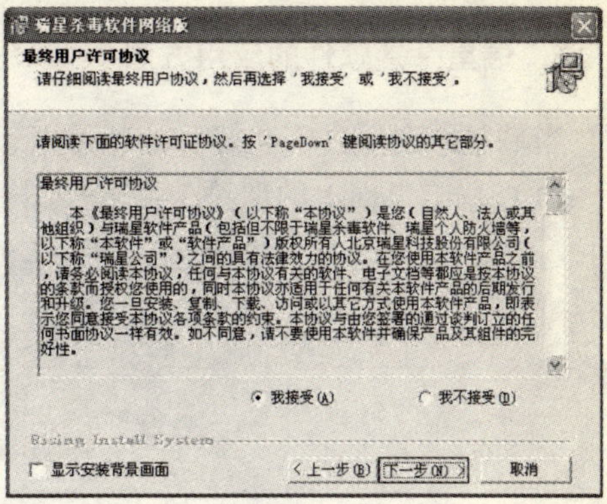

图 9-3　软件安装许可协议

（3）单击“下一步”按钮，弹出如图 9-4 所示界面，选择用户要安装的组件。

（4）选择“客户端”并连续单击“下一步”按钮，将出现设置网络参数及软件安装目录界面，如图 9-5 和图 9-6 所示。

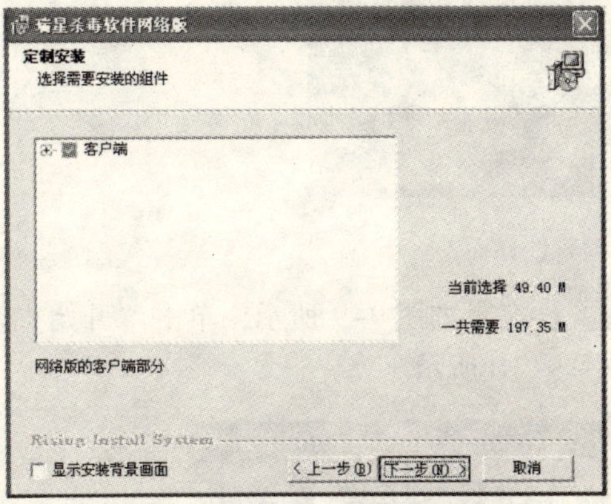

图 9-4　选择用户要安装的组件

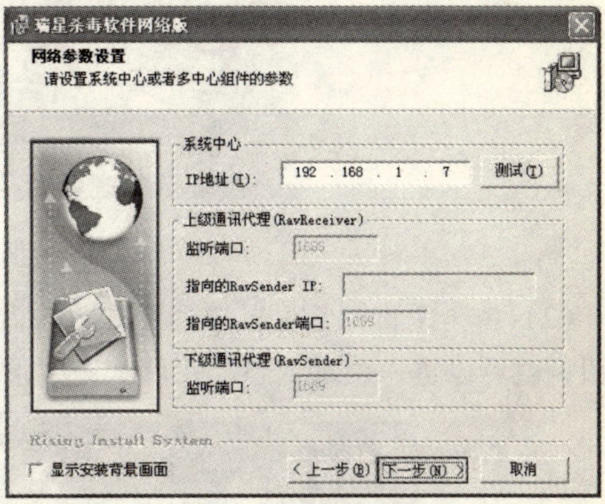

图 9-5　设置网络参数

（5）继续单击“下一步”按钮，软件将安装到计算机系统中。安装完成后出现如图 9-7 所示的完成画面，单击“完成”按钮即可。

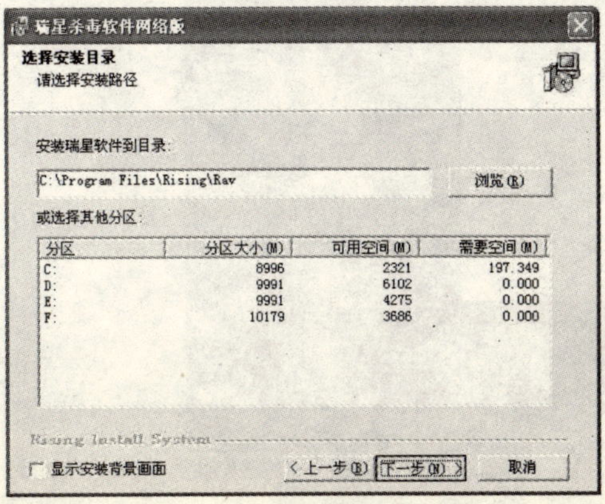

图 9-6　设置软件安装路径

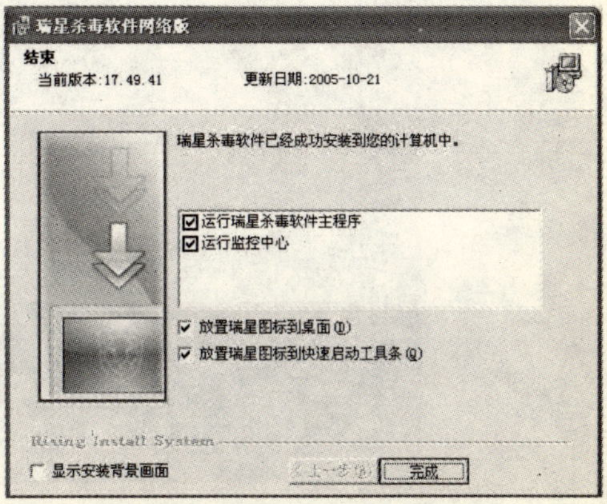

图 9-7　软件安装完成界面

2. 瑞星杀毒软件的应用方法

当瑞星杀毒软件安装好后，就可以运行杀毒了。

（1）双击桌面上的瑞星杀毒软件图标，打开软件，如图9-8所示。

图9-8 瑞星杀毒软件界面

（2）单击杀毒标签页，选择要查杀的盘符或文件名，如图9-9所示，单击“开始查杀”按钮，就可以进入杀毒状态，并显示进度条，如图9-10所示。

图9-9 打开杀毒界面

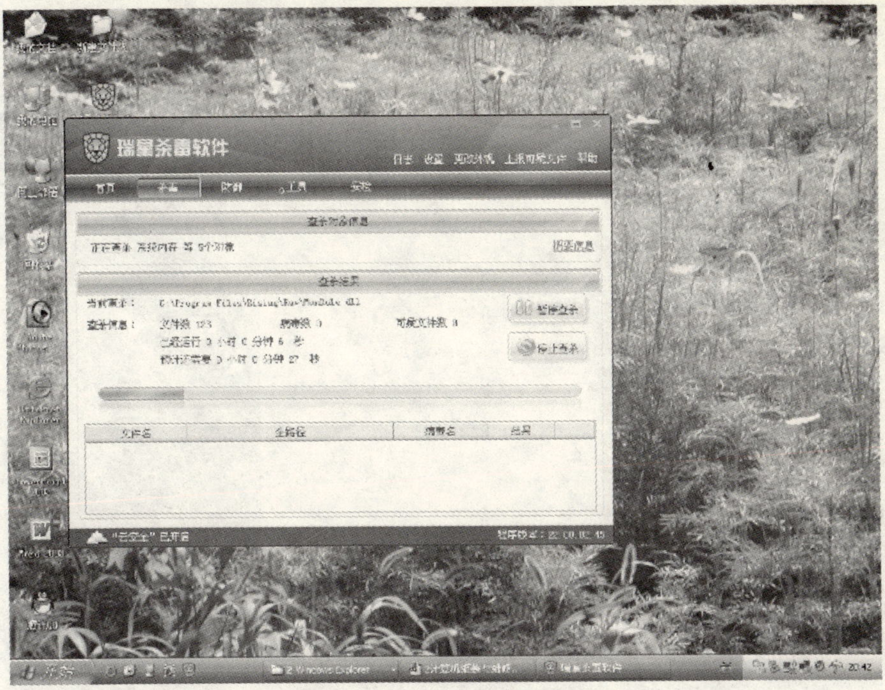

图 9-10　杀毒软件运行状态

（3）当发现病毒时，会在对话框中显示病毒名称和当前处理结果，如图 9-11 所示。全部查杀完成后，显示查杀结果，如图 9-12 所示。

图 9-11　显示病毒名称和当前处理结果

查杀信息：
查杀文件数： 2030 个文件
查杀用时：0小时 2分钟 5秒
发现病毒数： 1 个
发现可疑文件数： 0 个
确定
瑞星杀毒软件
首页
杀毒
防御
正在查杀 系统内存 等 5个对象
查杀结果
当前查杀： H:\2计算机组装与维修.doc
查杀信息： 文件数 2030 病毒数 1 可疑文件数 0
已经运行 0 小时 2 分钟 5 秒
查杀完成
暂停查杀
停止查杀
文件名 全路径 病毒名 结果
ravmon.exe h:\ravmon.exe Trojan.Win32.Un... 删除成功
"云安全"已开启
程序版本：22.00.02.45
开始
20:45

图 9-12 显示查杀结果

第 10 章 计算机故障检测及维护

10.1 计算机硬件的维护

主机是计算机系统的核心部分，包括电源、主板、显卡、声卡、硬盘、光驱、软驱等硬件设备，起着动力供应、数据传输与运算、数据存储等作用。因此，主机的维护是非常重要的。一般在主机工作时不要轻易搬动机箱，更不要轻易打开机箱。

10.1.1 硬盘驱动器的维护

硬盘是计算机中关键的部件之一，工作起来相对稳定，所以当机器出现问题时用户往往都会把硬盘故障排除在外，其实目前计算机系统的许多故障都是由于硬盘损坏所引起的，其中有相当一部分是用户未根据硬盘特点采取切实可行的维护措施所致。因此，硬盘在使用中必须正确加以维护；否则，会使计算机出现故障或缩短使用寿命，甚至殃及所存储的信息，这样会给用户带来不可挽回的损失。

做好硬盘驱动器的维护，首先，要保持计算机工作环境清洁。硬盘以带有超精过滤纸的呼吸孔与外界相通，它可以在普通无净化装置的室内环境中使用。若在灰尘严重的环境下，灰尘会被吸附到 PCBA 的表面、主轴电动机的内部并堵塞呼吸过滤器，因此必须防尘。其次，养成正确关机的习惯。硬盘在工作时突然关闭电源，可能会导致磁头与盘片猛烈摩擦而损坏硬盘，还会使磁头不能正确复位而造成硬盘的划伤。第三是正确移动硬盘，注意防振。在硬盘的安装、拆卸过程中应多加小心，硬盘移动、运输时严禁磕碰，最好用泡沫或海绵包装保护一下，尽量减少振动。注意：硬盘厂商所谓的“抗撞能力”或“防振系统”等，指在硬盘在未启动状态下的防振、抗撞能力，而非开机状态。第四，不要随便自行拆开硬盘盖。同时还要注意防高温、防潮、防电磁干扰。

10.1.2 光驱的维护

光驱是多媒体计算机必不可少的基本部件之一。即便光驱质量再好，技术再新，优化软件多强，也逃不过老化的厄运。在实际使用中，光驱出现故障的情况较多，而平时做好光驱的维护与保养，可以减少故障的发生。

1. 使用质量较好的光盘

光驱每天都要读取光盘上的大量内容，光盘的质量很大程序上影响到了光驱的整体性能。

2. 不用时一定要及时将盘片从驱动器内取出

驱动器所有的部件都在时刻准备读取数据，所以，不用时应及时将盘片从驱动器内取出，以降低驱动器机械系统的磨损、减少激光二极管的使用时间，延长光驱的使用寿命。

3. 操作要轻

在托盘上放置或取出盘片时要小心，放置或取出盘片后应及时按键，将托盘弹回驱动器内，防止托架的意外损坏。在将托架弹回驱动器内时，一定要通过按键由控制电路自动将托架收回，而不应用手强行将托架推回驱动器内。

4. 注意防振

光驱激光头中的透镜和光电检测器非常脆弱，经不起强烈的撞击和振动。因此，一定要轻拿轻放，防止跌落或碰撞。

5. 拥有一个干净的工作环境

光驱的激光头若脏了，会导致读盘不畅、盘狂转等现象。灰尘等杂物的侵扰全降低激光头的使用寿命。

10.1.3 显示器的维护

显示器是计算机最重要的配件，对它的维护显得更为重要。本小节以 CRT 显示器和 LCD 显示器为例来讲述显示器的维护和保养常识。

1. CRT 显示器的维护和保养常识

CRT 显示器是依靠电子束打在荧光粉上来显示图像的，所以 CRT 显示器长期受阳光或强光照射时，显像管的荧光粉容易老化，从而降低发光效率。因此，最好不要将 CRT 显示器放在光线照射较强的地方。在光线照射的地方，可以挂一块深色的布减轻光照强度。在清洗 CRT 显示器屏幕时，不能用酒精，因为酒精会溶解这层特殊的涂层，用绒布或拭镜纸来擦洗屏幕，不要用普通的纸巾。要避免 CRT 显示器工作在灰尘过多的地方。应把显示器放置在干净清洁的环境中，最好给显示器购买或做一个专用的防尘罩，每次用完后及时用防尘罩罩上。还要避免电磁场对 CRT 显示器的干扰。CRT 显示器长期暴露在磁场中可能会被磁化，从而出现偏色、显示混乱等故障。应使显示器远离其他电磁场，并定期（如一个月）对显示器进行消磁，但注意千万不要一次反复地对其进行消磁，这样会损坏显示器。同时，还要避免 CRT 显示器工作在温度较高的状态中避免强光照射 CRT 显示器。

2. LCD 显示器的维护和保养

不要将水直接洒到显示屏表面上，水进入 LCD 将导致屏幕短路。LCD 显得更为轻薄，也显得更脆弱（特别是它的液晶面板），用手对着 LCD 显示屏指指点点或用力地戳显示屏都是不可取的。虽然对于 CRT 显示器这不算什么大问题，但 LCD 显示器则不同，这可能对保护层造成划伤、损害显示器的液晶分子。如果条件允许，买张保护膜贴在LCD表面（可能感觉亮度变低）。另外，应该避免强烈的冲击和振动。LCD显示器中的屏幕和敏感的电子元器件若受到强烈冲击会导致损坏。不要使LCD长时间处于开机状态（连续72h以上）。过长时间的连续使用，会使液晶面板发热、老化或元器件过热。

10.1.4　其他硬件的维护

1. 键盘的维护

键盘因各项控制操作和输入文字而反复受到敲击。因此，键盘更需要精心呵护，必要时还得及时或定时地对其进行清洁。

（1）定期对键盘除尘，可用干净的湿布擦拭，灰尘可用吸尘器吸净或压缩空气吹去。必要时可将按键键帽拔出，以去除纸屑、头发等杂物，注意切不可让污物或液体进入键槽中。

（2）使用键盘时不要用力击打，以免损坏键盘。

（3）若不小心把水洒在了键盘上，应立即拔下键盘，并把键盘翻过去，尽量将液体倒出来，之后使用吹风机（冷风状态）或风扇对着键盘表面吹，将水分吹干，让键盘放置12h，最好在阳光下晒干。

（4）不用时，可用罩子罩住键盘，这样可以防尘、防水。

2. 鼠标的维护

目前主流的光电鼠标只要使用小心，一般不会出现什么故障，但传统的机械式鼠标因其下方的滚球常期在桌面上滚动，难免粘上灰尘而产生故障。当用户发现屏幕上鼠标指针移动不灵活时，就应当为鼠标除尘了。

（1）基本除尘。鼠标的底部长期和桌子接触，最容易被污染。尤其是滚动球极易将灰尘、毛发和细纤维带入鼠标中。这里以机械式鼠标为例说明其拆卸和除尘方法。

鼠标底部滚动球外圈有一个圆形塑料盖，轻压塑料盖按逆时针方向旋转到位，即可取下塑料盖，取出滚动球。用手指清除鼠标内部两根转轴和一只转轮上的污物，清除时应避免污物落入鼠标内部，滚动球可用中性洗涤剂清洗。

（2）开盖除尘。若经上述处理后，鼠标指针移动还是不灵活，特别是某一方向鼠标指针移动不灵活时，大多是光电检测器被污物挡光所致。此时，用“十”字螺钉旋具卸下鼠标底盖上的螺钉，取下鼠标上盖，用棉签清理光电检测器中间的污物即可。

3. 电源的维护

对于机箱内的电源，用户一般需要注意对散热和噪声问题的处理。

（1）散热。电源内置风扇风量很大，能充分扩散电源工作时释放的大量热量，延长电源的使用年限。然而，风扇最容易吸收周围的灰尘，使电源产生的热量不能释放从而烧毁电源。因此，需要经常对电源的灰尘进行清理。

（2）噪声。若机箱中的构件坚固，电源风扇运转稳定，工作中不会发出杂音。噪声大的电源多是由于构件振动，风扇扇叶不平衡、转轴偏心或润滑不良等原因造成的，噪声大的电源使用中也很容易出现故障。若定期为风扇添加润滑油，那么风扇震动、转轴偏心的几率就会减少。

10.2 计算机的故障检测

在计算机的故障中，有 80% 左右是人为故障，10% 是软件故障或系统故障。使用不当包括家用计算机的运行环境不符合要求（如温度过高、电磁干扰、电源转接板短路、撞击等），错误地使用了系统命令（如误删除文件、误格式化硬盘、复制文件覆盖了同名文件或者执行了错误的、有问题的应用软件等）、未正确进行必要的日常维护等。在故障诊断和维修之前，用户需要准备好以下工具。

（1）清洁与清洗工具，如细棉布、棉球、棉纸、除尘毛刷、小吸尘器、清洗盘、无水酒精、专用清洗剂等。

（2）测量仪器，如万用表、示波器、逻辑测试笔等。

（3）维修工具，如各种规格的螺钉旋具、钳子、镊子、剪子、小扳手、电烙铁和吸锡器等。

10.2.1 计算机故障及其诊断

在计算机操作过程中，引起故障的原因有多种，有时是多种因素交错影响，本节将介绍计算机故障的诊断及排除方法。

1. 故障类型

计算机故障总体上可分为硬故障和软故障两大类。

1）硬故障

硬故障是由计算机硬件引起的故障，涉及主机系统、内存储器、硬盘、显示器、磁盘驱动器、电源等。硬件故障的常见现象有主机无电源显示、显示器无显示、主机喇叭鸣响、显示器提示出错信息且不能进入系统等。常见的硬件故障包括以下一些情况。

（1）元器件与芯片故障。元器件与芯片失效、松动、接触不良、脱落，或者因温度过热而操作不正常。

（2）连线与接插件故障。计算机外部和内部各部件间的连接电缆或接插头（座）松动甚至脱落，或者错误连接。

（3）部件工作故障。计算机中的主要部件，如显示器、键盘、磁盘驱动器等硬件产生的故障造成系统工作不正常。

（4）跳线与开关故障。系统与各个部件及印制电路板上的跳线连接脱落、错误连接，或者开关设置错误，从而造成不正常的系统配置。

（5）系统硬件一致性故障。涉及各硬部件和各种计算机芯片能否相互兼容，在工作速度、频率、温度等方面是否具有一致性。

（6）电源故障。系统和部件没有供电，或者只有部分供电。

2）软故障

软故障泛指由计算机软件的操作不当引起的故障，也可能是因为系统设置不正确或系统工作环境被改变而出现的故障。软件故障的常见现象有显示器提示出错信息不能进入系统或可以进入系统但应用软件不能运行等。

（1）软件与系统不兼容引起的故障。软件的版本与系统运行的环境设置不兼容，造成不能运行、系统死机、某些文件被改动或丢失等。

（2）软件相互冲突产生的故障。两种或多种软件程序的运行环境、存取区域、工作地址等发生冲突，造成系统工作混乱、文件丢失等。

（3）误操作引起的故障。误操作分为命令误操作和软件程序运行误操作。例如，运行了某些具有破坏性的程序、不正确或不兼容的诊断程序、磁盘操作程序、性能测试程序等而使文件丢失、磁盘格式化等。

（4）计算机病毒引起的故障。计算机病毒会极大地干扰和影响计算机的正常使用，它可以使计算机存储的数据和信息遭到破坏，甚至全部丢失，并且会通过各种途径传染给其他计算机。某些计算机病毒也可能隐藏起来像定时炸弹一样待机发作。

（5）不正确的系统设置引起的故障。系统设置故障分为 3 种类型，即系统启动基本 CMOS 芯片设置、系统引导过程设置和系统命令设置。若这些设置的参数和设置不正确，或者没有设置，计算机就会不工作和产生操作故障。计算机的软故障一般可以恢复，不过在某些情况下，有的软故障甚至可以转化为硬故障。

2. 计算机故障的现象

诊断计算机故障，应遵守先静后动、先外后内和先软后硬的原则。即先分析考虑问题可能出在哪里，之后动手操作；先检查计算机外部电源、设备、线路，之后再开机箱；先从软件判断入手，之后再从硬件着手。

在诊断故障时，根据不同的情况应采取不同的方法。计算机主机或显示器无电源显示，则检查计算机外部电源线及显示器电源插头；显示器无显示或音响无声音，可检查显卡或声卡有无松动或插头是否插紧；主板喇叭报警，可根据报警响声数来判断故障原因，相关报警声所代表的故障类型如表 10-1 所示。

表 10-1　主板报警声及其意义

报　警　声	AMI 芯片	AWARD 芯片
1 声	内存刷新故障	系统正常
2 声	内存校验出错	CMOS 设置错误或主板 RAM 出错
3 声	64KB 基本内存故障	显卡故障
4 声	系统时钟或内存出错	键盘出错
5 声	CPU 故障	—
6 声	键盘故障	—
7 声	硬中断故障	—
8 声	显存出错	—
10 声	主板 RAM、ROM 校验错或显卡出错	—
10 声	CMOS	主板 RAM、ROM 出错
常鸣	—	内存、显卡或电源故障

当计算机出现某些故障时，会在显示器屏幕上给出相应的文字信息，用户可根据提示信息来判断故障的原因，常见提示信息如下。

（1）CMOS Battery State LOW：CMOS 电池电量不足。

（2）Key Board Interface Error：键盘接口错误。

（3）Hard Disk Drive Failure：硬盘故障。

（4）Hard Disk Not Present：硬盘参数错误。

（5）Missing Operating System：硬盘主引导区被破坏。

（6）Non System Disk Or Disk Error：启动系统文件错误。

（7）FDD Controller Failure BIOS：软驱控制错误。

（8）HDD Controller Failure BIOS：硬盘控制错误。

（9）Drive Error：BIOS 未收到硬盘响应信号。

（10）Cache Memory Bad，Do Not Enable Cache：主板缓存故障。

3. 计算机故障的诊断方法

（1）拔插法。拔插法是排除计算机故障常用的方法。将有故障的计算机关闭后拔出一块配件再启动计算机。若故障依然存在，则插回配件，重复以上步骤。一旦拔出某块配件后故障消失，即说明故障点在配件板上。此方法的优点是能迅速找出故障点，缺点是对有些故障（如显示字符不正常）不能使用（因为只有一块显卡，不能拔插），常见的例子是内存故障。

（2）替换法。若显示字符不正常，则不能用拔插法来寻找故障点，此时可采用替换法来排除故障。此方法是用好的配件换下可疑的配件。若故障消失，说明原配件的确有问题。此方法的优点是方便、可靠，缺点是一般用户很难有较多备用件，在计算机维修部经常使用此方法。

（3）电源拉偏法。有时故障很长时间发作一次，用一般方法不易查找，可采用电源拉偏法给计算机运行造成一个“恶劣”的工作环境，使故障容易暴露出来，便可进一步查找故障原因。但要注意，在拉偏电源时应在电源允许范围内进行，以免电压过高造成器件的损坏。例如，5V 电源应在 4.8～5.2V 之间进行观察。

（4）敲击法。计算机运行时好时坏，可能是虚焊或接触不良等原因造成的，对这种情况可用敲击法进行检查。例如，有的器件引脚没焊接好，有时能接触上，有时则接触不上，造成计算机运行时好时坏。通过敲击插件板使之彻底接触不良，再进行检查就容易发现原因了。

（5）直接观察法。用手摸、眼看、鼻闻、耳听等方法作为辅助检查，一般器件发热的正常温度（指组件外壳的温度）不超过 40℃～50℃，手指摸上去有一点温度，大的器件摸上去有点热但不烫手，若烫手，则该器件可能因内部短路电流过大而发热，应将该器件换下来；对电路板要用放大镜仔细观察有无断线、杂物和虚焊等，发现后及时处理，观察器件的表面字迹和颜色，若出现焦色、龟裂、器件的字迹颜色变黄等，应更换该器件；芯片过热烧毁时会产生糊味，用鼻子能闻出来；硬盘等设备正常运行时无杂音，当仔细听时发现声音不正常，则应立即检修（例如，硬盘启动后若有撞车声音，说明没有找到零磁道）。

（6）软件诊断法。由于计算机是一种智能设备，在其没有完全死机的情况下，可以通过运行程序诊断计算机的故障部位。例如，编制一些小程序，用来检查接口卡芯片故障。另外也可运行一些专用的诊断程序，以完成对计算机各功能模块的检测，根据检查结果确定故障部位，之后找到故障点。

10.2.2　计算机维修的注意事项

维修计算机是一项细致而复杂的工作，一定要三思而后行，不可盲目行事。一般来说，在进行计算机维修时应注意以下 5 点。

（1）保持维修环境的清洁，并注意对电场和磁场的屏蔽。

（2）严禁带电拔插各种信号线和板卡。

（3）使用各种维修工具时，要注意清除静电，防止静电损坏集成电路芯片。

（4）通电前要将各部件固定好，防止振动，认真检查各种芯片、控制卡和信号线是否安装正确，没有确认前不能启动计算机。

（5）用示波器、逻辑笔检测信号时，注意不要使探头（探针）同时接触两个引脚，以免造成短路，从而烧坏芯片和电路板。

计算机在使用过程中出现故障是不可避免的，必须明确当计算机发生故障时该怎么办。由于故障分为软故障和硬故障两种，对软故障可以继续操作，进一步检查故障的存在；而对硬故障则要首先保护系统安全。

在故障分析中，思路是非常重要的。一种故障现象可能有许多引发的途径和原因；反之，一种故障原因也可以引起许多故障现象，盲目地套用“病例”，对号入座去求医是不可取的。具有清晰的分析思路，逐步排除各种因素而最终找到问题所在，才是最终目的。

10.3　常见的硬件故障现象及处理

10.3.1　CPU 故障现象及处理

【案例 1】计算机在启动后，运行一段时间就会慢下来，而且经常出现无故死机和自动重启的现象。

【检修思路】在排除了病毒和使用不当等原因后，主要应检查 CPU 和内存。CPU 的性能是不良引起死机的一个常见原因。若 CPU 的温度过高，就会引起死机或自动重启现象。

【故障检修】经检查，发现该计算机的 CPU 风扇的散热效果不好，从而致使工作温度过高。更换一个优质风扇后故障排除。

【案例 2】一台旧计算机，开机后机箱内的噪声很大，但正常工作。

【检修思路】机箱内最经常致使噪声的部件是风扇，如电源、CPU、显卡和主板芯片的散热风扇。

【故障检修】打开机箱，启动计算机进行检查，发现是 CPU 散热风扇发出的噪声。关机后清理散热风扇扇叶上的灰尘，开机后故障依旧。关闭计算机后卸下风扇，向轴承部分滴入一些润滑油，故障即可排除。

【案例3】为了使CPU更好地散热，在芯片表面和散热片之间涂了很多硅脂，可是CPU的温度不但没有降低，反而升高了一点。

【检修思路】硅脂的作用是提升热量的传导效果。若涂抹得过多，反而不利于热量的传导。而且硅脂很容易吸附灰尘，硅脂和灰尘的混合物会大大影响散热效果。

【故障检修】在CPU芯片表面薄薄地涂上一层，能基本覆盖芯片即可。

【案例4】CPU超频使用，开机后在自检内存时死机。超频前，系统正常工作。

【检修思路】根据现象分析，该故障是内存不能适应当前的工作环境造成的。

【故障检修】常见的解决方法是在BIOS设置程序中把内存设为CL=3（若以前是2）。若此方法不能解决问题，则需要考虑更换性能更高的内存了。例如，更换工作频率更高的，使其高于或等于超频后的CPU外频。

10.3.2　主板的常见故障及处理

【案例1】CPU超频使用，其他工作都正常，但运行Quake等3D游戏时经常死机，画面停止不动，只能重新启动计算机。

【检修思路】根据现象分析，问题应该出在显卡上，可能是显卡本身不支持当前的超频环境，也可能是超频使用后显卡的散热能力不能满足需要。

【故障检修】可以尝试更换散热更好的显卡散热风扇。

【案例2】CPU超频后，开机无任何响应，屏幕一片漆黑，显示器进入节能模式，硬盘灯不闪烁。

【检修思路】可能是硬件毁坏或CPU不能超频的原因。

【故障检修】经过分析和细致检查，排除了硬件毁坏问题，是CPU不能超频的原因。此时，可以尝试提高CPU的电压。若不行，就需要考虑更换一块超频能力较强的主板。

【案例3】系统CPU为奔腾IV，超频至2.5GHz，CPU电压从1.5V调到1.6V。系统运行时不稳定，经常死机。

【检修思路】在一些系统中，提高CPU核心电压确实能够提升系统的超频性能，但却并不能提升系统的稳定性。任何CPU都有其超频的极限，虽然很多CPU能够工作在比额定频率高很多的频率下，但这并不代表能稳定运行。提高了CPU的核心电压，同时也会增加芯片的发热量，这也是系统不稳定的隐患，甚至是缩短硬件寿命的因素。

【故障检修】将电压调回1.5V。至于频率，适当超频不影响稳定性即可。

【案例4】每次断电时，主板上的实时时钟（RTC）停走，而且每次打开计算机时，需要重新设置时钟，虽然更换了电池，但问题仍然存在。

【检修思路】显然，断电时CMOS RAM SETUP还维持着系统的配置，所以可以非常肯定电池没有问题。若计算机处于加电状态，时间运行正确，而计算机断电时，时间停止，那么很可能是 RTC 本身有问题；若计算机处于加电状态，时间运行不规律或停止，那么就检查是否有病毒存在，并且用“干净”的软盘引导系统，看是否有驱动程序或 TSR 在中断 IRQ0（更新时间为 54.1026ms 的时钟），或者检查存储时间的内存是否存在问题。

【故障检修】 根据上面的分析，若是 RTC 有故障，则需要更换主板；若有病毒，则需要清除病毒，可用放电的方法清除；若是内存的故障，则需要更换内存。

【案例 5】 有一台兼容机，每次关机后都会丢失 SETUP 信息。

【检修思路】 SETUP 信息是保存在主板的 CMOS RAM 中的，其作用是保存有关该计算机的硬件配置信息，这些信息在系统开机的时候要读入到计算机中使用，该 CMOS RAM 在系统运行时靠主机电源供电，而在关闭计算机后则靠后备电池来供电。一旦主板上的电池失效或电压过低，就会使 CMOS RAM 中的信息丢失，造成系统不能启动。

【故障检修】 若电池的电压大于 3V，则 CMOS RAM 可以正常工作。此时必须运行 SETUP 程序重新设置系统参数；否则，必须更换电池。另外，还应检查电池插座是否损坏等。

有时也可能是由于电池插座接触不良造成的，用镊子调整弹片，之后装入电池，重新设置 SETUP 后，关闭计算机，之后冷启动后故障即可排除。

【案例 6】 打开计算机后显示如下信息：

Drive not ready error，Insert Boot Diskette in A

Press any key when ready…

【检修思路】 出现上述错误的原因，多是由于 CMOS 设置错误或 CMOS 供电不足造成 CMOS 信息丢失所引起的。CMOS 设置的正确与否，直接影响硬盘的正常使用。当硬盘类型设置错误时，常会发生读/写错误，有时甚至不能启动系统。例如，若 CMOS 设置中的硬盘类型小于实际的硬盘容量，则硬盘后面的扇区将不能读/写。

【故障检修】 重新设置或放电复位 CMOS 中的数据即可。

【案例 7】 BIOS 升级失败致使系统瘫痪。

【检修思路】 主板上存储 BIOS 信息的 ROM 一般采用的是 FLASH MECORY（可擦写的），并随主板带有 BIOS 的升级程序，但非专业人员进行升级操作是十分危险的，因为 BIOS 信息是计算机系统启动的最基本条件，稍有差错将致使整个系统瘫痪，这是用软方法不能恢复的。

【故障检修】 首先找一个同型号主板上的同一 ROM 芯片，保证其 ROM 中的 BIOS 信息与升级所要达到的相同。在断电的情况下，拔下主板上升级失败的 ROM 芯片，轻轻插入好的 ROM 芯片，将主板上控制更新 BIOS 信息的跳线设置为“有效”（因默认跳线为“无效”，即保护状态）。启动计算机，让系统运行在实模式环境下（内存不驻留如 HIMEM.SYS 或 EMM386.EXE 等程序）。

之后在正常运行的情况下，不关闭计算机拔下好的 ROM 芯片，插入升级失败的 ROM 芯片，用驻留在内存中的好的 BIOS 信息运行 BIOS 升级程序，然后按主板说明书规定的步骤进行操作，直到提示更新成功为止。同时还要注意看提示，更新的字节数是否与 ROM 块容量大小相等（按照主板说明书）。若相等，则更新成功，退出程序，关闭计算机再冷启动。

只要启动成功，问题就解决了。注意：带电操作的热拔插是维修中的大忌，此种方法可能是不更换配件处理的最佳方法，但最好别用。

10.3.3 内存常见故障及处理

【案例 1】 显示器和显卡均正常，但开机后显示器屏幕变暗且无任何信息，并且有报警声。

【检修思路】 此故障一般是因为内存与主板内存插槽接触不良造成的，内存损坏或主板内存槽有问题也会造成这种故障。

【故障检修】 先用橡皮擦来回擦拭内存“金手指”部位（不要用酒精等清洗），换上若不行，换掉 RAM 芯片，问题即可解决。

【案例 2】 Windows 系统运行不稳定，经常产生非法错误。注册表经常无故损坏，提示用户恢复。

【检修思路】 出现这种故障一般是由于内存芯片质量不好或软件原因引起的。

【故障检修】 若确定是内存原因，更换内存。

【案例 3】 运行某些软件时经常出现内存不足的提示。

【检修思路】 此现象一般是由于病毒或系统盘剩余空间不足造成的。

【故障检修】 可以用杀毒软件清除病毒，或者删除一些无用文件，多留一些空间即可，一般保持在 300MB 左右为宜。

【案例 4】 开机后显示器黑屏，并伴有一长两短的报警声。

【检修思路】 这类现象表明自检程序能够执行，只有在检查出某些元器件有故障或接触不良等问题时，系统才以声音给出提示，如内存与插槽部分接触不良、内存损坏、显卡与主板插槽之间接触不良、板卡损坏或扩展槽有故障等。

【故障检修】 打开机箱，重新插好内存或用好的内存替换进行检查。若故障现象消失，则为内存故障；若故障现象仍然存在，则需要检查显卡。重新插好显卡或换一个扩展槽，若故障现象消失，则为接触不良；若故障现象仍然存在，换一块好的显卡再试。若故障现象消失，则为显卡损坏；若故障现象仍然存在，则为主板插槽有故障，一般需要更换主板。

10.3.4 光驱常见故障及其处理

【案例 1】 读盘出错或出现无盘等提示。

【检修思路】 读 CD 盘数据出错有两种可能：一种是操作不当；另一种是激光头被污染。

出现读盘出错或无盘等提示的现象，大部分是由换盘后 CD-ROM 驱动器还没有完全就位，用户就对其进行操作引起的。因此，对 CD-ROM 驱动器的任何操作都要等面板指示灯显示为正常就位后才可以进行。在播放影碟时，也应将播放的时间指针调至零后再换盘，这样才可以避免出现这种故障。

当 CD-ROM 驱动器使用了较长时间，内部积尘较多或 CD 盘上有尘埃时，都将致使灰尘颗粒掉落在光驱的读取头上。光驱在读取数据时，由于激光在读取头上形成的局部高温，可能使一些灰尘被熔化或半熔化而牢牢地黏在聚光镜表面。这样就会影响光学凸透镜对激光的聚焦精度，最终使得光驱读取数据出错或根本不能读取数据。

【故障检修】 对于激光读取头被污染的故障，若仅使用一般市售的光驱清洗盘，只能清除读取头上处于平面部位上的并且是黏得不太牢的尘粒，而对于粘附在曲面部分或平面上粘附得较牢的尘粒是不能清洗掉的。在这种情况下，最好使用脱脂棉蘸取少许无水酒精，轻轻地对光驱的读取头反复擦洗，然后用橡皮球快速将光驱读取头吹干即可。

【案例 2】 “我的电脑”能够显示 CD-ROM 驱动器的盘符，但在读盘时出现以下提示信息：

```
CDRL01:Not Ready Reading Drived:
Abort,Retry,Fail?
```

【检修思路】 出现这样的提示表示系统未检测到光盘，不能读出光盘中的数据。遇到这种情况时，应该首先检查所读的光盘是否清洁、有无变形，以及驱动器托盘门是否关紧。确定以上问题都不存在后，一般说来，是由于 CD-ROM 驱动器出现故障所致。

【故障检修】 进一步检查 CD-ROM 驱动器，再放入光盘，托盘门关闭后，靠近 CD-ROM 驱动器，能听到电动机由慢到快加速旋转的声音，偶尔伴有轻微的“啪啪”声，这说明激光头沿光盘的径向不断地寻找光道，并且不断地调节物镜距光盘的距离，力图使光敏二极管检测到激光束反射回来的光盘信息，但总不成功，最后在屏幕上报出读取失败出错。这种情况就属于硬故障了，必须送专业维修处打开 CD-ROM 驱动器进行校正。

10.3.5　显示器常见故障及处理

【案例 1】 刚开机时显示器的画面抖动得很厉害，有时甚至连图标和文字也看不清，但过一两分钟之后就会恢复正常。

【检修思路】 这种现象多发生在潮湿的天气，是显示器内部受潮的缘故。

【故障检修】 解决该问题，可使用食品包装中的防潮砂。用棉线串起来，然后打开显示器的后盖，将防潮砂挂于显像管管颈尾部靠近管座附近。这样，即使是在潮湿的天气里，也不会再出现以上的“毛病”。

【案例 2】 计算机开机后，显示器只闻其声不见其画，漆黑一片。要等上几十分钟以后才能出现画面。

【检修思路】 这是显像管座漏电所致，必须更换管座。

【故障检修】 拆开后盖可以看到显像管尾的一块小电路板，管座就焊在电路板上。小心拔下这块电路板，再焊下管座，到商店买回一个同样的管座，然后将管座焊回到电路板上。这时不要急于将电路板装回去，要先找一小块砂纸，很小心地将显像管尾后凸出的引脚用砂纸擦拭干净。特别是要注意引脚上的氧化层，若擦得不干净很快就会旧病复发。将电路板装回去就大功告成。

【案例3】 显示器屏幕上总有挥之不去的干扰杂波或线条，而且音箱中也有令人讨厌的杂音。

【检修思路】 这种现象多半是电源的抗干扰性差所致。

【故障检修】 若懒得动手，可以更换一个新的电源。若有足够的动手能力，也可以试着自己更换电源内滤波电容，这往往都能奏效；若效果不太明显，可以将开关管一并换下来。

【案例4】 显示器花屏。

【检修思路】 这问题较多是显卡引起的。若是新换的显卡，则可能是显卡的质量不好或不兼容，或者没有正确安装驱动程序。若是旧显卡而加了显存的话，则有可能是新加进的显存和原来的显存型号参数不一致所致。

【故障检修】 更换一块新的显卡，或者重新安装显卡驱动程序。

【案例5】 显示器黑屏。

【检修思路】 若是显卡损坏或显示器断线等原因造成没有信号传送到显示器，则显示器的指示灯会不停地闪烁提示没有接收到信号。若将分辨率设得太高，超过显示器的最大分辨率也会出现黑屏，严重的话，也可能报毁显示器。现在的显示器都有保护功能，当分辨率超出设定值时会自动保护。另外，硬件冲突也会引起黑屏。

【故障检修】 可试着调整显示器的分辨率，或者查看各个硬件是否存在不兼容的问题。

10.3.6 声卡常见故障及处理

【案例1】 运行 Windows 应用程序不能发出声音。

【检修思路】 引起这种故障的原因可能是在 SYSTEM. INI 文件中没有声音驱动程序。正常情况下，在 Windows 程序管理器上运行 SYSEDIT 时，应该在 SYSTEM. INI 中（以声霸卡 SB16 为例）看到下列语句：

```
[DRIVERS]
Time = TIMER. DRV
MIDIMapper = MIDIMAP. DRV
AUX = SB16AUX. DRV
Wave = SB16SND. DRV
MIDI = SB16FM. DRV
MIDI = SB16SND. DRV
ISUDBLST. DRV
```

```
Port = 220
MIDIPort = 330
1NT = 5
DmaChalmel = 1
HdmaChannel = 5
```

【故障检修】 若 SYSTEM. INI 中的上述语句不全，只需重新执行声卡盘上的 INSTALL 命令，将缺少的语句添加进 SYSTEM. INI 文件中即可。

【案例 2】 系统显示声卡正常运行，但却不能通过音箱发声。

【检修思路】 通常是由声卡的驱动程序损坏引起的，也可能是硬件冲突造成的。有时声卡会与带语音的 MODEM 或解压卡等设备产生冲突。

【故障检修】 删除该设备，并确定“Windows\system”目录下的声卡驱动程序（文件名与设备名相似）删除，然后重新安装。或者试着把声卡换一个插槽，然后重新安装声卡。

10. 3. 7　电源常见故障及处理

【案例】 计算机启动自检完内存后死机，按任何键均无反应。但有时又能正常启动，一切正常。

【检修思路】 有时启动能正常工作，说明这是随机性的故障。

【故障检修】 可以拔去扩展槽中所有板卡，只留显卡进行检验，故障仍存在。如果主板也换过新的了，那一定是电源出了问题。用电压表测量电源电压，发现电压不稳定时出现此种故障，若电压稳定了，这种现象就会消失。虽然主机内的电源有一定的稳压作用，但若电源性能不佳且外界电压发生较大波动时，也会引起死机故障。

10. 4　常见的软件故障及处理

在不同操作系统的使用过程中，经常会碰到各种各样的问题。有时问题虽不大，但是却让用户感到十分不方便。

10. 4. 1　操作系统常见故障及处理

【案例 1】 在 DOS 下安装 Windows XP 很慢。

【检修思路】 Smartdrv. exe 文件能将一部分内存模拟成磁盘缓冲区，以加快文件的存取，所以在 DOS 下安装 Whadows XP 时，先运行 Smartdrv. exe 文件能够大大地提高文件的复制速度。需要说明的是，该程序要使用扩展内存，所以运行时还必须事先加载 Himem. sys 文件。

【故障检修】 首先创建一张启动盘，然后在 C 盘下查找 Himem. sys 文件，将它复制到启动盘上。在启动盘上新建一个文本文件，在其中输入 device = himem. sys 并保存该文件为

Config. sys。接着将 Windows 安装目录中的 Smartdrv. exe 文件复制到启动盘中。用创建的这张启动盘启动计算机，再安装 Windows XP 时速度就会提高。

【案例2】 Windows XP 运行速度很慢。

【检修思路】 若只是单机使用 Window XP，额外的服务程序大大降低了系统的速度，完全可以将这些多余的服务组件禁用。

【故障检修】 单击“开始”菜单打开“控制面板”，双击“管理工具”图标，打开“管理工具”对话框，双击“服务”图标，显示一个服务列表。有些服务已经启动，有些则没有。用鼠标右键单击要配置的服务，从弹出的快捷菜单中选择“属性”选项，在打开的对话框的“常规”标签页中选择“自动”、“手动”或“禁用”选项。其中，“自动”表示每次系统启动时，Windows XP 都自动启动该服务；“手动”表示 Windows XP 不会自动启动该服务，而是在需要该服务时手动启动该服务；而“禁用”则表示不允许启动该服务。在实际配置时，选择“手动”或“禁用”都可以达到关闭该服务的目的。推荐使用手动功能，这样用户就随时可以启动一些临时需要的服务。

【案例3】 在使用 Windows XP 时发现，随着不断地增加、删除应用程序，磁盘可用空间不断减少。

【检修思路】 从 Windows 2000 开始，Windows 会在每个硬盘分区中建立一个 System Volume Information 文件夹，在该文件夹中提供的是系统默认保存的系统还原备份文件。

【故障检修】 为防止磁盘空间越来越少，最简单的方法就是关闭“系统还原”功能。

【案例4】 在 Windows XP 下进行复制、粘贴时出现乱码。

【检修思路】 若在输入法设置时，将中文键盘删除了，只保留了英文键盘，就会有复制出现乱码的故障。Windows XP 默认的输入法为英语，键盘模式为美式键盘。

【故障检修】 解决的办法是删除英文的美式键盘模式，添加中文键盘模式且设置为默认值即可。

【案例5】 使用 Windows XP 时总是出现错误报告

【检修思路】 这说明机器有问题，需要检查机器本身的问题。

【故障检修】 若不想看到错误报告，可以运行 msconfig，在打开的窗口中选择“服务”检签页，取消选择“Error Reporting Service”单选按钮，以后就再也不会出现程序因错误或兼容性不好被强行关闭后弹出报告错误对话框了。

10.4.2 网络常见故障及处理

【案例1】 不能上网。

【检修思路】 可根据 ADSL MODEM 面板上信号灯的显示情况进行问题的初步判断。

ADSL 灯用于显示 MODEM 的同步情况，常亮绿灯表示 MODEM 与终端能够正常同步；亮红灯表示没有同步；闪动绿灯表示正在建立同步。

10BaseT 灯用于显示 MODEM 与网卡或 Hub 的连接是否正常，若此灯不亮，则MODEM与计算机之间肯定不通，当网线中有数据传送时，此灯会略微闪动。

ATM25 灯用于显示 ATM25 口状态，一般不用。

Maint 灯与远程管理有关，一般为常亮。

Power 灯用于电源显示。

【案例 2】 安装网卡后，计算机启动速度慢了很多。

【检修思路】 可能在 TCP/IP 设置中设置了“自动获取 IP 地址”，这样每次启动计算机时，计算机都会主动搜索当前网络中的 DHCP 服务器，所以计算机启动的速度会大大降低。

【故障检修】 指定静态的 IP 地址。

【案例 3】 ADSL 有时不能正常上网。

【检修思路】 ADSL 是一种基于双绞线传输的技术，双绞线是将两条绝缘的铜线以一定的规律互相缠在一起，这样可以有效地抵御外界的电磁场干扰。但市面上电话线大多是平行线，从电话公司接线盒到用户电话这段线很多都是平行线，这对 ADSL 传输非常不利，过长的非双绞线传输会造成连接不稳定、ADSL 灯闪烁等现象，从而影响上网。由于 ADSL 是在普通电话线的低频语音上叠加高频数字信号，从电话公司到 ADSL 滤波器这段连接中，任何设备的加入都将危害到数据的正常传输。

【故障检修】 在滤波器之前不要并联电话、电话防盗器等设备。

【案例 4】 使用 MODEM 拨号上网时，经常会遇到网络不能连接的问题。

【检修思路】 造成此现象的原因为在同一时间还有很多人在拨号连接抢占资源。

【故障检修】 可以打开“Intenet 选项”对话框的“连接”标签页，在其中单击“设置”按钮，再单击“拨号设置”选项区中的“高级”按钮，在弹出的对话框中将“试图拨号次数”选项设置得高一些（如 20），两次重试之间等待的时间设置为 1s，最后保存设置就可以了。

【案例 5】 网卡在计算机系统不能安装。

【检修思路】 首先可能是计算机上安装了过多其他类型的接口卡，造成中断和 I/O 地址冲突；其次可能是计算机中有一些安装不正确的设备，或者有“未知设备”项，使系统不能检测网卡；第三种可能是计算机不能识别这一种类型的网卡。

【故障检修】 （1）可以先将其他不重要的卡拿下来，再安装网卡，最后再安装其他接口卡。

（2）删除“未知设备”中的所有项目，并重新启动计算机。

（3）更换网卡。

10.4.3　office 系列软件故障及处理

【案例 1】 打开一个 Word2003 文档时，不能看到它所包含的插图，而只看到插图的边框线。

【检修思路】这说明此插图属于该文档的一部分。

【故障检修】用鼠标右键单击边框内的任何一个地方，在弹出的快捷菜单中选择“编辑图片”或“设置图片格式”选项，即可将插图显示出来。

【案例2】在Word2003中编辑文档时，只要在页眉处插入页码之类的内容，其下方就会添加一条分隔线。

【故障检修】执行菜单命令“视图”→“页眉和页脚”，进入页眉页脚编辑状态，选中页眉中的页码单击鼠标右键，从弹出的快捷菜单中选择“边框和底纹”选项，打开“边框和底纹”对话框。此时可以看到“预览”框阴影下有一条分隔线，在“应用范围”下拉列表框中选择“段落”选项。单击“预览”框左边第二个按钮，确定后即可看到阴影下方的分隔线消失。

【案例3】在Word2003中插入文本框时，文本框四周的边框线仍然存在。

【故障检修】

（1）双击文本框的边框，或者选中该文本框，执行菜单命令“格式”→“文本框”。

（2）在打开的对话框中选择“颜色和线条”标签页。

（3）单击“线条”选项区中的“颜色”下拉列表框，选择“无线条颜色”选项，单击“确定”按钮，即可去掉文本框四周的线条。

【案例4】以前在Word中可以通过拖曳来移动或复制所选文本，但突然就不能进行拖曳和复制的操作了。

【检修思路】Word是支持拖曳操作的，可能无意间关闭了拖曳编辑的功能。

【故障检修】单击菜单命令“工具”→“选项”，在弹出的对话框中选择“编辑”标签页卡，在其中选中“允许拖放式文字编辑”复选框即可。

【案例5】不能在Word2003中编辑各种文档公式。

【检修思路】若没有安装Office2003的公式编辑器，则不能实现该功能。

【故障检修】用安装光盘安装该组件。安装完成后，将光标停在需要插入公式的位置，然后执行菜单命令“插入”→“对象”，在弹出的对话框中选择“Microsoft 公式 3.0”选项，单击“确定”按钮即可进入公式编辑状态。通过公式编辑器提供的工具栏基本上可以满足绝大多数公式编辑要求。对于已经编辑好的公式，可以双击鼠标左键进行修改。

【案例6】Word工具栏和菜单栏都不见了，重装Office后问题依旧。

【检修思路】是否显示菜单工具栏等是由模板来决定的，应该是模板文件的问题。

【故障检修】Word的模板保存在Word安装目录下的Templates目录，文件名叫“Normal. dot”，将该文件删除，然后重新启动Word，系统就会生成一个新的“Normal. dot”模板文件，这个模板文件就是默认的状态了，其中菜单和常用工具栏都有。

【案例7】Excel2003中出现错误值“#NAME?”。

【检修思路】 当 Excel2003 不能识别公式中使用的文本时，就出现错误值“#NAME?”。向公式中输入文本时，要将文本括在括号中；否则，Excel 会将其解释为名称，致使出错。另外，公式中使用的名称已经被删除，或者使用了不存在的名称及名称拼写错误，也能产生这种错误值。

【故障检修】 确认公式中使用的名称存在且是正确的即可解决。

【案例 8】 Excel2003 中出现错误值“#VALUE!”。

【检修思路】 这种错误是因为使用了错误的参数或运算对象类型。例如，在需要输入数字或逻辑值时，却输入了文本；在需要赋单一数值的运算符或函数时，却赋予一个数值区域。

【故障检修】 确保运算符或参数正确，并且公式引用的单元格中包含有效数值；将数值区域改为单一数值。

【案例 9】 Excel2003 中出现错误值“#DIV/0!”。

【检修思路】 当除数为 0 或引用了空单元格时（Excel 通常将空单元格解释为 0），会出现此种错误。

【故障检修】 确定函数或公式中的除数不为 0 且不是空值即可解决。

【案例 10】 Excel2003 中出现错误值“#####!”。

【检修思路】 致使这种错误的最常见原因是输入到单元格中的数值太长或公式产生的结果太长，致使单元格容纳不下。另外，对日期或时间做减法时，若产生了负值，Excel 也会在整个单元格中显示“#####!”。

【故障检修】 可以通过修改列的宽度来解决此问题。

附录 A　主板检测卡代码对照表

主板检测卡如图 A-1 所示。

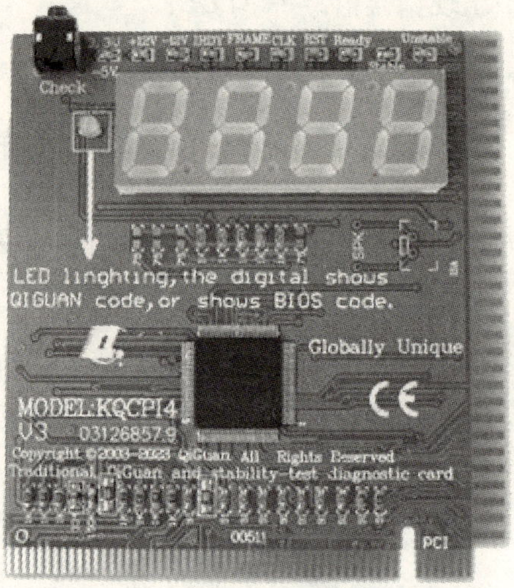

A-1　主板检测卡

主板检测卡的组成主要有四位数码管和指示灯。

表 A-1 为主板检测卡指示灯功能速查表。

表 A-1　主板检测卡指示灯功能速查表

指示灯	功能描述
RST	开机或按了 RESET 开关后，亮 0.5s 熄灭属正常。若常亮，常见的原因是主板上的复位插针错接到加速开关，或者错接造成短路，或者复位电路坏
12V	空板上电即应常亮；否则，说明无此电压或主板有短路
-12V	空板上电即应常亮；否则，说明无此电压或主板有短路
5V	空板上电即应常亮；否则，说明无此电压或主板有短路
-5V	空板上电即应常亮；否则，说明无此电压或主板有短路
3V3	这是 PCI 插槽特有的 3.3V 电压，空板上电即应常亮。有个别主板的 PCI 插槽无 3.3V 电压，则不亮

表 A-2 为 Award BIOS 代码对照表。

表 A-2　Award BIOS 代码对照表

代　码	说　明
00	已显示系统的配置，即将控制 INI19 引导装入
01	处理器测试 1，处理器状态核实。如果测试失败，那么循环是无限的

续表

代　码	说　明
02	确定诊断的类型。如果键盘缓冲器含有数据，就会失效
03	清除 8042 键盘控制器，发出 TESTKBRD 命令（AAH）
04	使 8042 键盘控制器复位，核实 TESTKBRD
05	如果不断重复制造测试 1 ~ 5，可获得 8042 控制状态
06	使电路片作初始准备，停用视频、奇偶性、DMA 电路片，以及清除 DMA 电路片，所有页面寄存器和 CMOS 寄存器工作
07	处理器测试 2，核实 CPU 寄存器的工作
08	使 CMOS 计时器作初始准备，正常的更新计时器的循环
09	EPROM 检查总和且必须等于零才通过
0A	使视频接口作初始准备
0C	测试 8254 通道 1
0D	检查 CPU 速度是否与系统时钟相匹配。检查控制芯片已编程值是否符合初设置。视频通道测试，如果失败，则鸣喇叭
0E	测试 CMOS 停机字节
0F	测试扩展的 CMOS
10	测试 DMA 通道 0
11	测试 DMA 通道 1
12	测试 DMA 页面寄存器
13	测试 8741 键盘控制器接口
14	测试 8254 计时器 0
15	测 8259 中断屏蔽位
16	建立 8259 所用的中断矢量表
17	调准视频 I/O 工作，若装有视频 BIOS 则启用
18	测试视频存储器，如果安装选用的视频 BIOS 通过，则可绕过
19	测试第 1 通道的中断控制器（8259）屏蔽位
1A	测试第 2 通道的中断控制器（8259）屏蔽位
1B	测试 CMOS 电池电平
1C	测试 CMOS 检查总和
1D	调定 CMOS 配置
1E	测定系统存储器的大小，并且把它和 CMOS 值比较
1F	测试 64KB 存储器至最高 640KB
20	测量固定的 8259 中断位
21	维持不可屏蔽中断（NMI）位（奇偶性或 I/O 通道的检查）
22	测试 8259 的中断功能
23	测试保护方式 8086 虚拟方式和 8086 页面方式
24	测定 1MB 以上的扩展存储器
25	测试除头一个 64KB 之后的所有存储器

续表

代　码	说　明
26	测试保护方式的例外情况
27	确定超高速缓冲存储器的控制或屏蔽 RAM
28	确定超高速缓冲存储器的控制或特别的 8042 键盘控制器
2A	使键盘控制器作初始准备
2B	使磁碟驱动器和控制器作初始准备
2C	检查串行端口，并使之作初始准备
2D	检查并行端口，并使之作初始准备
2E	使硬盘驱动器和控制器作初始准备
2F	检测数学协处理器，并使之作初始准备
30	建立基本内存和扩展内存
31	检测从 C800：0 至 EFFF：0 的选用 ROM，并使之作初始准备
32	对主板上 COM/LTP/FDD/声音设备等 I/O 芯片编程使之适合设置值
3B	用 OPTI 电路片（只是 486）使辅助超高速缓冲存储器作初始准备
3C	建立允许进入 CMOS 设置的标志
3D	初始化键盘、PS2 鼠标、PNP 设备及总内存节点
3E	尝试打开 L2 高速缓存
41	中断已打开，初始化数据，以便于 0：0 检测内存变换
42	显示窗口进入 SETUP
43	若是即插即用 BIOS，则初始化串口、并口
45	初始化数学协处理器
4E	若检测到有错误，则在显示器上显示错误信息，并等待客户按“F1”键继续
4F	如果有密码，则等待输入密码。如果忘记密码，按提示操作
50	将当前 BIOS 监时区内的 CMOS 值存到 CMOS 中
52	使所有 ISA 只读存储器 ROM 进行初始化，最终给 PCI 分配 IRQ 号等初始化工作
53	如果不是即插即用 BIOS，则初始化串口、并口和设置时钟值
60	设置硬盘引导扇区病毒保护功能
61	显示系统配置表
62	开始用中断 19H 进行系统引导
BE	引导程序默认值进入控制芯片，符合可调制二进制默认值表
BF	测试 CMOS 建立值
C0	初始化高速缓存
C1	内存自检
C3	第一个 256KB 内存测试
C5	从 ROM 内复制 BIOS，进行快速自检
C6	高速缓存自检
CA	检测 Micronies 超速缓冲存储器（如果存在），并使之作初始准备
CC	关断不可屏蔽中断处理器
EE	处理器意料不到的例外情况
FF	给予 INI19 引导装入程序的控制，说明主板没问题